FENÔMENOS DE TRANSPORTE PARA ENGENHARIA

Segunda Edição

FENÔMENOS DE TRANSPORTE PARA ENGENHARIA

Segunda Edição

WOODROW NELSON LOPES ROMA

2006

Direitos reservados desta edição
RiMa Editora

Revisão, diagramação e fotolitos
RiMa Artes e Textos

R756f   Roma, Woodrow Nelson Lopes.
Fenômenos de transporte para engenharia –segunda edição.
Woodrow Nelson Lopes Roma – São Carlos : RiMa, 2006.

288 p.

ISBN – 85-7656-086-0

1. mecânica dos fluidos. 2. transmissão de calor. 3. transporte de massa. 4. estática dos fluidos. 5. equações empíricas. I. Autor. II. Título.

CDD – 532

DIRLENE RIBEIRO MARTINS
PAULO DE TARSO MARTINS
Rua Oscar de Souza Geribelo, 232 – Santa Paula
13564-031 – São Carlos, SP
Fone/Fax: (0xx16) 3372-3238

www.rimaeditora.com.br

À Marielza, companheira de todas as horas e grande incentivadora.
Às nossas filhas, Viviane, Daniele e Ana, razão de nossas vidas.

SUMÁRIO

Capítulo 4
Leis Básicas e Aplicações

Capítulo 5
Modelos Diferenciais Aplicados aos Fenômenos de Transporte

CAPÍTULO 6
EQUACIONAMENTO INTEGRAL PARA VOLUME DE CONTROLE

CAPÍTULO 7
ANÁLISE DIMENSIONAL E EQUACIONAMENTOS EXPERIMENTAIS

CAPÍTULO 8
TRANSPORTE CONVECTIVO DE CALOR E MASSA

APRESENTAÇÃO

Este livro foi planejado para servir de apoio didático à disciplina Fenômenos de Transporte nos diversos cursos de graduação em Engenharia e segue o projeto inicial que culminou no sucesso que é hoje esta disciplina. Como o propósito desta obra é apresentar os fundamentos para a aplicação dos Fenômenos de Transporte na Engenharia, procurou-se enfatizar o entendimento físico dos fenômenos por meio de aplicações e exemplos didáticos. Ainda contemplando o aspecto didático, o texto abriga grande quantidade de exercícios resolvidos e extensa lista de exercícios propostos.

O enfoque adotado privilegia o tratamento matemático unificado dos diversos fenômenos de transporte, introduzido a partir do Capítulo 4, que apresenta as Leis Básicas para os três Fenômenos de Transporte aqui tratados. Os três capítulos iniciais são dedicados às definições e conceitos básicos que servem de alicerce da disciplina. O Capítulo 1 apresenta conceitos básicos importantes para o estudo técnico e científico e introduz definições e conceitos necessários ao estudo dos fluidos. O Capítulo 2 contempla a Estática dos Fluidos que, embora não caracterize um fenômeno de transporte, é a base para os manômetros de coluna de fluido, um dos instrumentos mais importantes nos laboratórios e na pesquisa envolvendo fluidos; por outro lado, a Estática dos Fluidos não consta da ementa de outras disciplinas em diversos cursos de Engenharia, tornando necessária sua apresentação nesta disciplina.

O Capítulo 3 é totalmente dedicado aos escoamentos, introduzindo o conceito de regime de escoamento e como representá-los e, ainda, apresentando os conceitos para o estudo do regime turbulento e os métodos de ataque a sistemas fluidos, introduzindo uma primeira idéia do conceito de conservação da massa. Como mencionado, o Capítulo 4 é dedicado às leis básicas dos fenômenos de transporte e destaca a semelhança formal entre as diversas leis tanto no modelo matemático quanto no modelo físico. Embora não tenha semelhança com as demais leis básicas, a Radiação Térmica merece pequeno destaque, pois, para alguns cursos de Engenharia, pode ser o único contato do aluno com esse fenômeno.

A partir do Capítulo 5, o enfoque do texto passa a ser mais aplicado. O Capítulo 5 apresenta a formulação diferencial, com exemplos práticos ilustrando os conceitos teóricos para as três modalidades de fenômenos, destacando ainda semelhança formal entre os três fenômenos básicos. O Capítulo 6 apresenta a formulação integral para volume de controle, retornando ao conceito de conservação da massa e introduzindo a conservação da quantidade de movimento e a conservação da energia. As aplicações desses conceitos são de utilidade prática e resolvem os problemas de forças geradas nos escoamentos e as potências introduzidas ou retiradas das máquinas hidráulicas, introduzindo também o conceito de perda de energia nos escoamentos. As aplicações práticas dos conceitos teóricos são limitadas pela complexidade da formulação matemática, sendo necessários trabalhos experimentais para corrigir ou introduzir novos parâmetros que levem a resultados de melhor valor prático. Os Capítulos 6 e 7 são dedicados aos estudos experimentais, que fornecem equações *empíricas* obtidas principalmente a partir da análise dimensional. O Capítulo 7 apresenta a análise dimensional e os conceitos de camada-limite hidrodinâmica, com aplicações importantes no cálculo da perda de carga em tubulações e nas forças de arrasto e sustentação utilizadas na indústria aeronáutica. O Capítulo 8, continuação do capítulo anterior, utiliza os conceitos de camada-limite aplicados ao transporte de calor e de massa. Foram adicionados dois anexos: o Anexo A inclui tabelas com propriedades físicas de diversos materiais, necessárias para a solução dos problemas e exemplos, e o anexo B apresenta extenso formulário de grande utilidade para o curso.

Esta obra tem por objetivo cobrir a disciplina Fenômenos de Transporte em cursos de graduação, incluindo exemplos para diversas áreas do conhecimento e deixando margem para que o professor tenha a liberdade de privilegiar os assuntos e exemplos que julgar mais adequados a sua especificidade.

O autor agradece ao professor dr. Rodrigo de Melo Porto pela colaboração no Capítulo 2 e, principalmente, pelo esforço em promover a sua inclusão e aos professores dr. Hans George Arens e Dante Contin Neto pela colaboração na elaboração de exercícios utilizados ao longo do texto.

O autor

São Carlos, agosto de 2003

CAPÍTULO 1

CONCEITOS BÁSICOS

1.1 INTRODUÇÃO

O estudo de fenômenos de transporte tem aplicações muito importantes na Engenharia, pois permite conhecer assuntos diversos, como o transporte de fluidos ao longo de canalizações ou a quantificação da dissipação de calor de motores, dando ao estudante uma ferramenta importante para a otimização dos processos de fabricação e produção.

Os fenômenos de transporte concatenam assuntos que seguem princípios básicos semelhantes, apesar de parecerem muito diferentes, permitindo o uso de uma formulação básica para os diversos fenômenos.

Este livro apresenta uma visão voltada à aplicação dos fenômenos de transporte, antes de idéias para a pesquisa, visão que pretende fornecer os subsídios necessários ao estudante para resolver problemas ligados à aplicação dos conceitos a sua área de trabalho.

Para iniciar o estudo dos fenômenos de transporte é necessário introduzir alguns conceitos básicos importantes, que subsidiarão o correto entendimento do assunto. Neste capítulo são apresentados os tópicos básicos juntamente com observações de uso geral nas ciências, os quais também servem de suporte ao estudo de fenômenos de transporte.

1.2 OS FENÔMENOS DE TRANSFERÊNCIA

Os fenômenos de transferência, objeto deste texto, tratam da movimentação de uma grandeza física de um ponto para outro do espaço e dão corpo à disciplina Fenômenos de Transporte. São eles: **transporte de quantidade de movimento, transporte de energia térmica** e **transporte de massa**. Como a transferência dessas grandezas segue princípios análogos, é viável seu estudo em conjunto por meio de tratamento matemático único.

Como todas as ciências atuais, o estudo dos Fenômenos de Transportes é fruto dos esforços realizados por diferentes pesquisadores ao longo da história. Esse esforço, permanente e dinâmico, modifica o estudo dos temas científicos ao longo do tempo. Como exemplo dessa dinâmica, a disciplina Fenômenos de Transporte é o meio mais eficiente de transmitir o conhecimento das áreas de transferência de massa, energia térmica e quantidade de movimento.

Os princípios físicos fundamentais utilizados no desenvolvimento dos Fenômenos de Transporte foram, por sua vez, desenvolvidos e formulados por intermédio de observações e especulações acumuladas no passado e tornaram-se conceitos naturais que servem de base para novas descobertas.

A aplicação dos conceitos matemáticos aos sistemas físicos visa a sua descrição em termos matemáticos, produzindo um conjunto de equações denominado modelo matemático. Um modelo matemático é, portanto, uma representação de um fenômeno físico por meio de uma equação ou de um conjunto de equações. Para modelar um sistema físico é necessário utilizar equações dos fenômenos básicos, combinando-as para obter a descrição do sistema físico em estudo. Fenômenos mais simples admitem formulações que são facilmente resolvidas, produzindo resultados que aderem muito bem aos pontos experimentais; fenômenos mais complicados levam a formulações mais complexas, que só fornecem resultados após simplificações nas equações ou nas condições de contorno. Os resultados obtidos das equações simplificadas não aderem aos pontos experimentais, apresentando erros que são aceitáveis ou não, dependendo da qualidade das simplificações adotadas. Um bom exemplo, fornecido pela engenharia, é o estudo da queda de pressão ou perda de carga nos escoamentos forçados. Esse problema foi estudado por engenheiros e matemáticos no inicio do século XIX, o primeiro grupo com enfoque puramente experimental e o segundo com enfoque teórico, obtendo resultados divergentes entre si, mas com vantagens para a área experimental, pois, embora seus esforços resultassem em equações particulares e com aplicação muito restrita, elas tinham aplicação. Só mais recentemente, com o advento da análise dimensional no início do século XX, e usando suporte teórico, conseguiu-se correlacionar o emaranhado de resultados experimentais existentes e obter um equacionamento geral sobre o fenômeno.

1.3 Os Fenômenos de Transporte na Engenharia

As aplicações de Fenômenos de Transporte na Engenharia são inúmeras, principalmente por formarem um dos pilares básicos em todos os ramos da Engenharia. Pode-se citar:

Na **Engenharia Civil** e **Arquitetura**: constitui a base do estudo de hidráulica e hidrologia e tem aplicações no conforto térmico em edificações.

Na **Engenharia Sanitária** e **Engenharia Ambiental**: como as principais aplicações nessa área são ligadas à poluição ambiental, os Fenômenos de Transporte tornam-se ferramenta importante no estudo da difusão de poluentes no ar, na água e no solo.

Na **Engenharia Elétrica** e **Eletrônica**: os Fenômenos de Transporte adquirem grande importância nos cálculos de dissipação de potência, seja nas máquinas produtoras ou transformadoras de energia elétrica, seja na otimização de gasto de energia nos computadores e dispositivos de comunicação.

Na **Engenharia Química**: os Fenômenos de Transporte constituem a base das operações unitárias, que por sua vez constituem a base da Engenharia Química.

Na **Engenharia Mecânica**: talvez a área mais bem servida pelos Fenômenos de Transporte; encontram-se exemplos de aplicação nos processos de usinagem, nos processos de tratamento térmico, no cálculo das máquinas hidráulicas, referindo-se à denominada mecânica dura, e são as bases fundamentais dos processos de transferência de calor das máquinas térmicas e frigoríficas na denominada mecânica mole. Não pode ser esquecida a aplicação na Engenharia Aeronáutica, com importantes desenvolvimentos na aerodinâmica.

Na **Engenharia de Produção**: as aplicações mais conhecidas prendem-se à otimização dos processos produtivos e de transporte de fluidos, por intermédio do conhecimento dos fenômenos de troca de calor e da movimentação de fluidos ao longo de tubulações. Também são importantes nessa área as aplicações nos estudos de ciclo de vida dos produtos industrializados.

Dada a clara importância desses temas, este texto tem por objetivo fornecer informações técnicas de aplicação dos Fenômenos de Transporte nas diversas áreas da Engenharia, procurando distribuir os temas de forma a caracterizar uma seqüência didática, valorizando o aprendizado.

1.4 FLUIDO

O conceito de fluido é percebido pelas pessoas em geral como algo ligado a líquidos e gases, forma pela qual é apresentado nas séries básicas do ensino fundamental. Esse conceito básico, no entanto, não é suficiente, sendo necessário uma definição mais rigorosa, que realmente defina a classe **fluido**.

A definição de fluido mais aceita nos meios científicos pode ser apresentada como:

"Fluido é uma substância que se deforma continuamente, isto é, escoa, sob ação de uma força tangencial, por menor que ela seja." (Figura 1.1.)

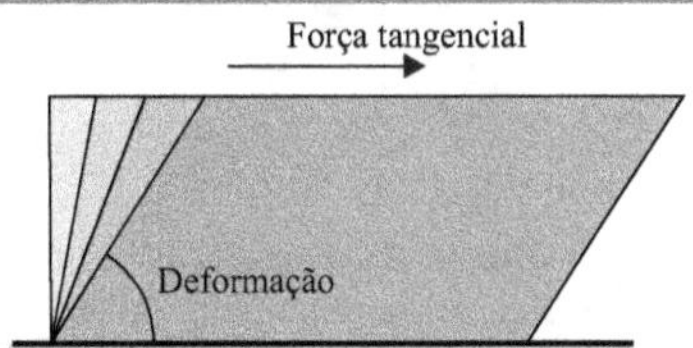

Figura 1.1 Escoamento de um fluido sob a ação de uma força tangencial.

Como o conceito de fluido envolve líquidos e gases, é necessário ampliar a aplicação da definição para distinguir essas duas classes. Reportando-nos ainda ao ensino básico das ciências, podemos aceitar a definição de fluido como: "Aquela substância que adquire a forma do recipiente que a contém". Se a substância preenche totalmente o recipiente sem formar uma superfície livre, então é um gás; se a substância forma uma superfície livre, deparamo-nos com um líquido.

1.5 HIPÓTESE DO CONTÍNUO

O comportamento dos fluidos é explicado por sua estrutura molecular. Os fluidos são compostos por moléculas mantidas coesas pela atração molecular, o que permite mobilidade das moléculas, umas em relação às outras, em maior ou menor grau, dependendo de sua característica. No entanto, essa mesma estrutura molecular demonstra uma matéria descontínua, isto é, constituída por moléculas e espaços vazios entre elas. Como exemplo da descontinuidade e dos problemas que ela pode causar, podemos usar o conceito de massa específica ρ, definida como a relação entre massa e volume da substância. Calculando-se a massa específica de um volume de gás, obtém-se um valor $\rho_{gás}$, e se o volume é dividido pela metade, a massa também é reduzida pela metade, mantendo o valor $\rho_{gás}$ constante. Se o volume continua a ser dividido, ele vai chegar a um valor no qual as distâncias lineares são da ordem do caminho médio percorrido pelas moléculas. Nessa situação, a quantidade de moléculas dentro do volume passa a ser variável, deixando de manter o valor $\rho_{gás}$. Na Figura 1.2 é apresentado um gráfico ilustrando esse comportamento. Tal situação traz uma dificuldade para a aplicação das ferramentas matemáticas, principalmente no cálculo diferencial. Por exemplo, a derivada de uma função só pode ser calculada em um ponto se a função é contínua naquele ponto.

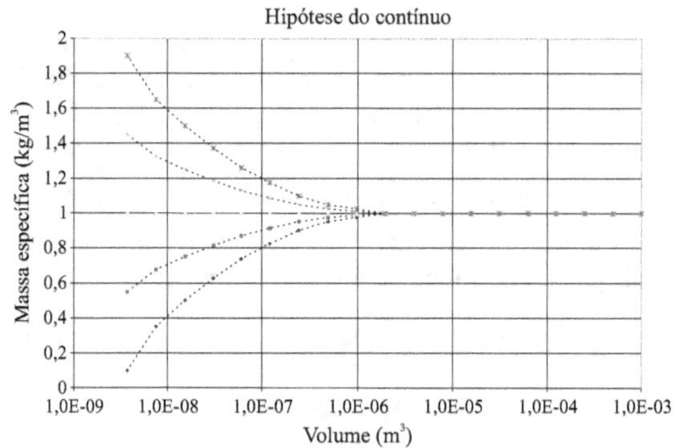

Figura 1.2 O valor da massa específica perde sua constância em volumes com valores lineares próximos ao caminho médio do movimento molecular.

Para contornar essa situação, foi formulada a *Hipótese do Contínuo*, que admite a matéria contínua nas condições normais de Engenharia. Com o uso dessa hipótese é permitida a utilização das ferramentas do cálculo diferencial e integral na análise dos sistemas fluidos. Portanto, o cálculo da massa específica de um fluido pode ser feito em um ponto qualquer do fluido, para volumes elementares, pelo conceito de derivada. A massa específica pode ser definida de acordo com a relação apresentada na equação 1.1.

$$\rho = \frac{dm}{dvol} \tag{1.1}$$

Deve ficar claro que essa hipótese permite obter resultados úteis para a Engenharia, mas não deve ser usada em aplicações cujo meio for constituído por gases rarefeitos; por exemplo, nos estudos com plasma ou em vôos no limite da atmosfera.

1.6 Unidades de Medida

Os sistemas de unidades foram desenvolvidos para padronizar as unidades utilizadas na quantificação de fenômenos físicos. Quando é definido um sistema de unidades, são escolhidas algumas unidades fundamentais cuja finalidade é "gerar" as demais unidades do sistema, conhecidas como unidades derivadas. Conforme a necessidade de cada situação, foram criadas as unidades de medida e, para dar coerência ao conjunto de unidades de um determinado país ou região, foi criada uma sistematização organizando as unidades em um "sistema de unidades". Essa regionalização levou à criação de diversos e diferentes sistemas.

Entretanto, para que as unidades de medida sejam homogêneas nos diferentes países e culturas, foi criado o Bureau Internacional de Pesos e Medidas, que em sua 11ª Conferência Geral de Pesos e Medidas (CGPM), em 1960, adotou o nome **Sistema Internacional de Medidas (SI)** para o sistema definido em 1954, no qual foram adotadas como unidades fundamentais as medidas de: comprimento, massa, tempo, intensidade de corrente elétrica, temperatura termodinâmica e intensidade luminosa. A Conferência Geral optou por basear o SI em sete unidades perfeitamente definidas, consideradas independentes sob o ponto de vista dimensional: o metro (m), o quilograma (kg), o segundo (s), o ampère (A), o Kelvin (K), o mol (mol) e a candela (cd). Além das unidades fundamentais, o SI inclui as unidades derivadas e as suplementares. Na Tabela 1.1 encontram-se as principais grandezas empregadas no estudo de Fenômenos de Transporte e suas dimensões de acordo com o Sistema Internacional.

Tabela 1.1   Grandezas usuais em fenômenos de transporte e suas unidades.*

Grandezas	Dimensões					Unidade SI	
	M	L	T	θ	mol	Nome	Símbolo
Unidades de base							
Massa	1	0	0	0	0	quilograma	kg
Comprimento	0	1	0	0	0	metro	m
Tempo	0	0	1	0	0	segundo	s
Temperatura termodinâmica	0	0	0	1	0	Kelvin	K
Quantidade de matéria	0	0	0	0	1	mol	mol
Unidade suplementar							
Ângulo plano	0	0	0	0	0	radiano	rad
Unidades derivadas							
Área	0	2	0	0	0	metro quadrado	m^2
Volume	0	3	0	0	0	metro cúbico	m^3
Velocidade	0	1	−1	0	0		m/s
Velocidade angular	0	0	−1	0	0		rad/s
Aceleração	0	1	−2	0	0		m/s^2
Aceleração angular	0	0	−2	0	0		rad/s^2
Freqüência	0	0	−1	0	0	hertz	Hz
Massa específica	1	−3	0	0	0		kg/m^3
Vazão	0	3	−1	0	0		m^3/s
Descarga (de massa)	1	0	−1	0	0		kg/s
Força	1	1	−2	0	0	Newton	N
Torque	1	2	−2	0	0	Newton metro	N.m
Pressão	1	−1	−2	0	0	Pascal	Pa
Viscosidade dinâmica	1	−1	−1	0	0	Pascal segundo	Pa.s
Viscosidade cinemática	0	2	−1	0	0		m^2/s
Energia, trabalho, calor	1	2	−2	0	0	joule	J = m.N
Potência	1	2	−3	0	0	watt	W = J/s
Densidade de potência	1	0	3	0	0		W/m^2
Temperatura Celsius	0	0	0	1	0	grau Celsius	°C
Gradiente de temperatura	0	−1	0	1	0		K/m**
Capacidade térmica	1	2	−2	−1	0		J/K**
Condutividade térmica	1	1	−3	−1	0		W/m.K**
Quantidade de movimento	1	1	−1	0	0		kg.m/s

*   Adaptada do Quadro Geral de Unidades do Decreto nº 81.621, de 3 de maio de 1978.

** Alternativamente, pode ser usado o grau Celsius.

1.7 HOMOGENEIDADE DIMENSIONAL

Um dos primeiros ensinamentos na escola, no início do aprendizado de aritmética, é que não se pode somar coisas diferentes. Esse ensinamento, proposto naquela instância como uma verdade absoluta e sem explicação, envolve o princípio da homogeneidade dimensional, que garante que a comparação de grandezas físicas tem de ser feita tanto numericamente quanto dimensionalmente.

"Todas as grandezas físicas são quantificadas por um valor e uma unidade; qualquer comparação entre grandezas deve envolver tanto os valores quanto as unidades" (Rouse, 1959, p. 5).

Qualquer equação corretamente construída deve estar sujeita à homogeneidade dimensional, isto é, todos os termos da equação devem *ter a mesma dimensão (unidade)*. A equação matemática, modelo de um fenômeno físico, que satisfaça essas condições será independente do sistema de unidades escolhido para o trabalho.

1.8 DEFINIÇÕES BÁSICAS

Alguns conceitos e definições derivados da física e que utilizam ferramentas do cálculo, consideradas necessárias ao desenvolvimento da disciplina Fenômenos de Transportes, são apresentados a seguir. Trata-se de definições e equacionamentos básicos que darão suporte aos desenvolvimentos subseqüentes.

1.8.1 PRESSÃO

A pressão é um dos conceitos mais importantes no estudo dos fluidos. Por intermédio da medida da pressão em pontos convenientemente escolhidos pode-se quantificar grande parte das características cinemáticas dos escoamentos. A pressão é definida como a relação entre a força aplicada perpendicularmente sobre uma superfície e a área dessa superfície. Podemos lembrar, da física básica, que uma força tangencial agindo sobre uma superfície provoca uma tensão tangencial τ na superfície. Portanto, uma força normal agindo sobre uma superfície também provoca tensão, mas nesse caso uma tensão normal, denominada usualmente, em Mecânica dos Fluidos, de pressão e indicada pela letra p. Uma força genérica aplicada sobre uma superfície produz sobre ela ambas as componentes de tensão. Na Figura 1.3 é apresentado um esquema para ilustrar essa afirmação.

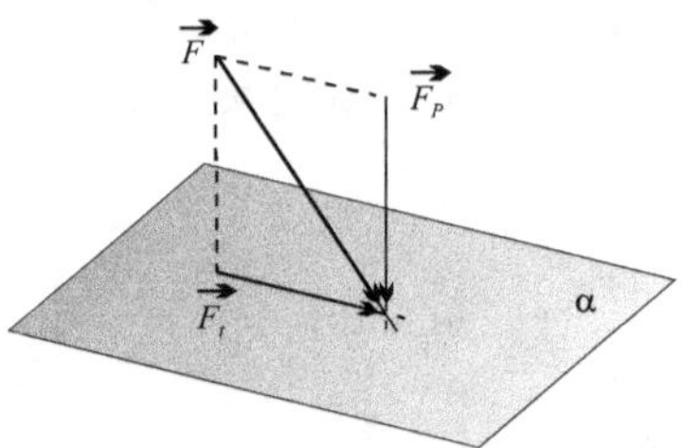

Figura 1.3   Definição de pressão e tensão tangencial, causadas por uma força $\vec{F}$.

Para melhor compreender o conceito de pressão em um fluido (e não meramente uma força genérica sobre uma superfície), pode-se considerar um cilindro no vácuo, cheio de fluido, fechado em uma extremidade e munido de um pistão na outra, que mantém o fluido confinado no cilindro. Sobre o pistão age uma força F, como apresentado na Figura 1.4.

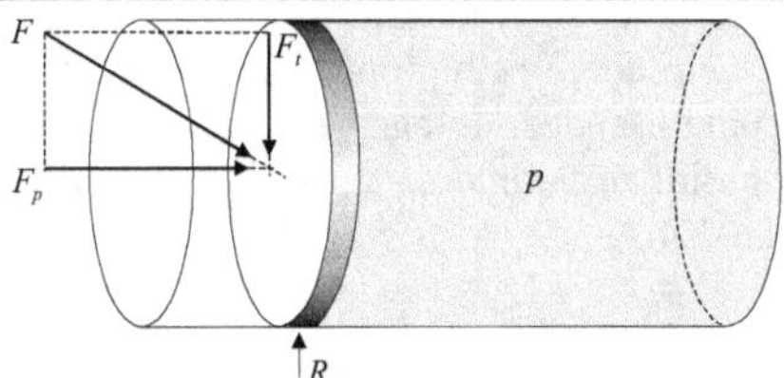

Figura 1.4   Pressão em um fluido.

Percebe-se que a componente perpendicular dessa força age longitudinalmente ao deslocamento do pistão e, de acordo com a terceira lei de Newton, recebe uma reação, igual e contrária, do fluido agindo sobre a face interna do pistão. Como o fluido age sobre toda a face do pistão, a reação é distribuída ao longo da face, gerando uma tensão normal que é uma medida da pressão do fluido sobre o pistão. Note que a componente tangencial da força $\vec{F}$ é suportada pela reação da parede do cilindro e não pelo fluido. A pressão é uma grandeza escalar, não tendo, portanto, direção e sentido associados. A força que a pressão causa no pistão é sempre de compressão e perpendicular à área onde age. A força de pressão é calculada por:

$$\vec{F}_p = \int_A p\vec{a} \cdot \mathrm{d}A \tag{1.2}$$

Nessa equação, $\vec{a}$ é o versor associado à direção perpendicular à superfície considerada, A é a área da superfície e $\vec{F}_p$, a força de pressão.

A unidade de pressão é definida pela relação entre as unidades de força e área e, no SI, é representada por:

$$[p] = \frac{[\vec{F}]}{[A]} = \frac{\mathrm{N}}{\mathrm{m}^2} \tag{1.3}$$

A unidade definida na equação 1.3 recebe o nome de Pascal, Pa, em homenagem a Blaise Pascal (1623-1662), pesquisador que estudou a relação entre os efeitos barométricos e a altitude.

1.8.2 DESCARGA DE UMA GRANDEZA N

Os processos de transferência tratados na disciplina Fenômenos de Transporte ocorrem principalmente em escoamentos de fluidos, tornando necessário conhecer a quantificação das grandezas envolvidas em seu movimento. É muito importante a generalização do conceito de descarga, por meio do estudo de uma grandeza N qualquer transportada em um escoamento. Para quantificar a descarga de uma grandeza N considera-se primeiramente a definição de uma grandeza extensiva N e sua correspondente grandeza intensiva n.

Grandeza intensiva é qualquer grandeza associada a uma substância que seja independente de sua massa. Pode-se citar como exemplos de grandezas intensivas a velocidade e a temperatura. Conseqüentemente, grandeza extensiva é aquela que depende da massa da substância. Como exemplo citam-se a própria massa e o volume da substância. Toda grandeza extensiva tem uma grandeza intensiva a ela associada, denominada grandeza específica, que pode ser obtida dividindo-se a grandeza pela massa da substância, como exemplificado na equação 1.4.

$$n = \frac{dN}{dm} \tag{1.4}$$

Para fixar o conceito de grandezas extensiva e correspondentes grandezas intensivas, apresentam-se na Tabela 1.2 algumas grandezas usuais em Fenômenos de Transporte.

Tabela 1.2   Exemplos de *grandezas extensivas* e correspondentes *grandezas intensivas*.

Extensivas		Intensivas	
Massa	m		1
Quantidade de movimento	mV	Velocidade	V
Volume	vol	Volume específico	v
Energia interna	U	Energia interna específica	u
Energia cinética	$\frac{1}{2}mV^2$	Energia cinética específica	$\frac{1}{2}V^2$
Energia potencial	mgh	Energia potencial específica	gh

DESCARGA DE UMA GRANDEZA EXTENSIVA N

A descarga de N é definida como a relação entre a quantidade da grandeza física N que atravessa uma superfície de referência e o tempo gasto para atravessá-la. Assim, pode-se escrever:

$$D_N = \frac{dN}{dt} \tag{1.5}$$

Seguindo a notação apresentada no esquema da Figura 1.5, que representa o transporte de uma grandeza N pelo escoamento de um fluido através de uma superfície denominada superfície de referência ou de controle, pode-se obter uma equação para o cálculo da descarga da grandeza N por meio da área A do escoamento e da velocidade $\vec{V}$ do fluido. Como a quantidade de N pode ser variável em função do espaço, bem como velocidade, esse problema deve ser tratado de forma diferencial. Adota-se um elemento do fluido, um volume de área dA e comprimento dx, com massa específica ρ, que no instante t está no limite da região à esquerda da superfície de referência.

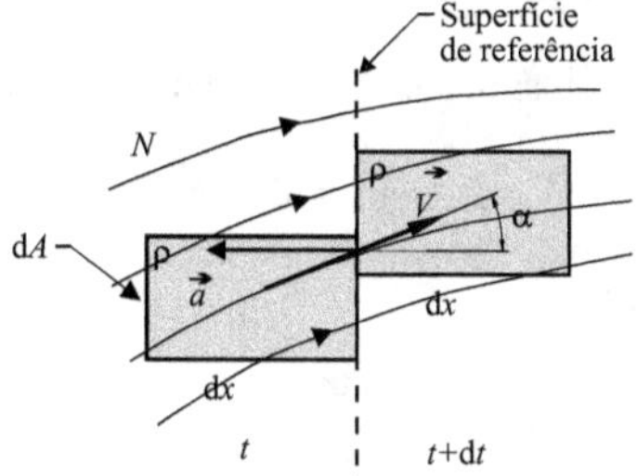

Figura 1.5   Fluido atravessando uma superfície com velocidade V.

A quantidade da grandeza dN contida no elemento de fluido, de massa *dm*, pode ser calculada por:

$$dN = n\ dm = n\rho\ dx\ dA \tag{1.6}$$

que substituída na equação 1.5 fornece:

$$dD_N = \frac{n\rho\ dx\ dA}{dt} \tag{1.7}$$

O termo dx/dt representa a componente horizontal da velocidade, V_x, calculada pelo produto do módulo do vetor velocidade e do co-seno do ângulo α entre a velocidade e a normal à superfície de controle:

$$\frac{dx}{dt} = V_x = \left|\vec{V}\right| . \cos \alpha \tag{1.8}$$

e substituindo na equação 1.7:

$$dD_N = n\rho\left|\vec{V}\right| dA \cos \alpha \tag{1.9}$$

Considerando um versor $\vec{a}$ na direção da normal à superfície de referência, pode-se definir o vetor área $d\vec{A} = dA\ \vec{a}$, em que dA é o módulo do vetor área. Portanto, a equação 1.9 pode ser reescrita como:

$$dD_N = n\rho\left|\vec{V}\right|\left|d\vec{A}\right| \cos \alpha \tag{1.10}$$

ou, em notação vetorial:

$$dD_N = n\rho\vec{V} \cdot d\vec{A} \tag{1.11}$$

A descarga da grandeza N que atravessa a área A pode ser obtida integrando-se a equação 1.11 sobre a área de escoamento A:

$$D_N = \iint_A n\rho\vec{V} \cdot d\vec{A} \tag{1.12}$$

1.8.3 Descarga, vazão e fluxo

A **descarga de massa** D_m, ou simplesmente **descarga** $\dot{M}$, é definida como a quantidade de massa que atravessa a superfície de controle na unidade de tempo, como indicado na equação 1.13. A representação matemática da descarga é obtida pela equação 1.12, substituindo a grandeza extensiva N por m e a grandeza intensiva n por 1, obtendo a relação que aparece na equação 1.14.

$$\dot{M} = \frac{dm}{dt} \tag{1.13}$$

$$\dot{M} = \int_A \rho \vec{V} \cdot d\vec{A} \tag{1.14}$$

As unidades de descarga de massa são obtidas pela divisão de unidade de massa por unidade de tempo. Assim, tem-se a unidade coerente no sistema internacional de unidades de medida (SI):

$$\left[\dot{M}\right] = \frac{kg}{s}$$

No dia-a-dia da engenharia também são muito utilizadas medidas não coerentes com um sistema de unidades. Nesse caso, as correções correspondentes devem ser efetuadas em cálculos com essas grandezas. Alguns exemplos são:

$$\left[\dot{M}\right] = \frac{kg}{h}, \ \frac{kg}{min}, \ \frac{ton}{h}, \ etc$$

A **vazão** Q é definida como a relação entre o volume de fluido que atravessa uma superfície e o tempo gasto nessa passagem, conforme a equação 1.15. A representação matemática da vazão é obtida substituindo, na equação 1.12, a grandeza extensiva N por Vol (volume), e a grandeza intensiva n por v (volume específico), obtendo a relação da equação 1.16:

$$Q = \frac{dvol}{dt} \tag{1.15}$$

$$Q = \int_A \vec{V} \cdot d\vec{A} \tag{1.16}$$

As unidades de vazão são obtidas pela divisão de unidade de volume por unidade de tempo. Assim, tem-se a unidade coerente no sistema de unidade (SI):

$$[Q] = \frac{m^3}{s}$$

Também para a vazão são muito utilizadas medidas não coerentes com um sistema de medida, como exemplos tem-se:

$$[Q] = \frac{m^3}{h}, \ \frac{L}{min}, \ \frac{L}{h}, \ etc$$

Fluxo é a quantidade de uma grandeza que atravessa uma superfície por unidade de tempo e área. Matematicamente, o fluxo de uma grandeza física pode ser escrito como:

$$\dot{m} = \frac{d\dot{M}}{dA} \tag{1.17}$$

Usualmente, costuma-se representar o fluxo de uma grandeza pela mesma letra da grandeza, mas em letra minúscula, assim, por exemplo, para o fluxo de massa utiliza-se o símbolo $\dot{m}$, visto que a descarga é usualmente representada por $\dot{M}$.

1.9 Fluidos Compressíveis e Incompressíveis

FLUIDOS INCOMPRESSÍVEIS

O conceito de fluido incompressível é uma idealização para uso nos problemas com fluidos estáticos, pois a compressibilidade de um fluido depende do módulo de compressibilidade volumétrica ε_{vol}, portanto, um fluido é mais ou menos compressível dependo do valor de ε_{vol}, nunca incompressível. É também muito usual o conceito de *escoamento* incompressível, isto é, um escoamento de fluido no qual a massa específica tem variação desprezível devido às pequenas variações na pressão envolvida.

Assim, um escoamento de ar (que é um fluido nitidamente compressível) pode ser considerado incompressível se as variações de pressão são baixas; isto geralmente ocorre nos escoamentos com velocidades inferiores a 1/3 da velocidade do som.

Sempre que se tratar de um escoamento incompressível, ou, idealmente, de um sistema com fluido incompressível, a massa específica será considerada constante. Nos problemas de engenharia, todos os líquidos são considerados incompressíveis, exceto quando envolvidos em sistemas com grande variação da pressão. A condição de incompressibilidade pode ser verificada pelo cálculo da variação volumétrica do líquido e de sua influência nas demais variáveis.

A compressibilidade volumétrica de um fluido é definida pela relação entre o acréscimo de pressão dp e o decréscimo do volume $-dV$. Como a variação dV depende do volume V, o módulo de compressibilidade volumétrica ε_{vol} é definido por:

$$\varepsilon_{vol} = -V\frac{dp}{dV} \tag{1.18}$$

Para ilustrar a baixa compressibilidade da água, que tem o valor de $\varepsilon_{vol} = 2,05 \times 10^9$ N/m², considere a aplicação de 700 kPa, a um volume de 1 m³ de água, que resulta na variação dV dada por:

$$dV = -V\frac{dP}{\varepsilon_{vol}} = -1 \cdot \frac{700000}{2,05 \cdot 10^9} = -\frac{1}{3000} \ m^3$$

Verifica-se que a aplicação de um aumento de pressão da ordem de 700 kPa provoca, aproximadamente, redução no volume de uma parte em 3.000, isto é, o volume de 1 m³ sofreria uma redução de 0,00033 m³, pouco mais que o volume de 1 copo. Esse cálculo é aproximado porque, quando um líquido é comprimido, sua resistência à compressão aumenta, portanto o módulo de compressibilidade volumétrica depende da pressão. Cálculos envolvendo grandes alterações da pressão não podem utilizar um valor constante para o módulo de compressibilidade volumétrica.

Fluidos compressíveis

De forma geral, nos problemas de engenharia, os gases e os vapores são considerados fluidos compressíveis, isto é, sua massa específica sofre grande influência da pressão envolvida no ambiente de trabalho.

O comportamento dos gases vem sendo estudado há longo tempo, remontando ao século XVII, com os trabalhos experimentais de Boyle (1627-1691), Dalton (1766-1844) e Guy-Lussac (1778-1850). Com o desenvolvimento da teoria cinética dos gases, os resultados anteriores foram teoricamente confirmados e criou-se a hipótese de gás perfeito, que leva a uma simplificação muito conveniente na formulação das equações para o tratamento matemático dos problemas de compressibilidade dos gases.

Equação dos gases perfeitos

A equação dos gases perfeitos é uma forma bastante simples de relacionar o volume de um gás a variáveis como temperatura e pressão. No entanto, também permite cálculos muito precisos quando se utilizam gases reais em condições afastadas dos pontos de evaporação/condensação, isto é, gases superaquecidos. Por meio da hipótese de gás perfeito, a teoria cinética dos gases permite estabelecer uma constante universal dos gases R, que, no SI, apresenta o seguinte valor:

$$R = 8,314510 \; \frac{\text{N . m}}{\text{mol . K}}$$

A equação dos gases perfeitos é uma relação entre a pressão absoluta, o volume específico molar e a temperatura absoluta do gás, considerando, ainda, como constante de proporcionalidade a constante universal dos gases. A equação é usualmente apresentada como:

$$p . V = n . R . T \tag{1.19}$$

em que n é uma forma de quantificação da matéria em número de **moles**. O número de moles n pode ser obtido de:

$$n = \frac{m}{M} \tag{1.20}$$

em que m é a massa total e M é a massa molecular do gás [kg/mol]; a equação 1.19 pode ser reescrita:

$$p . V = m . R_{gas} . T \tag{1.21}$$

em que:

$$R_{gas} = \frac{R}{M} \tag{1.22}$$

é a constante particular do gás, nas unidades $\left[\dfrac{N \cdot m}{kg \cdot K}\right]$.

A constante particular de cada gás pode ser obtida diretamente da equação 1.22. Alguns exemplos são apresentados na Tabela 1.3.

Tabela 1.3 Constantes particulares de alguns gases.

Gás	Número molecular	Massa molecular [kg]	$R_{gás}$ [N . m/(kg . K)]
O_2	32	0,032	259,83
N_2	28	0,028	296,95
Ar	21% O_2 + 79% N_2	0,02884	288,30
CO_2	44	0,044	188,97
He_2	4	0,004	2.078,63
H_2	2,02	0,00202	4.116,09

ATMOSFERA-PADRÃO

A atmosfera terrestre é constituída de uma mistura de gases com alta predominância de nitrogênio e oxigênio, que formam aquilo que denominamos correntemente de **ar**. Considerando desprezível a porcentagem dos demais gases, o ar, nas condições próximas ao nível do mar, pode ser considerado constituído por 79% de nitrogênio e por 21% de oxigênio.

As condições físicas atmosféricas são variáveis em função da localização geográfica e do tempo. A pressão e a temperatura, por exemplo, dependem da altura em relação ao nível do mar, além de apresentarem forte característica sazonal.

Para uniformizar estudos que dependem das condições atmosféricas, adota-se um valor-padrão para as condições normais de pressão e temperatura, que se aproximam dos valores encontrados na atmosfera real e constituem a atmosfera-padrão. Os valores da atmosfera-padrão, no nível do mar (NM), são:

$p_{NM} = 760,0$ mmHg $= 101,325$ kPa

$T_{NM} = 15,0°C = 288$ K

$\rho\ \ = 1,2232$ kg/m^3

$\gamma\ \ = 11,99$ N/m^3

$\mu\ \ = 1,777 \cdot 10^{-5}$ N.s/m^2

A temperatura do ar, na atmosfera, decresce com a altura, variando linearmente na faixa denominada Troposfera, que se estende de 0 a 11.000 m de altura. Na Troposfera, a relação entre a temperatura (T), em graus K, e a altura (z), em m, é dada por:

$$T = 288 - 0,006507 . z \qquad (1.23)$$

Acima de 11.000 m e até 20.000 m há uma região de temperatura constante chamada Estratosfera. A temperatura nessa região vale $-56,5°C$. Acima da Estratosfera, a temperatura começa novamente a aumentar de valor.

1.10 Pressão de Vapor

Evaporação é a passagem de uma substância de seu estado líquido para o estado vapor. A evaporação ocorre porque moléculas da substância escapam através da superfície líquida, em razão da atividade molecular. As moléculas que escapam exercem pressão parcial sobre a superfície líquida que mantém o estado de equilíbrio do líquido naquela pressão. A evaporação é um fenômeno que depende da temperatura e, portanto, a pressão de vapor de um fluido depende da temperatura e cresce com seu aumento. Uma conseqüência desse fenômeno é que, quando a pressão sobre o líquido se iguala à pressão de vapor, o líquido evapora, mudando de estado.

É bem conhecido que no nível do mar a água ferve, isto é, evapora, à temperatura de 100°C. Em outras palavras, o mesmo fenômeno pode ser descrito dizendo que a pressão de vapor da água à temperatura de 100°C é 101,325 kPa. Como a pressão de vapor diminui quando a temperatura diminui, a pressão de vapor da água é bem menor à temperatura ambiente. Por exemplo, à temperatura de 20°C a pressão de vapor da água é de 2,34 kPa, significando que à temperatura ambiente de 20°C a água ferve se a pressão ambiente for de 2,34 kPa.

A Tabela A3, no Anexo A, inclui a pressão de vapor da água em função da temperatura. Em certas situações de escoamento de água é possível que a pressão atinja o valor da pressão de vapor, originando a evaporação, que cria bolhas de vapor no seio do fluido, um fenômeno denominado cavitação. Como durante a evaporação a pressão se mantém constante, a cavitação interfere no escoamento, impedindo a variação da pressão naquele ponto. Esse fenômeno afeta o desempenho de bombas e turbinas, além de ocasionar o desgaste acelerado da máquina em razão do aumento da erosão e da corrosão química.

1.11 Tensão Superficial e Capilaridade

Na interface entre um líquido e um gás forma-se uma superfície líquida que aparenta ser um filme mantido pela atração das moléculas do líquido. Essa atração entre moléculas é suficiente para manter pequenos objetos flutuando na superfície líquida. Essa propriedade é responsável pela facilidade com que alguns insetos mantêm-se sobre a superfície da água.

A propriedade de a camada superficial exercer tensão é denominada *tensão superficial* e é a força necessária para manter o comprimento unitário do filme em equilíbrio. Portanto, sua unidade é formada pela relação entre força e comprimento. A tensão superficial da água varia de 0,0725 N/m, a 20°C, até 0,0589 N/m, a 100°C. Na Tabela 1.4 são apresentados valores da tensão superficial a 20°C de outros líquidos.

Tabela 1.4 Tensão superficial de líquidos à temperatura ambiente de 20°C.

Líquido	Tensão superficial σ, N/m
Álcool etílico	0,0223
Benzeno	0,0288
Tetracloreto de carbono	0,0266
Querosene	0,0233-0,0320
Água	0,0725
Óleo lubrificante	0,0349-0,0378
Óleo cru	0,0233-0,0378
Mercúrio (no ar)	0,512
Mercúrio (na água)	0,392
Mercúrio (no vácuo)	0,485

A tensão superficial também é responsável por uma gota, caindo no ar, adquirir a forma esférica. A pressão interna na gota é a pressão necessária para contrabalancear a força de tensão na superfície e pode ser calculada pelo equilíbrio de forças em um hemisfério, conforme Figura 1.6. A expressão resultante é mostrada na equação 1.25. Verifica-se que, quanto menor o raio da gota, maior a pressão em seu interior, o que explica por que gotas menores são incorporadas em gotas maiores quando entram em contato.

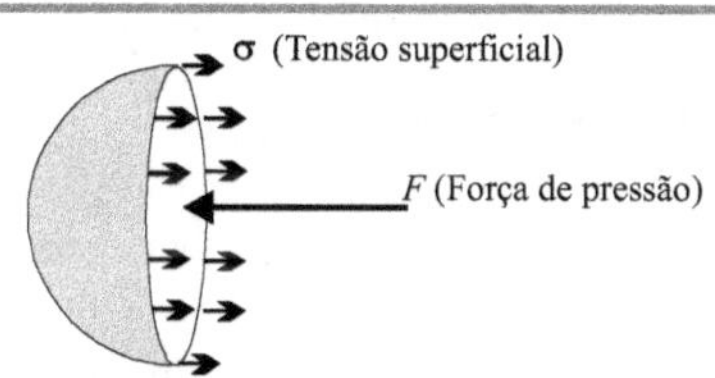

Figura 1.6 Forças em um hemisfério de uma gota de água.

$$p \cdot \pi \cdot R^2 = \sigma \cdot 2 \cdot \pi \cdot R \qquad (1.24)$$

ou

$$p = \frac{2 \cdot \sigma}{R} \qquad (1.25)$$

A tensão superficial também é importante no fenômeno da capilaridade, no qual intervém em conjunto com a capacidade de molhamento e adesão do líquido. Em um líquido que molha a superfície, a adesão é maior que a coesão e a ação da tensão superficial faz aparecer uma força que eleva o nível do líquido nas imediações de uma parede vertical.

Se o líquido não molha a superfície, a tensão superficial é preponderante e força o nível a abaixar junto a uma parede vertical. Em tubos verticais de pequeno diâmetro, a superfície assume forma esférica, denominada *menisco*. Em tubos verticais de pequeno diâmetro imersos na água, o menisco é côncavo e a tensão superficial força o líquido a se elevar no tubo; já em mercúrio, que não molha a parede, o líquido é forçado a descer. Essa variação do nível é denominada depressão ou elevação capilar e o fenômeno é denominado *capilaridade*. Na Figura 1.7 o fenômeno da capilaridade é ilustrado para o mercúrio e para a água em dois tubos de diâmetros diferentes. O conhecimento do ângulo formado na junção do menisco com a parede permite calcular o desnível *h*.

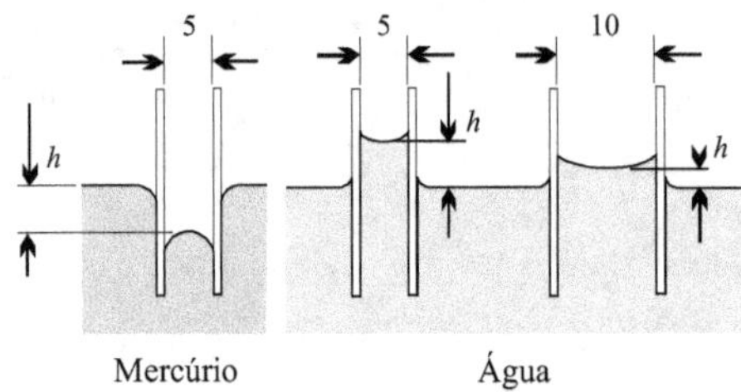

Figura 1.7   Capilaridade no mercúrio e na água. Observe a formação invertida do menisco para as substâncias.

Exercícios

1. Dar as dimensões das seguintes variáveis:

a) Potência

b) Módulo de compressibilidade volumétrica

c) Peso específico

d) Velocidade angular

e) Energia

f) Momento de uma força

g) Constante particular de um gás

h) Deformação unitária

i) Tensão superficial

j) Coeficiente de transmissão de calor convectivo

k) Viscosidade cinemática

l) Pressão

m) Tensão de cisalhamento

n) Calor trocado por unidade de tempo

o) Descarga (vazão em massa)

p) Fluxo de calor

q) Velocidade

r) Aceleração

2. A seguinte equação é dimensionalmente homogênea:

$$F = \frac{4\,E\,y}{(1-\sigma^2)\,(Rd^2)}\left[(h-y)\cdot(h-\frac{y}{2})\cdot t - t^3\right]$$

em que:

E = módulo de Young

σ = coeficiente de Poisson

d, y, h = distância

R = relação de distâncias

F = força

Qual a dimensão da variável t?

3. Se a água tem um módulo de compressibilidade volumétrica $\varepsilon_{vol} = 2,05 \times 10^9$ N/m², qual o acréscimo de pressão requerido para reduzir seu volume de 0,5%?

4. Se o volume específico é definido como o inverso da massa específica, qual o valor do volume específico, em m³/kg, de uma substância cuja densidade vale 0,8.

5. A massa específica da água, a 20°C e à pressão atmosférica normal, vale 1.000 kg/m³. Calcule o valor da massa específica de um corpo de água submetido a uma pressão de 10⁸ N/m², mantendo a temperatura constante.

6. Qual o módulo de compressibilidade volumétrica de um líquido que tem um aumento de 0,02% na massa específica para um aumento na pressão de 45.000 N/m²?

7. Um método experimental para determinar a tensão superficial de um líquido consiste em medir a força necessária para retirar um anel construído com fio de platina da superfície da água, como esquematizado na figura a seguir Faça uma estimativa da força necessária para retirar um anel de 25 mm de diâmetro da superfície da água a 20°C.

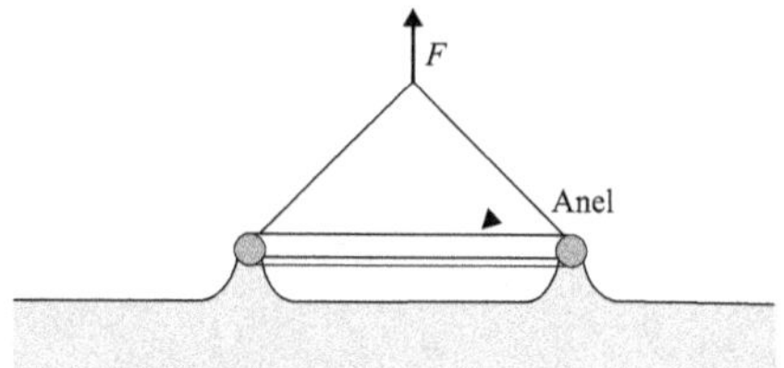

8. Determine o peso específico do ar à pressão atmosférica normal p_{atm} = 101,325 kPa e temperatura de 27°C. Dada a constante do ar R = 288,3 N.m/(kg.K).

9. Determine o valor da constante R, em N.m/kg.K, para o ar atmosférico, supondo que este seja composto por 80% de nitrogênio e 20% de oxigênio.
Dados:

massa molecular do nitrogênio – 0,028 kg

massa molecular de oxigênio – 0,032 kg

constante universal dos gases – 8,31451 N.m/mol.K

10. Um balão para sondagem atmosférica de formato esférico foi projetado para ter um diâmetro de 10 m a uma altitude de 45.000 m. Se a pressão e a temperatura nessa altitude são, respectivamente, 20 kN/m² (abs.) e –60°C, determine o volume de hidrogênio, a 100 kN/m² (abs.) e 20°C, necessário para encher o balão na Terra.

Referências

STREETER, V. L. *Fluid mechanics*. New York: McGraw-Hill. 1966.
KREITH, F. *Princípios da transmissão do calor*. São Paulo: Edgard Blucher. 1977.
SHAMES, I. H. *Mechanics of fluids*. Singapore: McGraw-Hill. 1992.
ROUSE, H. *Advanced mechanics of fluids*. New York: John Wiley and Sons Inc. 1959.
SINGER, C. *A history of scientific ideas*. New York: Barnes & Nobles Book. 1996.

CAPÍTULO 2

ESTÁTICA DOS FLUIDOS

2.1 ESTÁTICA DOS FLUIDOS

2.1.1 VARIAÇÃO DA PRESSÃO EM UM FLUIDO EM REPOUSO: HIDROSTÁTICA

Conforme mencionado, a pressão é uma das grandezas mais importantes quando se lida com fluidos. Seu conhecimento é importante tanto para fluidos em escoamento como em repouso.

Um fluido está em repouso quando não há velocidade diferente de zero em nenhum de seus pontos. O estudo dos fluidos na condição de repouso é conhecido pelo nome de *Estática dos Fluidos* ou *Hidrostática* e encontra extensa aplicação na Engenharia, principalmente na Engenharia Hidráulica, em obras de armazenamento de água, e na Engenharia Mecânica, nos cálculos de comportas e nos sistemas de comando hidráulico. A título de exemplo podem ser citados: cálculo de esforços em barragens, determinação de forças em tanques de armazenamento, cálculo de reações em comportas, cálculo de pistões de válvulas de controle, etc. Uma aplicação muito importante da estática dos fluidos é a manometria de coluna de fluido, uma excelente ferramenta de medida de pressão, de uso extenso em laboratórios.

O equacionamento matemático nos fluidos em repouso é obtido pelo equilíbrio das forças agindo sobre um elemento de volume infinitesimal. Isolando um elemento de volume de forma cúbica, definido no sistema cartesiano de coordenadas, obtêm-se a distribuição das forças de pressão, como mostrado na Figura 2.1, e as forças de ação à distância agindo sobre o elemento. Como o elemento está em repouso, o somatório das forças de pressão e das forças de ação à distância é igual a zero.

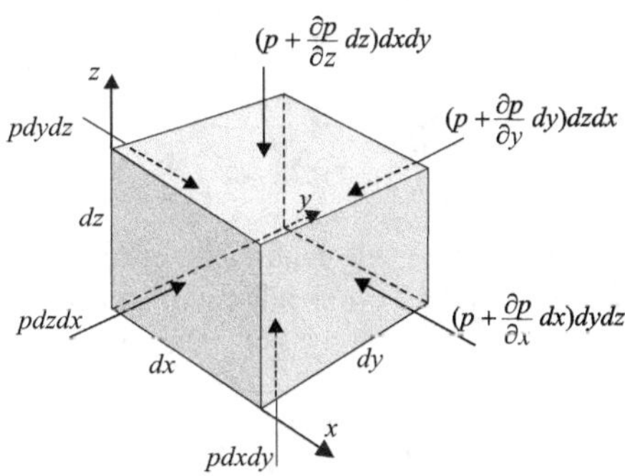

Figura 2.1 Forças de pressão em um elemento de volume, em função das pressões médias nas áreas do elemento.

Seguindo a notação apresentada no esquema da Figura 2.1, pode-se escrever:

$$\left[p - \left(p + \frac{\partial p}{\partial x}\, dx\right)\right] dydz\, \vec{e}_x + \left[p - \left(p + \frac{\partial p}{\partial y}\, dy\right)\right] dxdz\, \vec{e}_y + \left[p - \left(p + \frac{\partial p}{\partial z}\, dz\right)\right] dxdz\, \vec{e}_z - mg\vec{e}_z = 0$$

em que $\vec{e}_x$, $\vec{e}_y$ e $\vec{e}_z$ são os versores nas três direções coordenadas.

Após simplificação, obtém-se:

$$-\frac{\partial p}{\partial x}\, dxdydz\,\vec{e}_x - \frac{\partial p}{\partial y}\, dydxdz\,\vec{e}_y - \frac{\partial p}{\partial z}\, dzdxdz\,\vec{e}_z - mg\vec{e}_z = 0$$

substituindo m por $\rho dxdydz$ e simplificando os fatores comuns, chega-se a:

$$-\frac{\partial p}{\partial x}\vec{e}_x - \frac{\partial p}{\partial y}\vec{e}_y - \frac{\partial p}{\partial z}\vec{e}_z - \rho g\,\vec{e}_z = 0 \tag{2.1}$$

que pode ser expressa de forma mais compacta com o emprego do conceito de gradiente de um escalar e do operador Nabla $\vec{\nabla}$:

$$\vec{\nabla}(p + \rho gz) = 0 \tag{2.1a}$$

A equação 2.1 (ou 2.1a) é conhecida como equação geral da **estática dos fluidos**. Sua interpretação pode ser simplificada separando-a em suas componentes cartesianas. Assim, obtêm-se três equações escalares, uma para cada componente, apresentadas nas equações 2.2. Dessas equações infere-se que, como conseqüência das duas primeiras igualdades nulas, a pressão não depende de x e de y, ou seja, de acordo com a nomenclatura definida na Figura 2.1, em um meio homogêneo a pressão em um mesmo plano horizontal é constante.

$$\frac{\partial p}{\partial x} = 0$$

$$\frac{\partial p}{\partial y} = 0 \tag{2.2}$$

$$\frac{\partial p}{\partial z} = -\rho g$$

Sendo a pressão constante em x e y, ela é, portanto, apenas função de z, o que permite reescrever a equação 2.2 em termos de derivada total, conforme equação 2.3, só como função da direção vertical.

$$\frac{dp}{dz} = -\rho g \tag{2.3}$$

Exemplo 2.1

Determine a pressão em um nível 2 de uma massa de água, situado 5 m abaixo da superfície, sabendo que na superfície (nível 1) age a pressão atmosférica que, para efeitos deste exemplo, vale 100 kPa. Considere que a massa específica da água é constante e vale 1.000 kg/m³.

Solução:

A diferença de pressão desejada pode ser obtida pela integração da equação 2.3, operando uma integral definida entre os dois níveis em questão após a separação de variáveis. Então, da equação 2.3:

$$dp = -\rho g dz$$

que, integrada entre os limites z_1 e z_2, traz:

$$\int_{p_1}^{p_2} dp = \int_{z_1}^{z_2} -\rho g dz$$

Como a massa específica é constante, a integral é calculada como:

$$p_2 - p_1 = \rho g(z_1 - z_2)$$

ou:

$$p_2 = p_1 + \rho g(z_1 - z_2)$$

Substituindo os valores numéricos do problema, obtém-se:

$$p_2 = 100.000 + 1.000 \cdot 9,81 \cdot 5 = 149.050 \text{ Pa.}$$

2.1.2 Forças sobre superfícies planas submersas

Uma aplicação importante da equação da estática dos fluidos é o cálculo de forças sobre superfícies submersas, com aplicações no estudo de barragens, comportas, veículos subaquáticos, corpos flutuantes, etc. A força que um fluido em repouso exerce sobre uma superfície plana genérica submersa pode ser calculada pela integração do diferencial de força, que age num elemento de área, sobre toda a superfície. O esquema apresentado na Figura 2.2 permite equacionar matematicamente essa força.

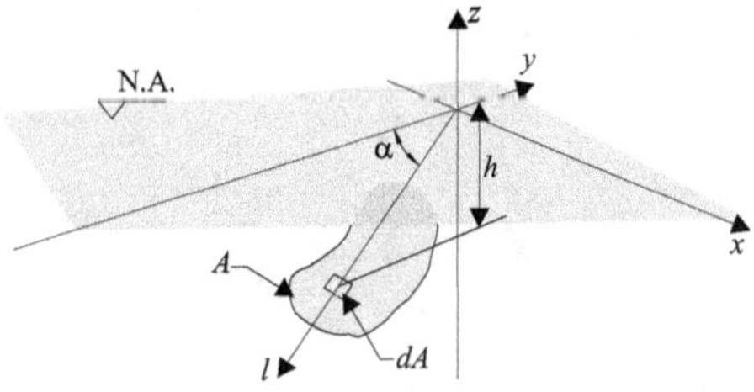

Figura 2.2 Dados para o cálculo da força de pressão sobre a área A.

Tem-se:

$$\vec{F} = \iint_A p \cdot \vec{a} \cdot dA \tag{2.4}$$

em que $\vec{a}$ é o versor que representa a direção normal à superfície que contém o elemento de área dA.

Como a pressão na profundidade h é dada por:

$$p = \rho \cdot g \cdot h \tag{2.5}$$

e

$$h = l \cdot sen\alpha \tag{2.6}$$

então:

$$\vec{F} = \rho \cdot g \cdot \vec{n} \cdot sen\alpha \iint_A l dA \tag{2.7}$$

Lembrando a definição da posição do centróide de uma figura geométrica:

$$l_{CG} = \frac{1}{A} \iint_A l dA$$

e usando a equação 2.6 alterada para $l_{CG} \cdot sen\alpha = h_{CG}$, a equação 2.7 pode ser modificada para:

$$\vec{F} = \rho g h_{CG} \cdot A \tag{2.8}$$

ou

$$\vec{F} = p_{CG} \cdot A \tag{2.9}$$

Verifica-se, conseqüentemente, das equações 2.8 e 2.9, que a força resultante da ação da pressão sobre uma superfície, pressão exercida por um fluido de massa específica constante, pode ser calculada pelo produto da pressão exercida sobre o centróide da área pela área da superfície.

A força de pressão calculada pela equação 2.8 ou 2.9 é a resultante das forças de pressão sobre a superfície submersa, de área A, e é sempre uma força de compressão agindo perpendicularmente à superfície. Seu ponto de aplicação é denominado **centro de pressão** C_p e suas coordenadas (x_p, y_p) são calculadas pelas equações 2.10 e 2.11, em que x e y são eixos coordenados, no sistema cartesiano, com o plano (x, y) paralelo à superfície submersa e origem coincidente com a superfície líquida, de acordo com o esquema apresentado na Figura 2.3.

$$x_p = x_c + \frac{\bar{I}_{\varepsilon\eta}}{y_c \cdot A} \tag{2.10}$$

$$y_p = y_c + \frac{I_C}{y_c \cdot A} \tag{2.11}$$

em que:

$I_{\varepsilon\eta}$ é o produto de inércia em relação aos eixos ε e η, que passam pelo centróide;

I_C é o momento de inércia em relação ao eixo que passa pelo centróide, paralelo ao eixo x.

Se o eixo η é o eixo de simetria da superfície submersa, então $I_{\varepsilon\eta}$ é nulo e a posição horizontal do centro de pressão coincide com a do centróide. Já o momento de inércia I_C é sempre positivo e a posição vertical do centro de pressão está sempre abaixo da do centróide.

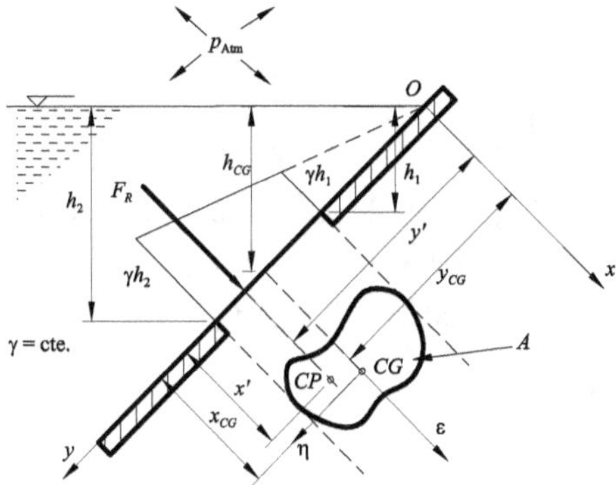

Figura 2.3 Nomenclatura para cálculo do centro de pressão. Note que o plano (x, y) aparece rebatido de 90° para observação frontal da área da superfície submersa.

2.1.3 Conceito de prisma de pressão

Uma forma prática para determinar o módulo e a linha de ação da resultante das forças de origem hidrostática sobre uma superfície plana qualquer pode ser desenvolvida por meio do conceito de prisma de pressão. Considera-se que em um fluido incompressível em repouso a pressão varia linearmente com a distância vertical h, desde a superfície livre, em que a pressão é atmosférica, até o ponto considerado, em que é descrita por $p = \rho g h = \gamma h$. O valor γh pode ser considerado como altura de um prisma elementar de área de base dA, sendo o módulo da força elementar sobre dA expresso por $dF = p dA = \gamma h dA$.

Para implementar o uso desse conceito, considere a superfície plana de área A sujeita a ação hidrostática de um fluido de peso específico γ constante, como na Figura 2.4, e um sistema de referência xy com origem no ponto O (na superfície da água).

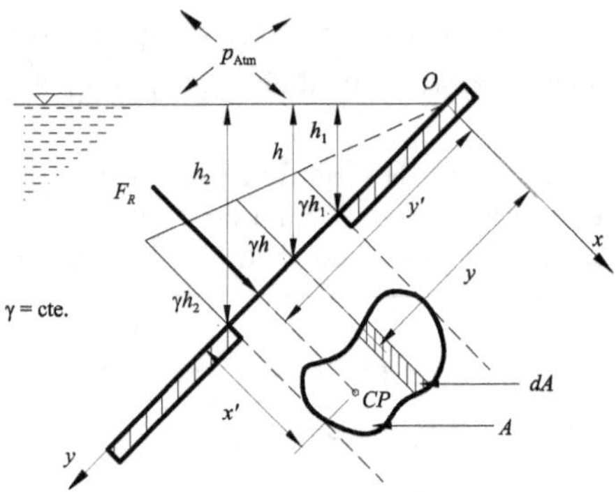

Figura 2.4   Definição do prisma de pressão.

Utilizando a equação 2.8, a força de pressão, perpendicular à superfície, sobre a área elementar dA, indicada na Figura 2.4, vale:

$$dF = pdA = \gamma h dA \tag{2.13}$$

Do conceito de prisma de pressão, hdA é um volume elementar $dVol$, então, adicionalmente:

$$dF = \gamma dVol \tag{2.14}$$

Integrando a equação 2.14 sobre toda a superfície plana, resulta:

$$F_R = \gamma \int_A dVol = \gamma Vol \tag{2.15}$$

Portanto, o módulo da força resultante é numericamente igual ao volume do prisma de pressão, volume prismático cuja base é a própria superfície plana de área A e cuja altura, em qualquer ponto da base, é dada por γh.

A linha de ação da resultante F_R pode ser determinada pelo princípio da Estática, segundo o qual a força resultante deve produzir o mesmo efeito que o somatório das forças elementares, isto é, mesma força e mesmo momento em relação ao ponto O. Desse modo, pode-se escrever a igualdade dos momentos em relação ao eixo y:

$$M_O = F_R y' = \int_{Vol} y\, dF \tag{2.16a}$$

E, analogamente, a igualdade dos momentos em relação ao eixo x:

$$M_O = F_R x' = \int_{Vol} x\, dF \tag{2.16b}$$

Utilizando as equações 2.14 a 2.16, tem-se, finalmente:

$$y' = \frac{1}{Vol} \int_{Vol} y \, dVol \tag{2.17}$$

$$x' = \frac{1}{Vol} \int_{Vol} x \, dVol \tag{2.18}$$

em que x' e y' são as coordenadas do centro de gravidade do prisma de pressão. Portanto, a linha de ação da força resultante, perpendicular à área A, passa pelo centro de gravidade do prisma de pressão e intercepta a superfície plana no centro de pressão C_p.

2.1.4 FORÇAS SOBRE SUPERFÍCIES CURVAS SUBMERSAS

Quando o esforço hidrostático atua sobre uma superfície curva, a determinação do módulo da resultante, pelos métodos precedentes, leva a formulações matemáticas muito complicadas, sendo necessário um artifício para simplificar o cálculo. Esse artifício consiste em obter a força por meio de suas componentes, assim, a componente horizontal é obtida como se estivesse agindo sobre uma projeção da placa sobre um plano vertical e a componente vertical é o peso de fluido sobre a placa. A força é obtida pela soma vetorial dessas componentes.

Para exemplificar o cálculo da componente horizontal sobre uma superfície curva, considere um elemento de área dA na superfície curva submersa, mostrada na Figura 2.5, situado a uma distância vertical h da superfície livre. A força elementar dF sobre esse elemento vale $dF = pdA$ e é perpendicular à superfície curva.

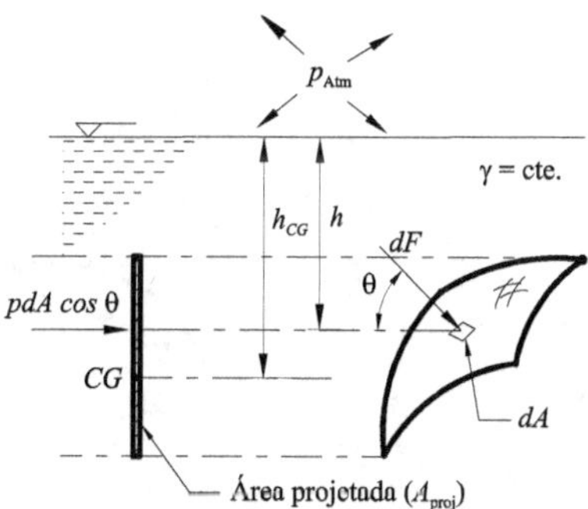

Figura 2.5 Projeção horizontal da superfície curva sobre um plano vertical.

A componente horizontal de dF vale $dF_h = dF cos\theta = pdAcos\theta$. O produto $dAcos\theta$ é a projeção de dA num plano perpendicular à direção horizontal, portanto, num plano vertical, $pdAcos\theta$ é a força elementar exercida sobre a área projetada, isto é, $dF_h = pdA_{proj}$. Essa relação pode ser integrada sobre toda a área projetada, obtendo:

$$F_h = \int_{A_{proj}} pdA_{proj} = \gamma \int_{A_{proj}} hdA_{proj} \tag{2.19}$$

Definindo h_C como a distância vertical da superfície livre até o centro de gravidade da área projetada e lembrando que a posição do centro de gravidade é definida por:

$$h_C = \frac{1}{A_{proj}} \int_{A_{proj}} hdA_{proj} \tag{2.20}$$

pode-se combinar as equações 2.19 e 2.20 para obter uma forma de representar o módulo da componente horizontal do esforço hidrostático sobre uma superfície curva, dada por:

$$F_h = \gamma h_C A_{proj} \tag{2.21}$$

A linha de ação de F_h passa no centro de pressão da área projetada. Assim, após projetar a superfície curva em um plano vertical pode-se utilizar os métodos precedentes.

Uma análise estática semelhante pode ser feita para determinar o módulo e a linha de ação da componente vertical do esforço hidrostático sobre uma superfície curva submersa em fluido de peso específico constante.

Seja $dF = pdA = \gamma hdA$ a força elementar sobre o elemento de área dA da superfície curva esquematizada na Figura 2.6.

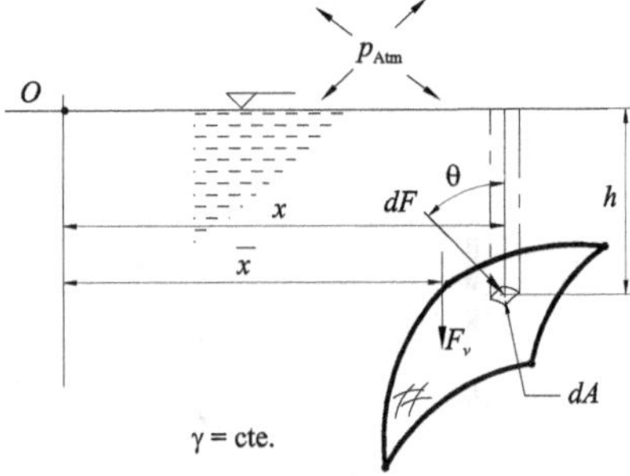

Figura 2.6 Componente vertical do esforço hidrostático sobre a curva.

A componente vertical de dF vale:

$$dF_v = dF cos\theta = pdAcos\theta = ghdAcos\theta.$$

A componente vertical da força aplicada sobre a superfície é:

$$F_v = \int_A \gamma\, h dA \cos\theta \tag{2.22}$$

Como o produto $dA\cos\theta$ é a projeção de dA num plano perpendicular à direção vertical, num plano horizontal o termo $hA\cos\theta$ é o volume do prisma elementar de altura h (desde a superfície curva até a superfície livre) e a área de base $dA\cos\theta$. Efetuando a integração, obtém-se:

$$F_v = \gamma \int_A hdA \cos\theta = \gamma \int_{Vol} dVol = \gamma Vol \tag{2.23}$$

Como conclusão, vê-se que o módulo da componente vertical da força hidrostática que age sobre uma superfície curva submersa é numericamente igual ao peso do volume de fluido contido verticalmente entre a superfície curva e a superfície livre.

A linha de ação da componente vertical é determinada igualando seu momento (em relação a um eixo que passa pela origem O) à somatória dos momentos das componentes verticais elementares. Considerando a Figura 2.6, tem-se:

$$M_O = F_v\, \bar{x} = \int_{Vol} x\, dF_v \tag{2.24}$$

$$\gamma Vol\, \bar{x} = \gamma \int_{Vol} x\, dVol \tag{2.25}$$

$$\bar{x} = \frac{1}{Vol} \int_{Vol} x\, dVol \tag{2.26}$$

Conseqüentemente, a linha de ação da componente vertical da força passa pelo centro de gravidade do volume de fluido acima da superfície curva, o qual se estende desde a superfície curva até a superfície livre, real ou imaginária.

2.1.5 Conceito de superfície livre imaginária

Em algumas aplicações práticas é necessário determinar o módulo e a linha de ação da componente vertical decorrente da ação de um líquido sob pressão contra a parede de um recipiente. Nessa situação, o líquido estará abaixo da superfície, seja ela plana ou curva. Conhecendo a pressão p em um ponto qualquer do líquido, por exemplo, o ponto O da Figura 2.7, que contém um esquema de tanque de pressão, pode-se determinar a componente vertical da força sobre a superfície de interesse, no caso a parte esférica superior do tanque. Sendo γ o peso específico do líquido, pode-se desenhar uma superfície livre imaginária localizada a uma altura $H = p/\gamma$ acima do ponto O.

Pela equação 2.23, a componente vertical da força será numericamente igual ao peso do volume de líquido imaginário acima da superfície (deve ter o mesmo peso específico γ do líquido em contato com a cúpula). Note que a força age de baixo para cima, diferentemente do peso do líquido, que age de cima para baixo.

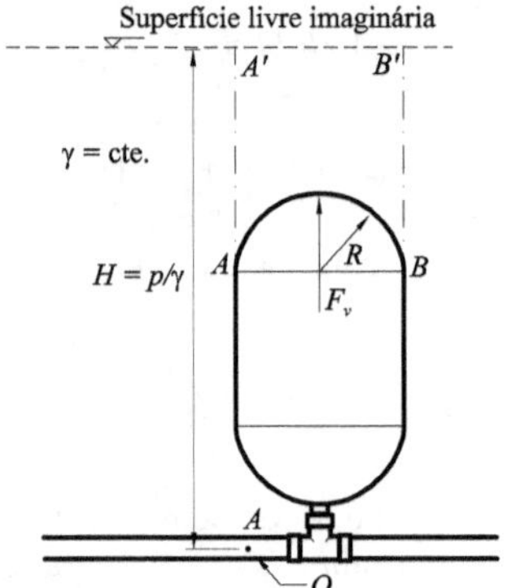

Figura 2.7   Conceito de superfície imaginária.

Considerando a cúpula da Figura 2.7, a componente vertical é dada pela diferença entre os pesos dos volumes de um cilindro e de uma semi-esfera. Tem-se, portanto:

$$F_v = \gamma Vol_{\text{Cilindro}} - \gamma Vol_{\text{Semi-esfera}}$$

$$F_v = \gamma \left[\pi R^2 H - \frac{1}{2}\frac{4}{3}\pi R^3 \right] \tag{2.27}$$

$$F_v = \gamma \pi R^2 \left[H - \frac{2}{3} R \right] \quad \text{(de baixo para cima)} \tag{2.28}$$

A componente horizontal da força de pressão sobre a cúpula é nula.

Exemplo 2.2

Para o cálculo de forças sobre superfícies planas considera-se a comporta retangular mostrada na Figura 2.8, de peso desprezível, articulada em O e simplesmente apoiada em C. Pretende-se determinar a altura h a partir da qual a comporta girará, no sentido horário, em torno do eixo que passa em O. A largura da comporta (perpendicular ao plano do papel) é 2,0 m.

A condição-limite para o início do giro da comporta é que a reação da parede sobre a comporta, no ponto C, seja nula. As forças sobre a comporta são de origem hidrostática e podem ser avaliadas pelo método do prisma de pressão. Desenhando os prismas de pressão sobre a superfície $ABOC$, tem-se a Figura 2.9.

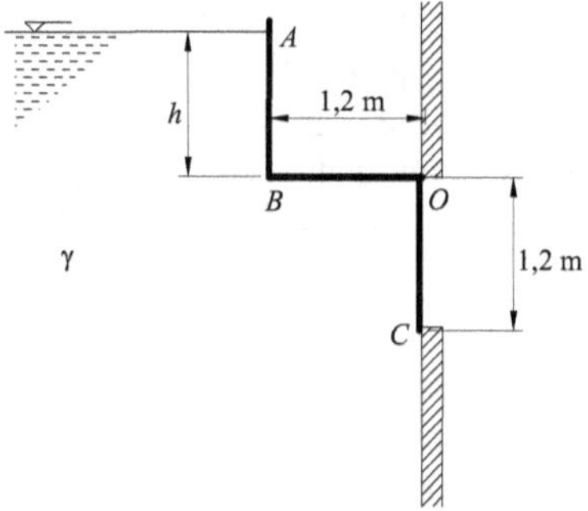

Figura 2.8 Comporta retangular do Exemplo 2.2.

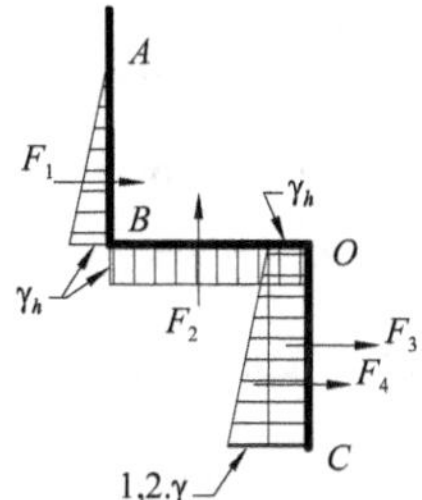

Figura 2.9 Prismas de pressão na comporta do Exemplo 2.2.

As forças F_2 e F_3 são iguais, pois os diagramas retangulares de pressão sobre BO e OC são iguais. Adicionalmente, os braços dessas forças em relação a O são iguais e, portanto, o momento de uma em relação a O anula o momento da outra. Como as forças resultantes, de módulos iguais aos volumes dos diagramas, passam pelo centro de gravidade dos diagramas de pressões, a condição de equilíbrio impõe:

$$\sum M_O = 0 \qquad \therefore \qquad F_1 \frac{h}{3} = F_4 \frac{2}{3} \, 1,20$$

como

$$F_1 = \frac{1}{2} \gamma \, h \, h \, 2,0 = \gamma h^2 \qquad e \qquad F_1 = \frac{1}{2} \gamma \, 1,2 \cdot 1,2 \cdot 2,0 = 1,44\gamma$$

resulta $h = 1,51$ m.

Exemplo 2.3

Como exemplo de esforços sobre superfícies curvas submersas, pretende-se determinar o módulo, o sentido e o ponto de aplicação das componentes horizontal e vertical da força na comporta da Figura 2.10. O líquido tem peso específico γ e atua sobre a comporta cilíndrica de comprimento L e seção reta igual a 3/4 de circunferência de raio R.

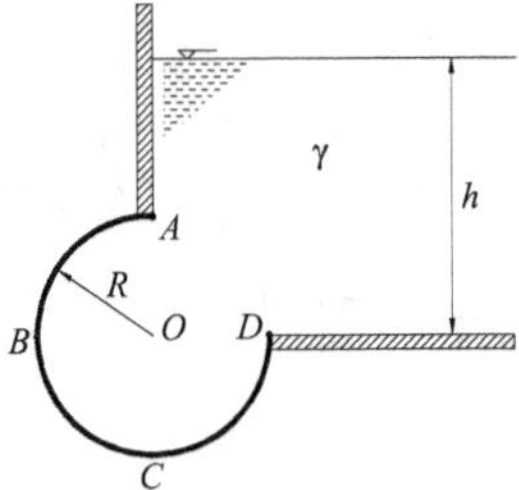

Figura 2.10 Esquema da comporta.

A componente horizontal da força é dada por:

$$F_h = \gamma\, h_C A_{\text{proj}}$$

Observe que os arcos BC e CD produzem áreas projetadas e esforços hidrostáticos iguais, mas de sentidos contrários. Assim, a área projetada efetiva no cálculo do esforço horizontal deve-se somente ao arco AB e vale RL. A força é calculada por:

$$F_h = \gamma\,(h - \frac{R}{2})RL \quad \text{e atua da direita para a esquerda.}$$

A linha de ação de F_h pode ser obtida considerando o esquema da Figura 2.11.

$$F_2 = \frac{1}{2}\gamma\, RL$$

O momento da resultante é igual à soma dos momentos componentes:

$$\sum M_0 = 0 \quad \therefore \quad F_h y = F_1 \frac{R}{2} + F_2 \frac{R}{3}$$

Substituindo as forças na equação do momento, resulta:

$$y = \frac{R(h - 2/3R)}{2h - R}, \text{ acima de } O.$$

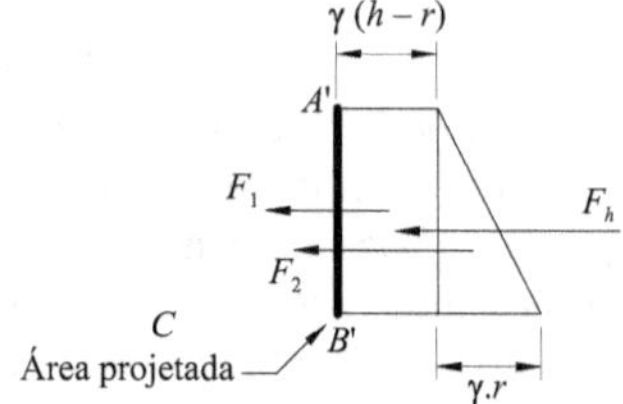

Figura 2.11 Forças na área projetada.

A componente vertical é obtida observando que o arco *AB* é submetido a um esforço vertical de baixo para cima e o arco *BD*, a um esforço vertical de cima para baixo. O esforço resultante é:

$$F_v = -\gamma L\left(hR - \pi\frac{R^2}{4} \right) + \gamma L\left[2Rh + \pi\frac{R^2}{2} \right]$$

Ou, efetuando algumas operações elementares:

$$F_v = -\gamma R L\left(h - \frac{3}{4}\pi R \right)$$

A resultante total $R = \sqrt{F_h^2 + F_v^2}$ é perpendicular à superfície e a sua linha de ação passa pela origem *O*, tendo momento nulo em relação à origem. O esquema estático das componentes vertical e horizontal é mostrado na Figura 2.12.

$$\sum M_0 = 0 \quad \therefore \quad F_h y = F_v x$$

$$x = y\frac{F_v}{F_h} = \frac{R\left(h - \dfrac{2}{3}R\right)}{2h + \dfrac{3}{2}\pi R}, \quad \text{à direita de } O.$$

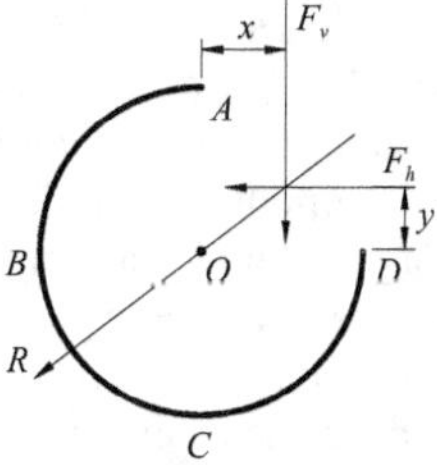

Figura 2.12 Componentes da força.

2.2 MANOMETRIA

Manometria é o nome dado à técnica de medida da pressão. Como a pressão não é uma grandeza fundamental, os "padrões" para calibração são disponíveis na forma de instrumentos de grande exatidão que, no entanto, dependem da precisão de medida das grandezas fundamentais. O padrão básico para medidas de pressão é o "manômetro diferencial de coluna de mercúrio", mostrado na Figura 2.14, embora o mais confiável seja o manômetro de pistão, conhecido como "manômetro de peso morto", cujo esquema é apresentado na Figura 2.13.

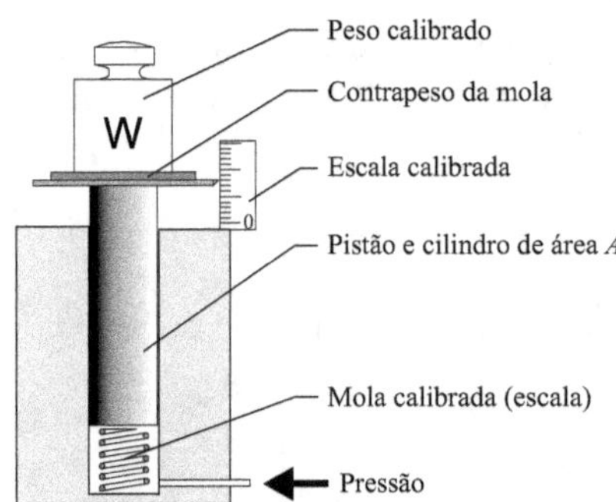

Figura 2.13   Manômetro de peso. A pressão p é dada pela relação W/A, acrescida da leitura na escala.

Uma das aplicações mais úteis da estática dos fluidos é, sem dúvida, a manometria de coluna de fluido que utiliza, como o nome indica, colunas de fluido para quantificar a pressão em pontos de escoamento ou reservatório. Um bom exemplo é o manômetro de coluna de mercúrio anteriormente citado. A Figura 2.14 apresenta um esquema construtivo desse manômetro, muito disseminado nos diversos laboratórios de pesquisa das mais diferentes áreas do conhecimento.

O fluido usado como indicador da diferença de pressão, denominado manométrico, deve ser um fluido imiscível com o fluido a ser medido e apresentar superfície de separação bem definida, denominada menisco. Esse tipo de medidor é do tipo deflexão, isto é, a pressão a ser medida provoca o aparecimento de uma coluna de fluido que causa uma contrapressão equivalente ao atingir o ponto de equilíbrio. A medida do comprimento dessa coluna representa uma medida da diferença das pressões exercidas nas extremidades dos dois ramos do manômetro. Denominando p_1 e p_2 as pressões nos ramos esquerdo e direito, respectivamente, pode-se escrever a equação a seguir pela aplicação da equação da estática dos fluidos, em que x é a distância da extremidade do ramo esquerdo ao menisco do fluido manométrico.

$$p_1 + \gamma_F \cdot x + \gamma_F \cdot \Delta H = p_2 + \gamma_F \cdot x + \gamma_M \cdot \Delta H$$

Simplificando as parcelas comuns e rearranjando os termos dessa equação, obtém-se a equação 2.35, que fornece a diferença das pressões p_1 e p_2 em função da leitura ΔH.

$$p_1 - p_2 = \left(\gamma_M - \gamma_F\right) \cdot \Delta H \tag{2.35}$$

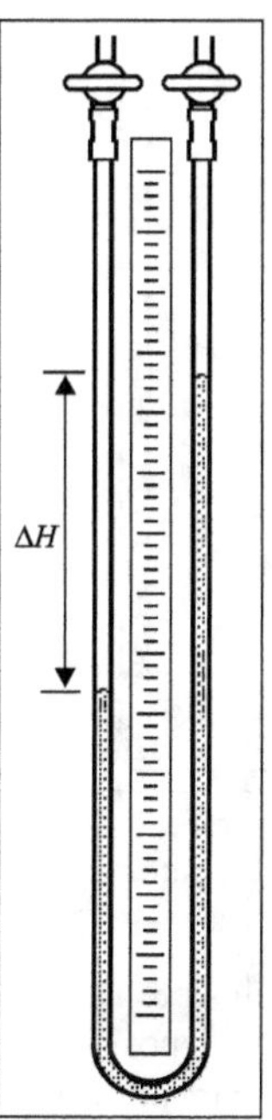

Figura 2.14 Manômetro.

Os fluidos manométricos mais comuns são o **mercúrio**, quando o fluido a ser medido é a água, e a **água**, medindo pressão em ar. Algumas substâncias obtidas na química orgânica têm densidade na faixa de 1 a 5, prestando-se muito bem como fluido manométrico, mas têm o grande inconveniente de serem tóxicos e apresentarem odor muito acentuado. Também são utilizados óleos como fluido manométrico e, por terem densidade menor que a da água, os manômetros trabalham invertidos.

Um dos primeiros instrumentos de medida de pressão com base em coluna de fluido, desenvolvido por Torricelli, é o barômetro de mercúrio, que consta de um tubo de vidro com 1,0 m de comprimento, fechado em uma das extremidades, que, após ser preenchido com mercúrio, é emborcado em uma cuba de mercúrio, conforme Figura 2.15. A coluna de mercúrio do tubo vertical, inicialmente com 1,0 m de comprimento, sofre redução de altura em razão da fuga do fluido pela abertura inferior, diminuindo para um comprimento indicado por H.

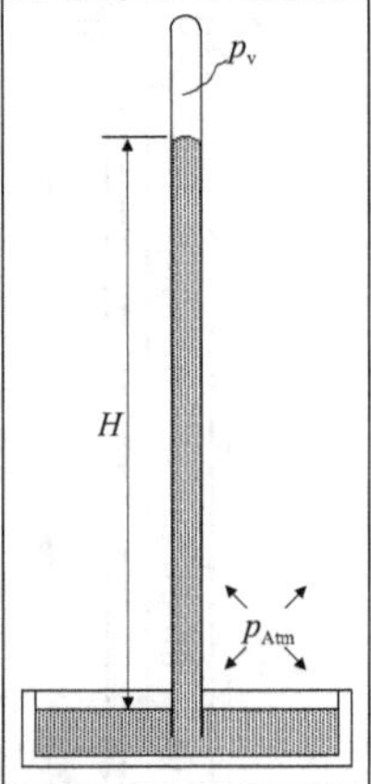

Figura 2.15 Barômetro de Torricelli.

Esse fenômeno provoca o aparecimento de um espaço sobre a coluna de mercúrio, que é ocupado por seu vapor. Como o dispositivo está à temperatura ambiente, o espaço fica submetido à pressão de vapor do mercúrio, cujo valor ($p_V = 4,12$ N/m^2 = 0,03 mmHg) pode ser desprezado nos cálculos normais em Engenharia. A coluna de mercúrio contrabalança a diferença entre a pressão atmosférica e a pressão de vapor do mercúrio. Dos dados apresentados na Figura 2.15 e da equação da estática dos fluidos, a pressão atmosférica é dada por:

$$p_{Atm} = \gamma \cdot H + p_V \qquad (2.36)$$

Um instrumento de medida de pressão muito utilizado, também tendo por base uma coluna de fluido, é construído com um único tubo de vidro, vertical, ligado ao recipiente ou conduto em que se quer medir a pressão. O próprio líquido do recipiente é forçado a subir pelo tubo, constituindo uma coluna com comprimento suficiente para balançar a pressão a ser medida. A altura da coluna de fluido, a partir da referência do recipiente ou do centro do tubo, é uma medida da pressão.

Na Figura 2.16 é apresentado um esquema desse instrumento, denominado **piezômetro**. O cálculo da pressão no piezômetro é feito pela aplicação da equação da estática dos fluidos entre a pressão a ser obtida no centro do tubo e a pressão no topo da coluna fluida, que é a pressão atmosférica p_{Atm}. Assim, a pressão p_1 é dada por:

$$p_1 = \gamma_F \cdot H \tag{2.37}$$

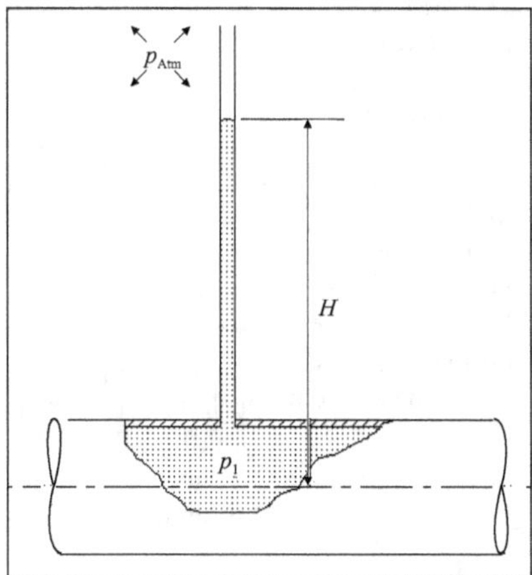

Figura 2.16 Esquema de um piezômetro.

O uso freqüente dos manômetros de coluna de fluido levou os usuários a criarem uma nova unidade de medida de pressão, caraterizada pelo comprimento da coluna de fluido e, portanto, expressa em unidades de comprimento (**m** no SI). Entre os engenheiros hidráulicos a medida mais usada é o metro de coluna de água, cujo símbolo é $\mathbf{m_{H2O}}$ e representa a coluna de um metro de água.

Da mesma forma, a medida da pressão atmosférica é relacionada ao comprimento da coluna de mercúrio visualizada no barômetro e a pressão atmosférica normal é referida como 759,65 mmHg. A transformação dessas unidades de pressão em unidades dentro de um sistema coerente, por exemplo, o Sistema Internacional, é conseguida pela multiplicação do comprimento em metros pelo peso específico do líquido, γ. Assim 1,0 m_{H2O} vale 9.810 N/m², já que o γ da água vale 9.810 N/m³.

As unidades alternativas com base em coluna de fluido são extensamente utilizadas na Hidráulica e em máquinas hidráulicas.

Exercícios

1. Para aumentar a precisão da medida de baixas pressões, freqüentemente é utilizado um manômetro diferencial de coluna de fluido inclinado em relação à vertical. Como a medida da pressão só depende da distância vertical, o deslocamento da coluna fluida aparece dividido pelo seno do ângulo α que o manômetro faz com a horizontal. Se o interesse é obter uma resolução 10 vezes maior de um manômetro que usa a água como fluido manométrico, qual deve ser o ângulo α adotado?

2. Nas medidas de altas pressões, geralmente presentes no recalque das bombas hidráulicas, adota-se a prática de ligar dois ou mais manômetros em série. Considerando os dados da figura a seguir e o fato de não haver ar nas ligações, determine a expressão para o cálculo da diferença de pressão $p_1 - p_2$ entre as entradas dos três manômetros em série.

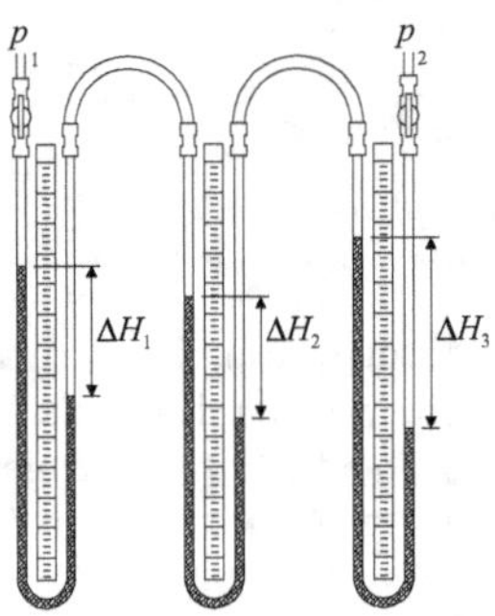

3. Determine a força resultante sobre a parte exposta à água da superfície submersa. Determine de forma completa a resultante.

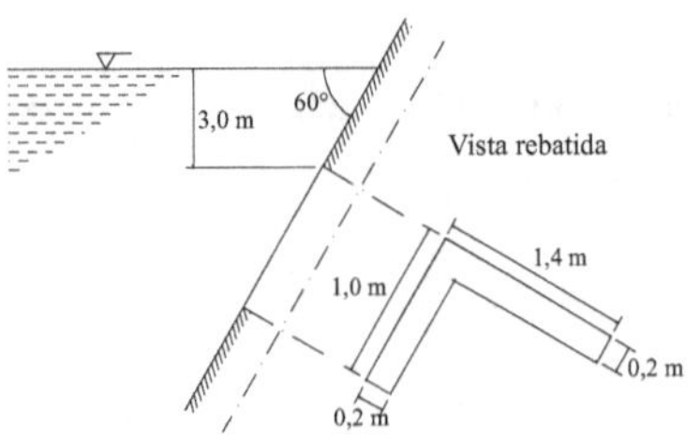

4. Que altura de água fará girar a comporta da figura no sentido dos ponteiros do relógio? A comporta tem uma largura de 2 m. Despreze o atrito e o peso próprio da comporta.

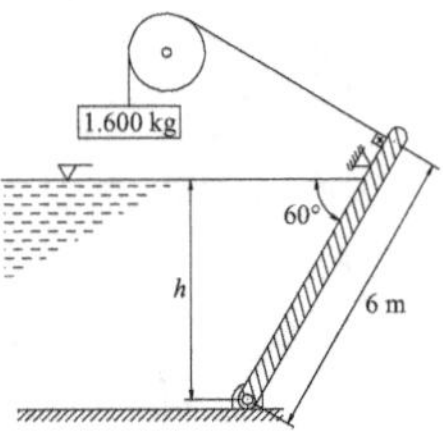

5. A comporta $ABCDEF$ da figura a seguir, articulada no extremo A, mantém-se em equilíbrio pela ação da força horizontal H aplicada em F. Sendo a largura da comporta igual a 2,0 m, determine o valor da força H e as componentes horizontal e vertical da força que solicita a articulação A.

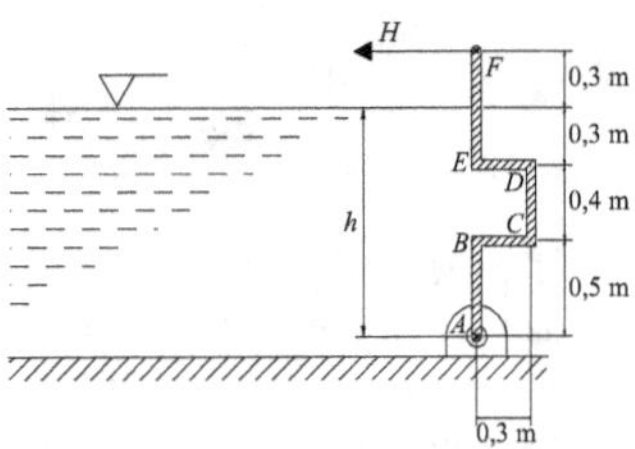

6. A comporta da figura a seguir pode girar em torno do ponto O. Determine a mínima altura h para a qual a comporta abrirá. Dado $\gamma_{água} = 9.800$ N/m³.

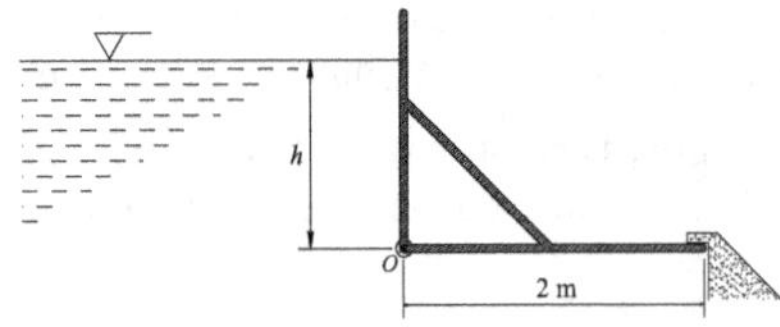

7. A figura a seguir representa a seção de uma barragem de concreto. Admitindo que não há

subpressão, determine para um metro de largura as componentes horizontal e vertical do empuxo de água sobre a face de montante. Supondo um coeficiente de atrito entre a barragem e o terreno da base igual a 0,4, verifique se haverá tombamento da barragem. Verifique a estabilidade ao deslizamento. Defina o coeficiente de segurança em relação ao escorregamento e ao tombamento e calcule seus valores para a barragem.
Peso específico do concreto igual a 23,5 kN/m³.

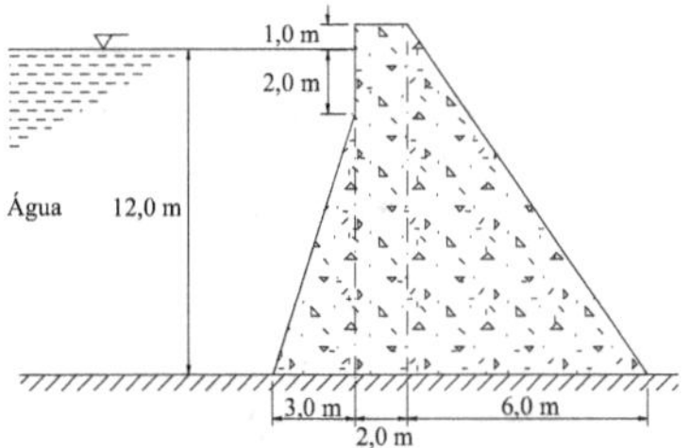

8. Imagine um líquido que quando está em repouso se estratifica de forma que seu peso específico seja proporcional à raiz quadrada da profundidade h. O peso específico na superfície livre é γ. Qual a pressão em função da profundidade h medida a partir da superfície livre? Qual a força resultante sobre uma das faces da placa AB mostrada na figura a seguir. A largura da placa é b.

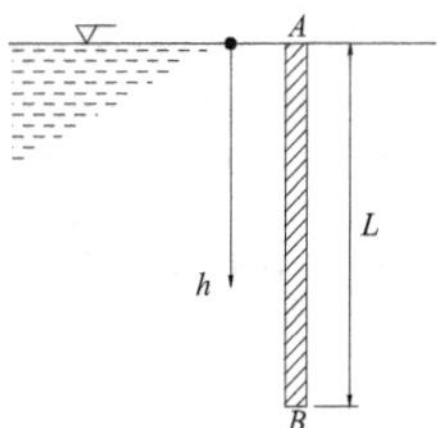

9. A comporta triangular ABB, de peso desprezível, é articulada por um eixo que passa por BB e é apoiada em A. Um peso W, colocado em C e rigidamente ligado à placa ABB, serve de contrapeso para manter a comporta fechada. Determine o peso W para que a comporta esteja na iminência de abrir quando a altura da água no canal for $h = 0,6$ m.

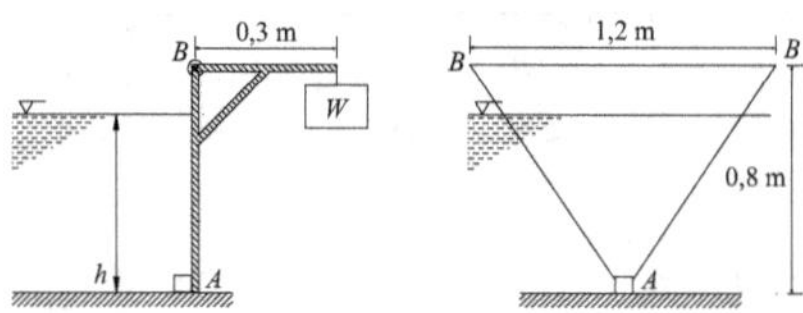

10. Determine o módulo da força resultante que atua sobre a superfície esférica da figura a seguir e explique por que a linha de ação passa pelo centro O.

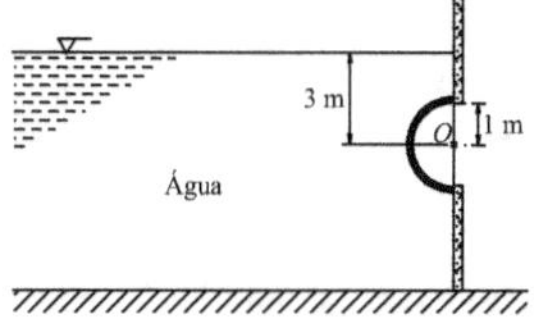

11. Um cilindro de ferro fundido, de 30 cm de diâmetro e 30 cm de comprimento, é imerso em água do mar ($\gamma = 10.100$ N/m³). Qual o empuxo que a água exerce sobre o cilindro? Qual o empuxo se o cilindro fosse de madeira? Nesse caso, qual seria a altura submersa do cilindro? $\gamma_{mad} = 7.400$ N/m³.

12. Um submarino pesa 8.000 kN. Com esse peso ele flutua na superfície da água doce com 90% de seu volume total imerso. Que volume de água deve ser admitido em seus tanques a fim de que ele possa submergir totalmente? Dados: $g = 9,8$ m/s² e $\rho = 1.000$ kg/m³.

13. Dois cubos iguais, de 1 m³ de volume, um com densidade relativa igual a 0,80 e outro, 1,10, estão unidos por um cordão curto e colocados na água. Que volume do cubo mais leve fica acima da superfície livre da água? A qual tração o cordão está submetido?

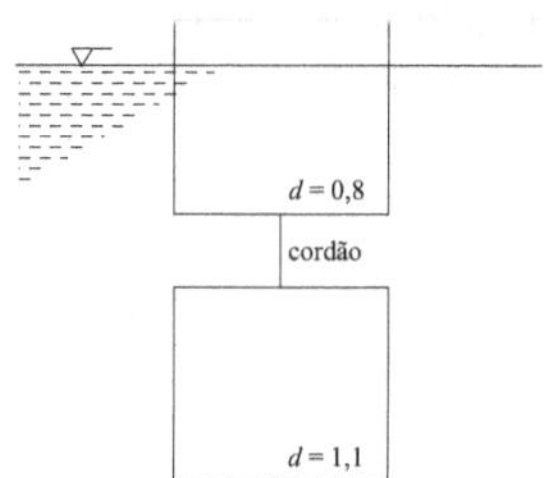

14. Determine a densidade e o volume de um objeto que pesa 30 N quando colocado na água e 40 N quando colocado em um óleo cuja densidade é 0,8.

15. Deseja-se determinar a massa específica em g/cm³ de uma pequena amostra de basalto. Para isso, foi determinada a massa da amostra no ar e na água. A primeira medida foi de 31 g e a segunda, 20 g. Qual a densidade da amostra?

16. O densímetro é um aparelho destinado a medir a densidade relativa dos líquidos com base no princípio da flutuação. O aparelho é tarado com pequenas esferas metálicas, para que seu peso seja W. O densímetro tem uma haste de seção reta constante e área s. É feita a calibração do aparelho colocando-o em água destilada (densidade $d = 1$), determinando o volume submerso V e marcando, na haste, o zero da escala correspondente ao nível da superfície livre da água. Quando o densímetro flutua em outro líquido, a haste sobe ou desce em relação ao zero da escala de calibração, de uma altura Δh, como no diagrama a seguir. Calcule em função de V, s e Δh a densidade relativa d de um líquido qualquer.

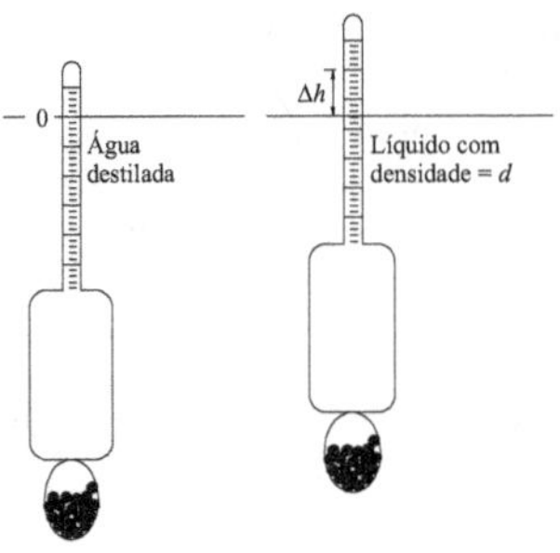

17. Qual a diferença de pressão entre os pontos A e B dos recipientes mostrados na figura a seguir? A densidade relativa do mercúrio é 13,6.

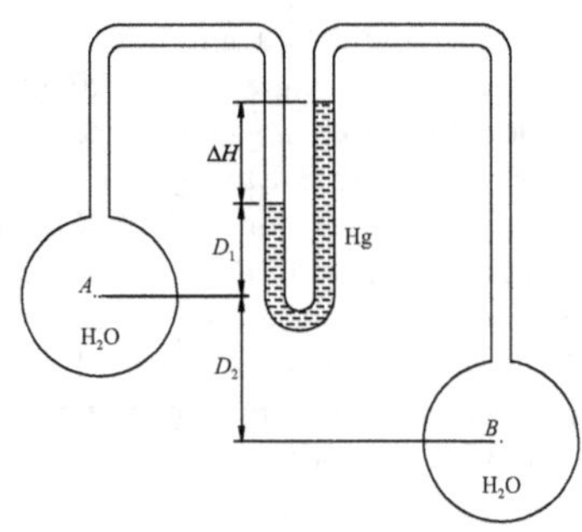

18. Qual a diferença de pressão entre os recipientes A e B mostrados na figura a seguir? A densidade relativa do mercúrio é 13,6.

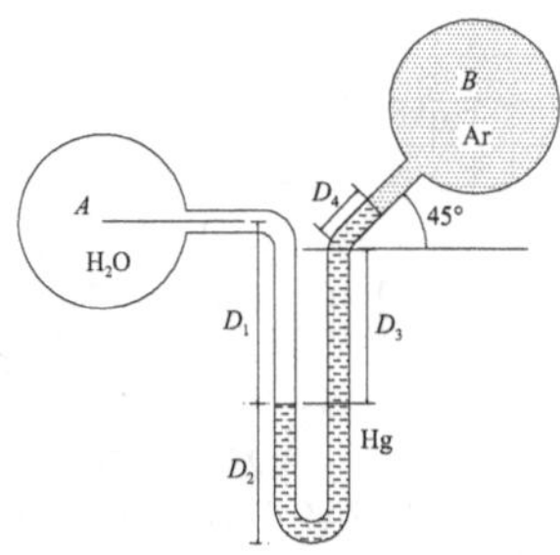

19. Um recipiente cilíndrico, de paredes finas e altura $L = 0,20$ m é emborcado em água e mergulhado até a profundidade $h = 1$ m. Suponha que o ar aprisionado no recipiente no instante em que ele entra em contato com a água esteja à pressão atmosférica e seja comprimido isotermicamente. Determine a altura x que a água atinge dentro do recipiente. A pressão barométrica local é 735,7 mmHg.

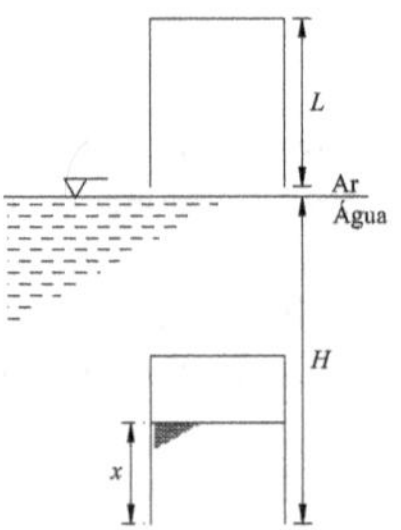

20. No manuseio de substâncias químicas é muito usado um dispositivo denominado pipeta. A pipeta consiste em um tubo de vidro, aberto nas duas extremidades, introduzido verticalmente no líquido a ser utilizado. A extremidade é, então, tampada pelo polegar e o tubo é retirado, trazendo o líquido suportado pela pressão atmosférica. Quer-se retirar um volume Vol_0 conhecido de um líquido tóxico de massa específica ρ_L, por intermédio de uma pipeta de diâmetro d e comprimento L, conforme a figura a seguir. Determine a profundidade x em que a pipeta deve ser introduzida no líquido antes de ser tampada para retirar exatamente o volume Vol_0.

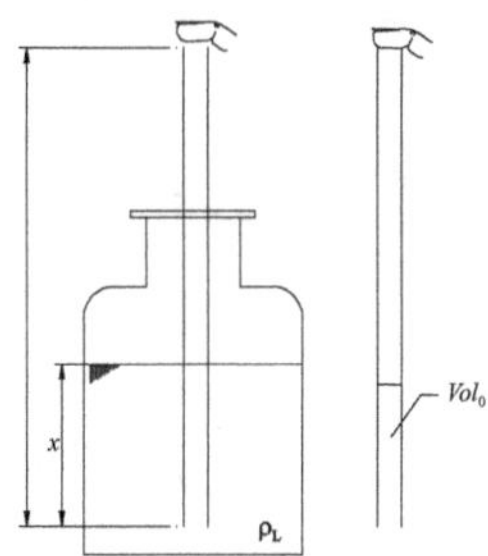

Referências

STREETER, V. L. *Fluid mechanics*. New York: McGraw-Hill. 1966.

KREITH, F. *Princípios da transmissão do calor*. São Paulo: Edgard Blucher. 1977.

SHAMES, I. H. *Mechanics of fluids*. Singapore: McGraw-Hill. 1992.

VIEIRA, R. C. C. *Atlas de mecânica dos fluidos: hidrostática*. São Paulo: Edgard Blucher. 1975.

SINGER, C. *A history of scientific ideas*. New York: Barnes & Nobles Books. 1996.

CAPÍTULO 3

ESCOAMENTOS

G rande parte dos estudos em Fenômenos de Transporte envolve os fluidos em movimento, um fenômeno conhecido como escoamento. Define-se, então, escoamento de um fluido como o processo de movimentação de suas moléculas, umas em relação às outras e aos limites impostos ao escoamento.

Os escoamentos são descritos por parâmetros físicos e pelo comportamento desses parâmetros ao longo do espaço e do tempo. O comportamento dos parâmetros físicos permite separar os escoamentos em classes, facilitando seu entendimento e, principalmente, sua descrição em termos matemáticos para criar modelos que os representem.

3.1 Parâmetros Usados na Descrição dos Escoamentos

3.1.1 Campo de velocidades

Provavelmente um dos parâmetros mais importantes no estudo dos escoamentos seja a velocidade, que mede a alteração da posição de um elemento do fluido em função do tempo. A velocidade em um fluido apresenta algumas diferenças em relação à velocidade de um corpo sólido, sendo mais importante o fato de que em um sólido todas as suas partículas têm a mesma velocidade, ou há uma relação bem determinada entre elas, enquanto em um fluido cada partícula ou molécula tem ou pode ter velocidade diferente. Sendo uma grandeza vetorial, a velocidade tem módulo, ou magnitude, direção e sentido e é representada por três componentes, uma para cada eixo coordenado. Considerando um sistema cartesiano de coordenadas, a velocidade em um ponto, ou em uma partícula do fluido, pode ser representada pela equação 3.1.

$$\vec{V} = V_x \cdot \vec{e}_x + V_y \cdot \vec{e}_y + V_z \cdot \vec{e}_z \tag{3.1}$$

Como um fluido é composto por moléculas, ou elementos, quase independentes e mantidos coesos por uma força de atração, ao ser submetido ao escoamento sofre contínua distorção desses elementos. Essa característica não permite manter um elemento com sua forma geométrica inicial e, com o tempo, diferentes partes do elemento passam a estar sujeitas a diferentes velocidades. Assim, torna-se necessário acompanhar a velocidade em vários pontos representativos do escoamento para obter uma avaliação de seu comportamento como um todo. A descrição espacial dessas velocidades, por intermédio de uma fórmula matemática ou por representação gráfica, é denominada genericamente de perfil de velocidades, e é por meio desses perfis que o comportamento do escoamento pode ser caracterizado.

Se à fórmula matemática de descrição espacial da velocidade é adicionada uma descrição temporal, obtém-se um campo de velocidades que representa o escoamento como função de coordenadas espaciais e temporais.

A variação da velocidade nesse campo, associada ao tempo e/ou ao espaço, é definida pela aceleração. Em um campo de velocidade, a aceleração é calculada pela derivada total ou substancial da velocidade em relação ao tempo. Assim, a aceleração, como função do espaço e do tempo, é calculada, no sistema cartesiano, como:

$$\vec{a} = \frac{d\vec{V}}{dt} = \frac{\partial \vec{V}}{\partial x} \cdot \frac{\partial x}{\partial t} + \frac{\partial \vec{V}}{\partial y} \cdot \frac{\partial y}{\partial t} + \frac{\partial \vec{V}}{\partial z} \cdot \frac{\partial z}{\partial t} + \frac{\partial \vec{V}}{\partial t} \tag{3.2}$$

Como a variação temporal das coordenadas representa a componente da velocidade na determinada direção, obtém-se:

$$\vec{a} = V_x \frac{\partial \vec{V}}{\partial x} + V_y \frac{\partial \vec{V}}{\partial y} + V_z \frac{\partial \vec{V}}{\partial z} + \frac{\partial \vec{V}}{\partial t} \tag{3.3}$$

Sendo uma equação vetorial, ela pode ser escrita de forma mais compacta utilizando operadores vetoriais. Nessa equação, aparece o operador de Euler, obtido multiplicando escalarmente o vetor velocidade pelo operador Nabla $\vec{\nabla}$. A equação 3.3 pode, então, ser escrita como:

$$\vec{a} = \left(\vec{V} \cdot \vec{\nabla} \right)\vec{V} + \frac{\partial \vec{V}}{\partial t} \tag{3.4}$$

A equação 3.3 e, conseqüentemente, a 3.4 mostram a aceleração composta por duas partes distintas. Uma parte é calculada pela derivada parcial em relação ao tempo, que representa a variação da velocidade em um ponto do escoamento. Como caracteriza a aceleração em determinado ponto do espaço, é denominada **aceleração local**. A outra parte é matematicamente representada pelas derivadas em relação às coordenadas espaciais e representa a aceleração agindo em um elemento, ou partícula, que causa variação da velocidade quando o elemento ou a partícula muda de posição. Essa aceleração é chamada de **aceleração convectiva**.

3.1.2 Escoamentos laminares e turbulentos: experiência de Reynolds

A classificação dos escoamentos depende da velocidade, mas prende-se à forma pela qual ocorre. Essa forma se sujeita ao comportamento das moléculas de fluido, que adotam um padrão de movimento denominado estrutura interna do escoamento. O estudo da estrutura interna dos escoamentos foi iniciado por Osborne Reynolds, em 1883, por meio de um artigo considerado clássico na área de Mecânica dos Fluidos. O estudo da estrutura dos escoamentos foi iniciado por um experimento, atualmente conhecido como Experiência de Reynolds, que consiste na injeção de um corante líquido na posição central de um escoamento de água interno a um tubo circular de vidro transparente. O comportamento do filete de corante ao longo do escoamento no tubo define três características distintas, discutidas a seguir:

a) O corante não se mistura com o fluido, permanecendo na forma de um filete no centro do tubo, como apresentado na Figura 3.1. O escoamento processa-se sem provocar mistura transversal entre o escoamento e o filete, observável de forma macroscópica. A mistura que ocorre em nível molecular, por intermédio do processo de difusão molecular, não é visualizável. Como "não há mistura", o escoamento aparenta ocorrer como se lâminas de fluido deslizassem umas sobre as outras e, em razão disso, recebeu o nome de escoamento em **regime laminar**.

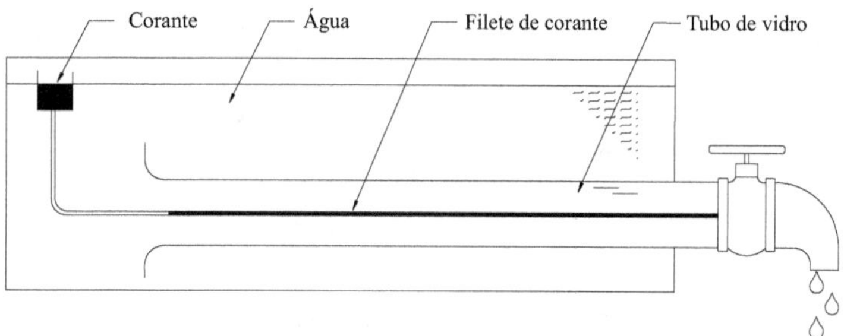

Figura 3.1 Regime laminar.

b) O filete apresenta alguma mistura com o fluido, deixando de ser retilíneo e sofrendo ondulações, como apresentado na Figura 3.2. Como essa situação ocorre para uma pequena gama de velocidades e liga o regime laminar a outra forma mais caótica de escoamento, ela foi considerada um estágio intermediário e recebeu o nome de escoamento em **regime de transição**.

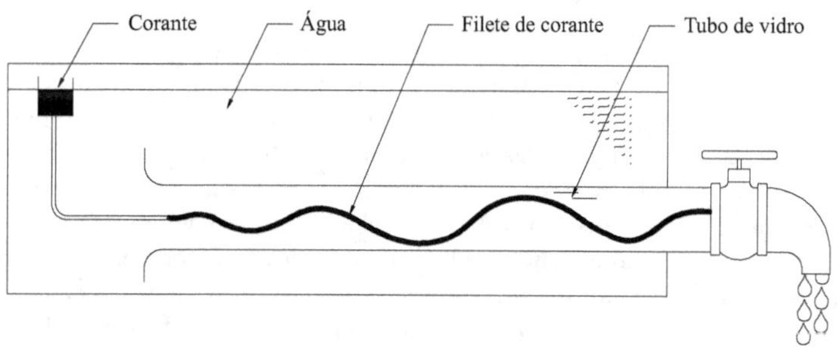

Figura 3.2 Regime de transição.

c) O filete de corante apresenta uma mistura transversal intensa, com dissipação rápida no seio do fluido, como ilustrado na Figura 3.3. São perceptíveis movimentos aleatórios no interior da massa fluida que provocam o deslocamento de moléculas entre as diferentes camadas do fluido, com transferência de volumes macroscópicos entre as diferentes regiões do escoamento. Como há mistura intensa e movimentação desordenada, esse regime de escoamento foi denominado de **regime turbulento**.

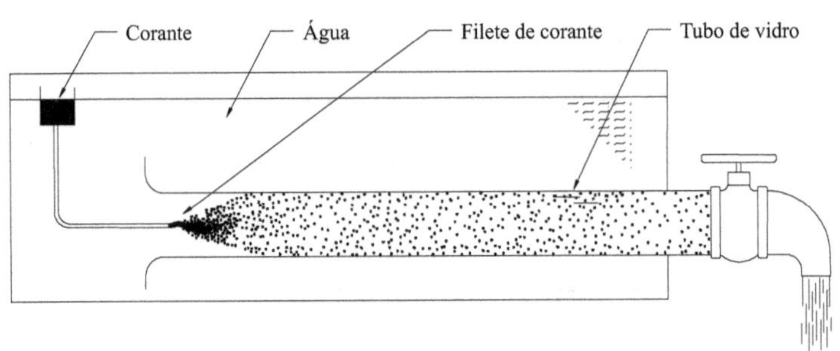

Figura 3.3   Regime turbulento.

Assim, pode-se dizer que o regime de escoamento, laminar ou turbulento, depende das propriedades de cada escoamento em particular. Por exemplo, para escoamentos em dutos cilíndricos circulares, Reynolds determinou que há um valor da relação entre o diâmetro (D), a velocidade média (V) e a viscosidade cinemática (ν) para o qual o escoamento passa do regime de escoamento laminar ao turbulento, valor este denominado crítico. O parâmetro estabelecido pela relação das três grandezas citadas é atualmente conhecido como número de Reynolds (Rey) e é definido pela expressão apresentada na equação 3.4.

$$Rey = \frac{VD}{\nu} \tag{3.4}$$

O número de Reynolds crítico, isto é, o valor numérico da equação 3.4 que caracteriza a passagem de um regime de escoamento para outro, foi objeto de estudo de diversos pesquisadores. De modo geral, são aceitos atualmente, para escoamentos em tubos retos, valores de Rey < 2.000, para caracterizar o regime de escoamento laminar, e valores de Rey > 2.300, para o regime turbulento. Os valores entre esses dois limites referem-se ao regime de escoamento de transição. Deve ficar claro que esses valores foram definidos em condições de laboratório e, dependendo das condições do escoamento, podem variar em função de estímulos externos, como presença de acessórios de canalização, nível de vibração, etc. São comuns escoamentos turbulentos para números de Reynolds inferiores a 2.000. Também é possível, em condições controladas, obter escoamentos laminares para valores do número de Reynolds bem maiores do que 2.300.

O diâmetro, que aparece na equação 3.4, é adotado como dimensão característica, com unidade de comprimento, do escoamento em dutos, no entanto, outros tipos de escoamento podem ter outras dimensões características do tipo comprimento. Por exemplo, no escoamento sobre placas planas esse parâmetro característico pode ser o comprimento da placa L medido ao longo do escoamento. Nesse caso, o número de Reynolds é escrito como indicado na equação 3.5.

$$Rey = \frac{VL}{\nu} \tag{3.5}$$

O número de Reynolds é um parâmetro muito importante no estudo dos Fenômenos de Transporte e voltará a ser mencionado em capítulos posteriores.

3.1.3 REGIME PERMANENTE E NÃO-PERMANENTE

Como mencionado, um campo de velocidades é dependente do espaço e do tempo, e os escoamentos representados por um campo de velocidades apresentam também um comportamento espaço-temporal. De acordo com a dependência temporal, os escoamentos podem ser **permanentes** ou **não-permanentes**.

Define-se *escoamento permanente* como aquele cujo campo de velocidades que o representa não tem dependência temporal, isto é, todas as propriedades e grandezas características do escoamento são constantes no tempo.

Conseqüentemente, *escoamento não-permanente* é aquele representado por um campo de velocidades com dependência temporal, isto é, ao menos uma grandeza ou propriedade é função do tempo.

Os escoamentos não-permanentes são divididos em três classes, dependendo das particularidades que os caracterizam: **transientes**, **periódicos** e **aleatórios**.

Transientes são os escoamentos que ocorrem na fase inicial, ou alteração, de escoamento, correspondendo à fase de aceleração da velocidade de uma situação permanente até uma nova situação, também permanente. Um exemplo bastante conhecido desse tipo de escoamento é o que ocorre nas descargas em vasos sanitários: ao pressionar o botão de descarga, ocorre um escoamento lento em princípio e que cresce até a velocidade terminal.

Periódicos são os escoamentos nos quais a variação temporal segue um padrão que se repete continuamente em função do tempo, estabelecendo uma função periódica. Como exemplo, pode ser citado o escoamento dos gases de combustão eliminados pelos motores à combustão interna, que seguem um padrão quase senoidal nos motores monocilindro.

Aleatórios são os escoamentos nos quais a variação da velocidade ocorre de forma aleatória em relação ao tempo, dificultando seu equacionamento, que depende de variáveis estatísticas para alguma previsão de cálculo. Um exemplo é constituído pelos movimentos atmosféricos, embora qualquer escoamento em regime turbulento se enquadre nessa classe.

3.1.4 OUTRAS DEFINIÇÕES

Há diferentes modos de descrever os escoamentos, dependendo do enfoque dado à forma de descrição escolhida. Por exemplo, é possível dividir os tipos de escoamento quanto ao número de variáveis espaciais necessárias para descrevê-los matematicamente. Nesse caso, os escoamentos podem ser unidimensionais, bidimensionais ou tridimensionais.

a) *Escoamento unidimensional* é o escoamento que pode ser descrito apenas por uma coordenada espacial. Mesmo que o escoamento tenha a aparência tridimensional, como é o caso de um escoamento laminar interno a um tubo, se ele pode ser descrito apenas em função de uma grandeza, é unidimensional. No exemplo citado, o escoamento apresenta simetria axial e o perfil de velocidades pode ser descrito apenas em função do raio, conforme a equação:

$$V = V_m \left(1 - \left(\frac{r}{R}\right)^2\right) \tag{3.6}$$

Portanto, embora sejam necessárias três coordenadas *(r, θ, z)* para localizar um ponto do escoamento, apenas a coordenada *r* é suficiente para descrever o perfil de velocidades e outras propriedades desse escoamento, em razão de sua simetria axial.

b) *Escoamentos uniformes* e *não-uniformes*: a condição de não deslizamento do fluido em uma superfície sólida, em geral, implica a ocorrência de um perfil de velocidades que varia na seção transversal de um escoamento. Por simplicidade, em muitos casos é possível considerar, sem prejuízo dos resultados, o escoamento uniforme em determinada seção. Define-se escoamento uniforme como aquele para o qual a velocidade é constante em qualquer seção normal ao escoamento, como mostrado no exemplo da Figura 3.4. Esse conceito não impõe a constância da velocidade entre seções normais situadas em diferentes posições ao longo do eixo longitudinal.

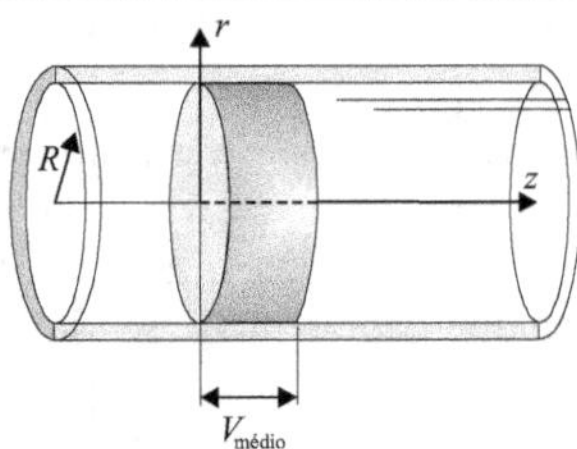

Figura 3.4 Exemplo de escoamento uniforme.

Escoamentos não-uniformes são aqueles para os quais a velocidade varia na seção transversal ao escoamento. A Figura 3.5 mostra um exemplo de escoamento não-uniforme.

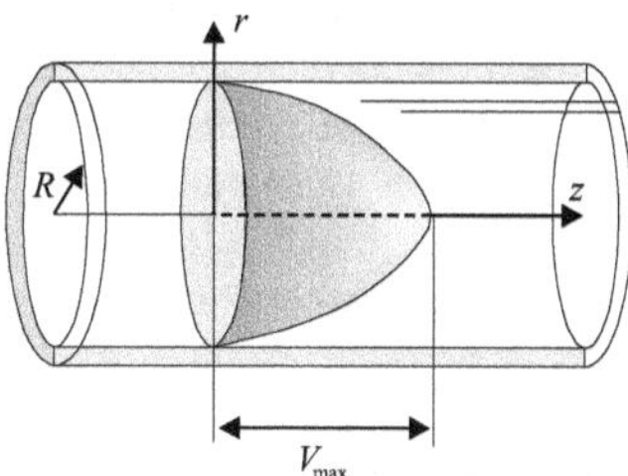

Figura 3.5 Exemplo de escoamento unidimensional não-uniforme.

c) *Escoamento estabelecido* e *não-estabelecido*: na entrada de um tubo, o escoamento inicia-se com um perfil uniforme. A condição de não-deslizamento na parede provoca, a partir da entrada do tubo, modificação do perfil de velocidades de uma seção para outra, até adquirir um perfil que não se modifique. A distância na qual isso ocorre é denominada "comprimento de entrada". O escoamento que não mais se modifica entre as seções transversais localizadas ao longo do eixo longitudinal é denominado escoamento estabelecido, como ilustrado no esquema da Figura 3.6. A região na qual há variação do perfil de velocidades ao longo do escoamento é a região de escoamento não-desenvolvido ou não-estabelecido. Por outro lado, a região posterior, onde o perfil de velocidade mantém-se inalterado entre as diferentes seções, chama-se região de escoamento desenvolvido.

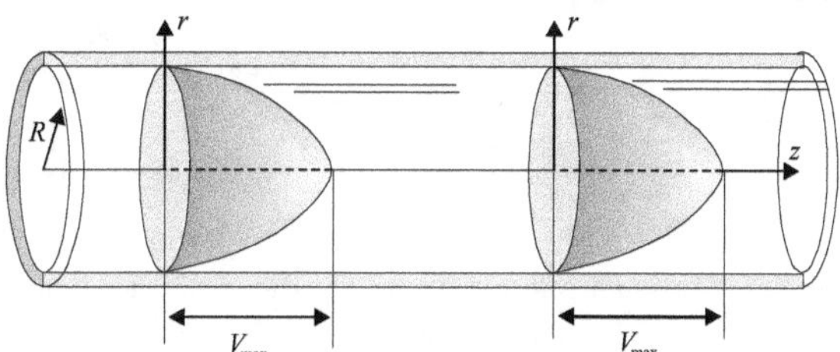

Figura 3.6 Exemplo de escoamento estabelecido.
Note que o perfil de velocidades permanece constante ao longo do eixo z.

d) *Escoamentos compressíveis* e *incompressíveis*: os escoamentos que ocorrem com variações ou flutuações desprezíveis da massa específica são considerados incompressíveis. Quando essa variação não pode ser desprezada, o escoamento é considerado compressível.

A grande maioria dos escoamentos de líquidos estudados nas diferentes áreas da engenharia pode ser considerada incompressível. Apenas em casos especiais, como no estudo do fechamento rápido de válvulas e bombas de pistão de alta pressão, a compressibilidade dos líquidos deve ser considerada.

Para os escoamentos gasosos, em regime permanente, a compressibilidade pode ser desprezada quando a velocidade do escoamento é baixa em relação à velocidade do som no fluido. Para números de Mach menores do que 0,3, o escoamento pode ser considerado incompressível, pois a variação aproximada da massa específica é de apenas 2% do valor médio. O tratamento dos escoamentos compressíveis foge do escopo do presente texto, podendo ser encontrado em livros mais específicos de Mecânica dos Fluidos.

3.1.5 ESCOAMENTOS EM REGIME TURBULENTO

A turbulência, como visto por intermédio da experiência de Reynolds, é caracterizada por uma estrutura interna de escoamento que pode ser muito bem definida como *caótica*. O número de Reynolds que caracteriza a estrutura interna dos escoamentos pode ser visto como uma relação entre forças de inércia e de atrito; quando há prevalência das forças de inércia, ocorre amplificação das perturbações existentes no escoamento, provocando novas perturbações que são novamente amplificadas, e o escoamento passa a ocorrer com a velocidade acrescida das perturbações. Um modelo muito aceito para o escoamento turbulento propõe que as perturbações sejam representadas por um vetor velocidade dotado de rotação ω somado à velocidade média. O vetor girando constitui o modelo de um turbilhão ou vórtice associado ao escoamento turbulento. Na Figura 3.7 é apresentado um esquema desse modelo, que associa a flutuação da velocidade à presença dos vórtices em um escoamento turbulento.

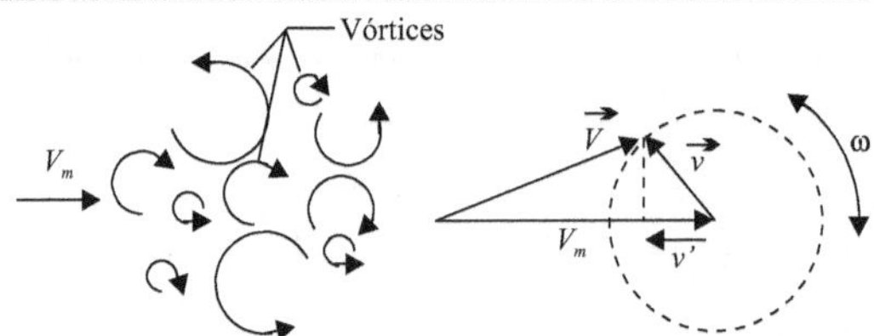

Figura 3.7   Modelo de escoamento turbulento e vórtice associado a um vetor girante.

Portanto, no regime turbulento, a velocidade em um ponto apresenta-se como a velocidade média acrescida de uma perturbação aleatória, variando continuamente ao longo do tempo. Medidas da velocidade em um ponto de um escoamento turbulento, em função do tempo, podem ser efetuadas por um *anemômetro de fio quente*, equipamento de medida que funciona com base na troca de calor entre um fio fino e o ar em escoamento. Como o anemômetro de fio quente tem tempo de resposta muito pequeno, ele consegue acompanhar as variações da velocidade, fornecendo um resultado como o representado na Figura 3.8. Observe que a velocidade varia aleatoriamente em função do tempo. O sinal obtido permite definir um valor médio V_m, e a diferença entre o valor médio e o valor da velocidade é a velocidade de perturbação ou flutuação v'. A velocidade real é denominada velocidade instantânea e é representada pela soma da velocidade média e da flutuação, como indicado pela equação 3.7.

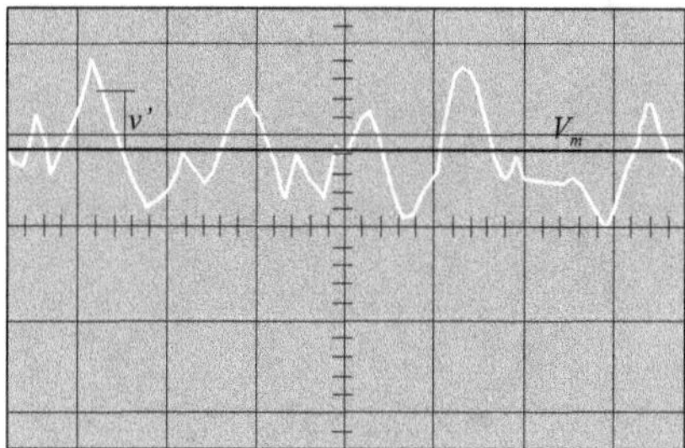

Figura 3.8 Sinal elétrico representando a variação da velocidade para escoamentos turbulentos em regime permanente.

$$V = V_m + v'$$ (3.7)

em que v' representa a variação aleatória da velocidade ou a flutuação da velocidade.

As operações para cálculo da média, usadas em turbulência para desenvolvimentos estatísticos, podem ser obtidas a partir de um conjunto de dados discretos ou digitais, ou a partir de dados analógicos, como o apresentado na Figura 3.8. O valor médio de um conjunto de valores digitais é calculado pelo quociente entre a soma dos valores e o número de parcelas, segundo a equação 3.8; já para dados analógicos, a média é obtida utilizando o cálculo integral, resultando no quociente entre a integral da grandeza durante um período T e o período, como indicado na equação 3.9.

$$V_m = \frac{1}{N} \sum_{i=1}^{N} V_i$$ (3.8)

$$V_m = \frac{1}{T} \int_{0}^{T} V(t)\,dt$$ (3.9)

Para simplificar o entendimento das equações diferenciais, já complexas, a operação de cálculo da média é indicada por uma barra sobre a variável, ou equação, conforme indicado na equação 4.10.

$$V_m = \overline{V} = \overline{V(t)}$$ (3.10)

Há diversas formas de calcular o valor médio de uma variável, mas para que ela seja aplicada às equações de movimento e transferência de propriedades físicas em fluidos para estudos de turbulência deve obedecer às "condições de Reynolds", constituídas por oito propriedades das operações de média. As "condições de Reynolds" são:

$$\overline{g + h} = \overline{g} + \overline{h}$$ (3.11)

$$\overline{ga} = a\overline{g} \quad a \text{ é uma constante} \tag{3.12}$$

$$\overline{\overline{g}\,h} = \overline{g}\,\overline{h} \quad \text{média de } g \text{ é constante} \tag{3.13}$$

$$\overline{\overline{g}} = \overline{g} \tag{3.14}$$

$$\overline{\overline{g}\,\overline{f}} = \overline{g}\,\overline{f} \tag{3.15}$$

$$\overline{\overline{g}\,g'} = \overline{g}\,\overline{g'} = 0 \tag{3.16}$$

$$\overline{g'} = 0 \quad \text{média das flutuações é zero} \tag{3.17}$$

$$\overline{\frac{\partial g}{\partial s}} = \frac{\partial \overline{g}}{\partial s} \quad s \text{ é uma variável independente} \tag{3.18}$$

A condição 3.17 afirma que a média aplicada sobre as flutuações fornece o valor zero, portanto, as flutuações não podem ser quantificadas a partir da média usada para as equações. A quantificação das flutuações é necessária, pois por meio dela é possível definir a intensidade da turbulência, isto é, quanto a turbulência afeta as variáveis do escoamento. Usualmente, a turbulência é quantificada por intermédio da raiz quadrada da média do quadrado dos valores da variável. O valor obtido por essa operação é denominado valor *RMS* (Root Mean Square) e indica a intensidade da turbulência quando aplicada à velocidade. Portanto, a intensidade de turbulência é dada por:

$$v_{RMS} = \sqrt{\overline{v'^2}} \tag{3.19}$$

ou

$$v_{RMS} = \sqrt{\frac{1}{N}\sum_{i=1}^{N}\left(V_i - V_m\right)^2} \tag{3.20}$$

para um conjunto de N medidas digitais da velocidade.

Para um registro contínuo da velocidade em função do tempo, a equação 3.20 pode ser adaptada utilizando o cálculo integral, no entanto, com a disseminação do uso de computadores para realização de medidas experimentais, 100% dos dados obtidos atualmente são em forma digital e a equação 3.20 é a utilizada.

3.2 Representação dos Escoamentos

Até agora, os escoamentos foram representados, nas diversas classificações e definições, por perfil de velocidade, que permite algum entendimento do escoamento, mas não indica seu comportamento, muitas vezes necessário no estudo em curso. No experimento de

Reynolds, observou-se o comportamento de um filete de corante e dele inferiu-se conhecimento sobre a estrutura interna do escoamento. O que o filete representa no escoamento?

Para responder a essa pergunta e obter ferramentas para representar um escoamento graficamente foram desenvolvidos os conceitos de trajetória, linha de emissão e linha de corrente.

3.2.1 Trajetória

Define-se trajetória como o lugar geométrico ocupado por determinada partícula em função do tempo. A trajetória pode ser obtida marcando-se as diversas posições que uma molécula de fluido ocupa ao longo do tempo. A visualização prática da trajetória é conseguida por meio de um traçador colocado no escoamento, o qual representará uma molécula, mas que pode ser facilmente visível. Esse traçador pode ser, por exemplo, uma pequena bóia flutuando em um curso de água ou um balão imerso em um escoamento na atmosfera. A trajetória pode ser obtida a partir de uma fotografia de múltipla exposição, feita a partir de um ponto fixo. As diversas imagens do traçador representarão a posição da partícula em cada instante e a linha que une os pontos indicará a trajetória, como na Figura 3.9.

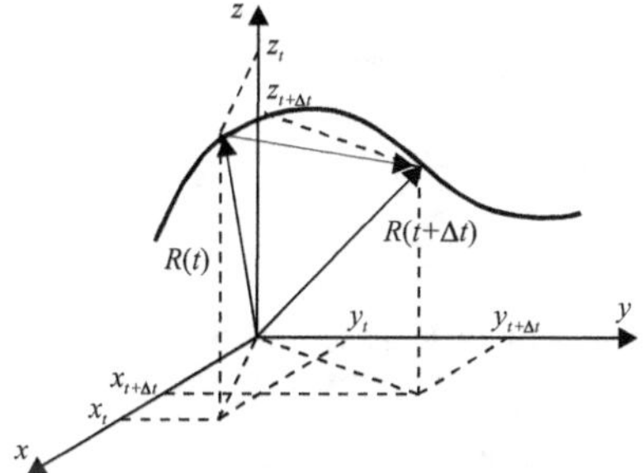

Figura 3.9 Visualização de trajetória.

Considerando a nomenclatura apresentada na Figura 3.9, a velocidade é obtida pela derivada do vetor posição $R(t)$ em relação ao tempo, portanto, uma equação matemática da trajetória é dada pela expressão:

$$d\vec{R}(t) = \vec{V}dt \tag{3.21}$$

em que $R = (x, y, z)$ é o vetor posição no instante t e V é a velocidade da partícula naquele instante. A equação vetorial 3.21 pode ser representada por três equações escalares, uma para cada coordenada, permitindo escrever a equação da trajetória conforme apresentado na equação 3.22.

$$\frac{dx}{V_x(x,y,z,t)} = \frac{dy}{V_y(x,y,z,t)} = \frac{dz}{V_z(x,y,z,t)} = dt \qquad (3.22)$$

3.2.2 Linha de emissão

Define-se a linha de emissão de um ponto $P = (x_0, y_0)$, num instante t_1 genérico, como o lugar geométrico ocupado pelas partículas que passaram pelo ponto P antes do instante t_1, isto é, para $t < t_1$.

Observe que a linha de emissão de um ponto não é a trajetória das partículas que passaram por aquele ponto; isso só ocorre no regime laminar permanente. Em escoamento turbulento, por exemplo, as partículas que passam pelo ponto P seguem trajetórias aleatórias, como indicado na Figura 3.10, no entanto, elas compõem uma linha de emissão num instante t qualquer.

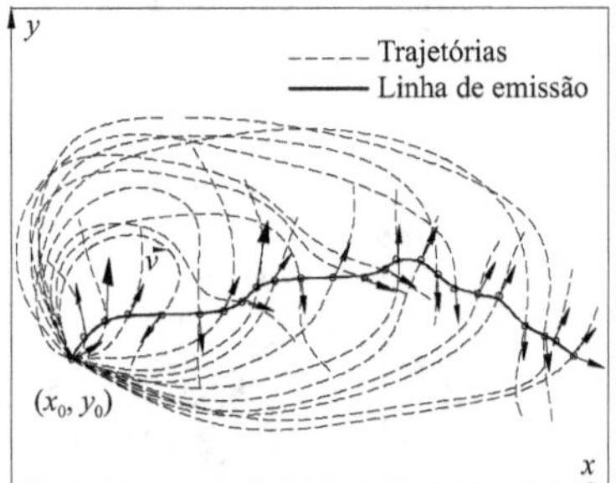

Figura 3.10 Visualização de linha de emissão.

A visualização da linha de emissão de um ponto em um escoamento pode ser obtida pela injeção contínua de um traçador naquele ponto. Por exemplo, o filete obtido na experiência de Reynolds mostra a posição, naquele instante, de cada partícula que passou pelo ponto de injeção, portanto, é uma linha de emissão. A fumaça que sai de uma chaminé e é arrastada pela movimentação atmosférica apresenta uma formação, denominada pluma, constituída por um conjunto de linhas de emissão.

3.2.3 Linha de corrente

Define-se como linha de corrente em um instante t_0 a linha tangente ao vetores velocidade naquele instante. Como o vetor velocidade é tangente à linha de corrente, não é possível cruzar duas delas, portanto, não há escoamento atravessando de um lado para outro da linha de corrente.

Um conjunto de linhas de corrente tangentes a uma curva fechada contida no escoamento compõe um tubo de corrente, como mostrado na Figura 3.11. Uma vez que um tubo de corrente é composto por linhas de corrente, conclui-se que o escoamento não atravessa suas paredes, podendo ser visto como um conduto no qual há escoamento de fluido. No regime laminar permanente, a linha de corrente coincide com a linha de emissão e com a trajetória.

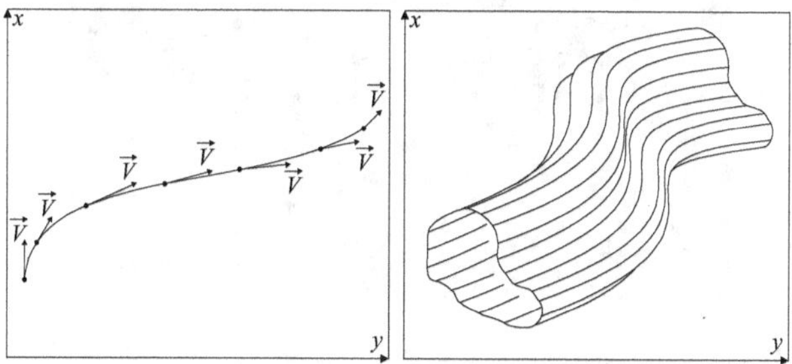

Figura 3.11 Definição de linha de corrente e visualização de um tubo de corrente.

Como a linha de corrente é definida para um instante de tempo t_0, sua equação é definida pela equação 3.23, para o tempo t_0, sendo expressa, portanto, apenas em função das coordenadas espaciais (x, y, z).

$$\frac{\mathrm{d}x}{V_x(x,y,z,t_0)} = \frac{\mathrm{d}y}{V_y(x,y,z,t_0)} = \frac{\mathrm{d}z}{V_z(x,y,z,t_0)} \tag{3.23}$$

As linhas de corrente são de grande utilidade nos estudos de escoamento, pois indicam a forma real do movimento do fluido, permitindo avaliar os conceitos teóricos envolvidos. Um exemplo de aplicação muito importante da linha de corrente é no estudo da Aerodinâmica, pois o comportamento das linhas de corrente ao redor de um corpo fornece pistas para, por exemplo, reduzir o arrasto. As linhas de corrente em um escoamento são obtidas por intermédio de fotografias, com tempo de exposição definido, de partículas pequenas, com densidade próxima à do fluido, arrastadas pelo escoamento.

A exposição por um tempo definido Δt fará com que as partículas produzam traços sobre o filme, que são partes das trajetórias proporcionais às velocidades de cada partícula. Os traços obtidos na fotografia mostram a forma "instantânea" das linhas de corrente que representam o escoamento. Na Figura 3.12 é apresentada uma foto obtida com essa técnica adicionada de um disparo de flash, mostrando as pequenas partes das trajetórias com início em um ponto mais brilhante (flash). Algumas setas representando a velocidade foram acrescentadas na foto.

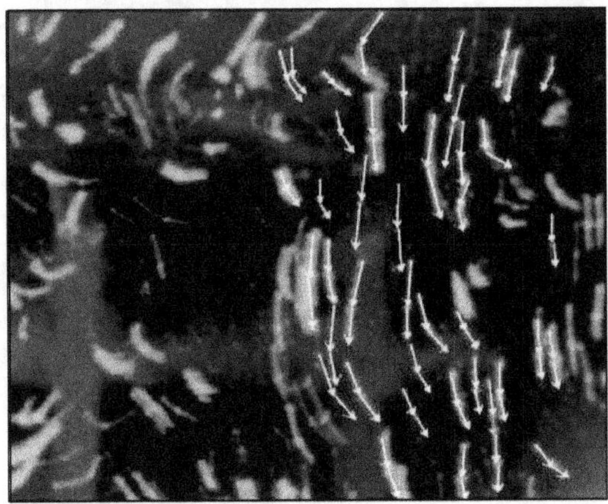

Figura 3.12   Foto da superfície de escoamento com tempo de exposição de 250 ms.

3.3   Conceitos de Sistema e Volume de Controle

3.3.1   Método de Lagrange e método de Euler

A abordagem para o estudo dos escoamentos em um meio contínuo pode ser feita segundo dois métodos distintos: o método de Lagrange e o método de Euler.

Esses dois métodos são intimamente relacionados aos conceitos de sistema e volume de controle. O método de Lagrange é desenvolvido com base no conceito de sistema (entendido como uma massa definida de matéria e individualizada em relação ao ambiente ou meio). Como o sistema tem, por definição, massa definida, ela é constante no tempo, isto é, a derivada da massa em relação ao tempo é nula. O método de Lagrange consiste em isolar um sistema e estudar o comportamento individual de cada molécula ou partícula desse sistema e, a partir das informações obtidas para cada uma dessas partículas, inferir o comportamento do todo.

O método de Euler tem por base o conceito de volume de controle VC, que consiste na escolha de um volume fixo do espaço, atravessado pelo escoamento em estudo. O volume de controle apresenta uma fronteira com o meio denominada superfície de controle. O método de Euler consiste na determinação das grandezas características do campo de escoamento, em função do tempo, na superfície de controle e no volume de controle.

Nos problemas usuais da Mecânica dos Fluidos, o método de Lagrange leva à obtenção de muitas equações simultâneas, compondo um sistema de equações muito complexo para ser resolvido. No entanto, há algumas situações em que sua aplicação é útil, sendo o exemplo mais comum o estudo das condições atmosférica por meio de balões de sondagem.

Note que o balão-sonda comporta-se como uma partícula que é arrastada pelo escoamento, e o instrumental de medida acompanha o escoamento, fixo ao balão.

O método de Euler trata as grandezas ligadas ao escoamento em uma posição fixa, tornando mais fácil o equacionamento e os processos de medida, pois os sensores são mantidos fixos em suas posições e medem as variações que ocorrem localmente. Ele é aplicado sobre um volume no espaço e considera o equacionamento nas áreas de entrada e saída de volume. O volume tomado por referência para estudo dos escoamentos é denominado Volume de Controle (*VC*).

3.4 Conservação da Massa

Na solução de problemas de Fenômenos de Transporte é comum equacionar o escoamento de fluido por meio de um volume de controle, caracterizando o método de Euler, de grande aplicação nos problemas de Mecânica dos Fluidos na Engenharia.

Para ilustrar o uso de um volume de controle, desenvolve-se aqui o conceito de conservação da massa, denominado princípio ou equação da continuidade.

A equação da conservação da massa é estabelecida considerando o escoamento através de um volume de controle, como apresentado na Figura 3.13. Observa-se que o escoamento entra no *VC* por uma área de entrada A_E e deixa o *VC* pela área de saída A_S.

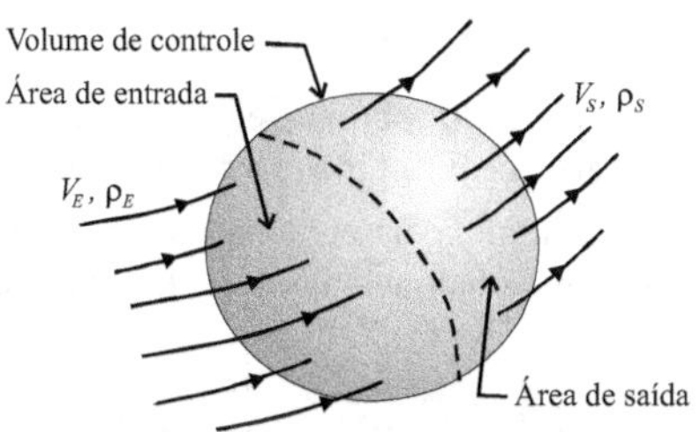

Figura 3.13　Escoamento de um fluido por meio de um *VC*.

Pode-se afirmar que a quantidade de massa que entra no *VC* durante um determinado intervalo de tempo Δt, menos a quantidade de massa que sai do *VC* no mesmo intervalo de tempo, deve ser igual à variação de massa dentro do *VC* naquele intervalo. Esse balanço de massa no *VC* pode ser escrito na forma de uma equação:

$$\frac{massa\ que\ entra\ no\ VC}{\Delta t} - \frac{massa\ que\ sai\ do\ VC}{\Delta t} = \frac{variação\ da\ massa\ no\ VC}{\Delta t}$$

Como a massa que atravessa uma superfície dividida pelo tempo é a descarga de massa, a equação anterior pode ser escrita como:

$$\dot{M}_{entra} - \dot{M}_{sai} = \frac{\Delta m_{VC}}{\Delta t} \tag{3.24}$$

Aplicando o conceito de limite na equação 3.24 para o intervalo de tempo Δt tendendo a zero, obtém-se:

$$\dot{M}_{entra} - \dot{M}_{sai} = \frac{dm_{VC}}{dt}$$ (3.25)

Aplicando a definição de descarga de massa, já vista, e calculando a massa por intermédio de integração no VC, obtém-se:

$$-\int_{AE} \rho\left(\vec{V} \cdot d\vec{A}\right) - \int_{AS} \rho\left(\vec{V} \cdot d\vec{A}\right) = \frac{d}{dt}\int_{VC} \rho dVol$$ (3.26)

Note que o sinal de menos na primeira integral é necessário para corrigir o sinal imposto pelo produto escalar, já que na área de entrada a velocidade tem sentido contrário ao do versor da área, dando resultado negativo. O sinal introduzido corrige esse valor, pois a vazão de entrada deve ser positiva.

Como o integrando é o mesmo nas duas primeiras integrais, elas podem ser combinadas somando os limites de integração, assim, a equação da continuidade pode ser escrita como:

$$\int_{SC} \rho\left(\vec{V} \cdot d\vec{A}\right) + \frac{d}{dt}\int_{VC} \rho dVol = 0$$ (3.27)

3.4.1 EQUAÇÃO DA CONTINUIDADE EM FORMULAÇÃO DIFERENCIAL

O mesmo balanço de massa efetuado sobre um elemento de volume, volume de controle infinitesimal, fornece a equação da continuidade em formulação diferencial.

Adotando um elemento de volume, em coordenadas cartesianas de dimensões dx, dy e dz, de acordo com o esquema apresentado na Figura 3.14, e escrevendo o balanço de massa, obtém-se:

$$\frac{\partial(\rho V_x)}{\partial x} + \frac{\partial(\rho V_y)}{\partial y} + \frac{\partial(\rho V_z)}{\partial z} = -\frac{\partial(\rho)}{\partial t}$$ (3.28)

Aplicada a um escoamento incompressível, isto é, massa específica constante no espaço e no tempo, a equação 3.28 é simplificada para:

$$\frac{\partial V_x}{\partial x} + \frac{\partial V_y}{\partial y} + \frac{\partial V_z}{\partial z} = 0$$ (3.29)

Um sentido físico importante nessa equação é que as componentes da velocidade não podem crescer simultaneamente nas três direções se o fluido é incompressível. O crescimento de uma componente da velocidade em relação ao eixo que a caracteriza implica decréscimo de ao menos uma das duas componentes restantes.

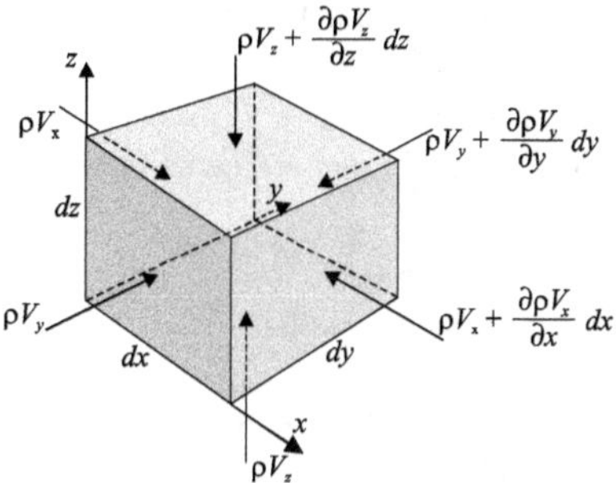

Figura 3.14 Balanço de massa em elemento de volume.

EXEMPLO 3.1

Considere o escoamento de um fluido incompressível em regime permanente, interno a uma tubulação, atravessando um acessório convergente utilizado para ligar um tubo de maior dimensão a um tubo menor. A Figura 3.15 é usada para ilustrar o escoamento comentado. Utilize a equação da continuidade para caracterizar a velocidade em cada região do escoamento e defina o tipo de aceleração existente em cada uma. Faça as hipóteses que julgar necessárias.

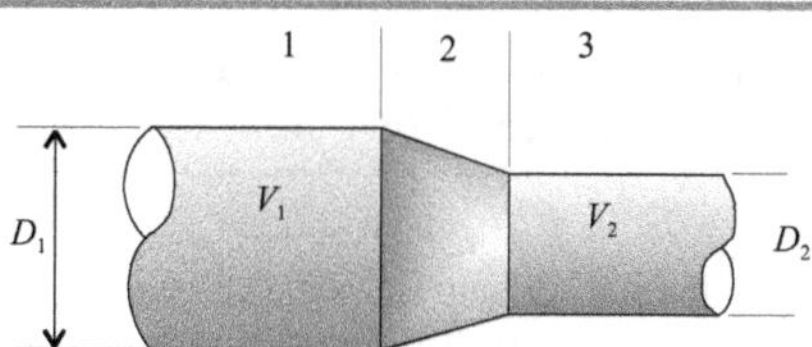

Figura 3.15 Escoamento através de uma convergência.

Solução: Adotando a hipótese de perfil uniforme nas seções transversais e um volume de controle com o formato do tubo, o qual se estende desde a seção 1 até a seção 2, a equação da continuidade:

$$\int_{A1} \rho \vec{V}.d\vec{A} + \int_{A2} \rho \vec{V}.d\vec{A} = \frac{d}{dt} \int_{VC} \rho dVol$$

pode ser aplicada. Como o regime é permanente, a derivada no tempo é nula, restando:

$$\int_{A1} \rho \vec{V}.d\vec{A} + \int_{A2} \rho \vec{V}.d\vec{A} = 0$$

Como na área de entrada o vetor velocidade e o vetor área têm mesmo sentido e direções contrárias, a integral pode ser escrita com os módulos dos vetores e com sinal negativo, já na saída os vetores têm mesma direção e sentido, mantendo o sinal positivo:

$$-\int_{A1}\rho V \cdot dA + \int_{A2}\rho V \cdot dA = 0$$

Pela hipótese de perfil de velocidade uniforme, V é constante na área e pode ser retirada do sinal de integral, que por sua vez é igual à área na qual é calculada, assim:

$$\rho V_1 \cdot A_1 = \rho V_2 \cdot A_2$$

Como a massa específica é constante, então, $V_1 \cdot A_1 = V_2 \cdot A_2$.

Portanto, quando a área aumenta, a velocidade diminui para satisfazer a equação da continuidade, então, na área 1 a velocidade é menor e na área 2 a velocidade aumenta continuamente até atingir a área 3, onde adquire o maior valor.

A aceleração local é zero em todo o escoamento; na seção 1 a aceleração convectiva também é zero, e adquire valor diferente de zero no limite entre as seções 1 e 2. Em toda a seção 2 a aceleração convectiva existe e seu valor é superior a zero, pois a velocidade está aumentando à medida que ela muda de posição. Na seção 3, ela volta a ser zero, pois a velocidade não se altera mais.

Exemplo 3.2

Na junção de duas tubulações, como indicado na Figura 3.16, são misturados dois fluidos. Na tubulação (1) escoa um fluido de massa específica ρ_1 submetido a uma vazão Q_1. Na tubulação (2) escoa um fluido de massa específica ρ_2 submetido a uma vazão Q_2. Sabendo que a vazão na tubulação (3) é Q_3, calcule a massa específica do produto obtido na mistura.

Solução: Como o escoamento ocorre de forma macroscópica e é quantificado pela vazão, aplica-se a equação da continuidade em forma integral. Então, considerando o regime permanente, tem-se:

$$\int_{AE}\rho \vec{V} \cdot d\vec{A} + \int_{AS}\rho \vec{V} \cdot d\vec{A} = 0$$

Como há duas áreas de entrada e uma área de saída:

$$\int_{A1}\rho \vec{V} \cdot d\vec{A} + \int_{A2}\rho \vec{V} \cdot d\vec{A} + \int_{A3}\rho \vec{V} \cdot d\vec{A} = 0$$

Considerando, ainda, que a massa específica não varia na área de entrada ou saída:

$$\rho_1\int_{A1} \vec{V} \cdot d\vec{A} + \rho_2\int_{A2} \vec{V} \cdot d\vec{A} + \rho_3\int_{A3} \vec{V} \cdot d\vec{A} = 0$$

Como a integral nas áreas de entrada representam a vazão de entrada com sinal negativo, pois o versor da área e a velocidade têm sentidos contrários, e a integral na área de saída (3) representa a vazão de saída, obtém-se:

$$-\rho_1 Q_1 - \rho_2 Q_2 + \rho_3 Q_3 = 0$$

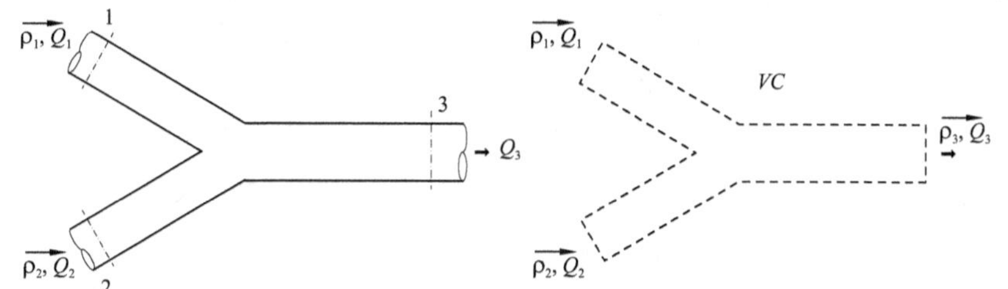

Figura 3.16 Reator de mistura e volume de controle VC.

Como a variável desconhecida é apenas ρ_3, pode-se isolá-la:

$$\rho_3 = \frac{\rho_1 Q_1 + \rho_2 Q_2}{Q_3}$$

3.5 Equação da Continuidade Aplicada a Escoamentos Turbulentos

A equação da continuidade em forma diferencial para escoamentos incompressíveis em regime turbulento pode ser obtida a partir da equação 3.27. Admitindo que as velocidades na equação 3.27 são velocidades instantâneas e utilizando o conceito de velocidade de flutuação definida para turbulência, tem-se:

$$\frac{\partial\left(\overline{V_x} + v_x'\right)}{\partial x} + \frac{\partial\left(\overline{V_y} + v_y'\right)}{\partial y} + \frac{\partial\left(\overline{V_z} + v_z'\right)}{\partial z} = 0 \tag{3.30}$$

O uso da notação simplificada, por meio da barra superior, para indicar o valor médio é mais adequado ao desenvolvimento de equações, pois deixa mais evidente os conceitos de interesse. Aplicando a operação de média sobre a equação 3.30, obtém-se:

$$\overline{\frac{\partial \overline{V_x}}{\partial x} + \frac{\partial \overline{V_y}}{\partial y} + \frac{\partial \overline{V_z}}{\partial z} + \frac{\partial v_x'}{\partial x} + \frac{\partial v_y'}{\partial y} + \frac{\partial v_z'}{\partial z}} = 0 \tag{3.31}$$

Aplicando as condições de Reynolds:

$$\frac{\partial \overline{V_x}}{\partial x} + \frac{\partial \overline{V_y}}{\partial y} + \frac{\partial \overline{V_z}}{\partial z} + \frac{\partial \overline{v_x'}}{\partial x} + \frac{\partial \overline{v_y'}}{\partial y} + \frac{\partial \overline{v_z'}}{\partial z} = 0 \tag{3.32}$$

Como a média das flutuações é igual a zero:

$$\frac{\partial \overline{v_x'}}{\partial x} + \frac{\partial \overline{v_y'}}{\partial y} + \frac{\partial \overline{v_z'}}{\partial z} = 0 \tag{3.33}$$

resulta:

$$\frac{\partial \overline{V_x}}{\partial x} + \frac{\partial \overline{V_y}}{\partial y} + \frac{\partial \overline{V_z}}{\partial z} = 0 \tag{3.34}$$

e, finalmente, da equação 3.30:

$$\frac{\partial v'_x}{\partial x} + \frac{\partial v'_y}{\partial y} + \frac{\partial v'_z}{\partial z} = 0 \tag{3.35}$$

Conclui-se que a equação da continuidade é válida para o escoamento turbulento, considerando tanto a velocidade instantânea quanto as perturbações.

Exercícios

1. Derive a equação da continuidade para o sistema de coordenadas cilíndricas.

2. Derive a equação da continuidade para o sistema de coordenadas esféricas.

3. Um escoamento bidimensional em trajetórias concêntricas segue esta relação:

$$V = k\sqrt{x^2 + y^2} = k \, . \, r$$

Mostre, em coordenadas cartesianas e polares, que a equação da continuidade é satisfeita.

4. Dado o escoamento permanente de um fluido incompressível, caracterizado por:

$$\vec{V} = a \, x \, \vec{i} + b \, y \, \vec{j} - (a + b) \, z \, \vec{k}$$

a) Verifique se o escoamento satisfaz a equação da continuidade.

b) Determine a equação das linhas de corrente do escoamento no caso de a = –b.

5. Conhecendo o escoamento variável, caracterizado por:

$$\vec{V} = (2 + t^2) \, x \, . \, \vec{i} - (2 + t) \, y \, . \, \vec{j}$$

determine:

a) As linhas de corrente no instante $t = 1$.

b) A trajetória de uma partícula que, no instante $t = 0$, tem por coordenadas $x = y = 1$.

6. Demonstre que o campo de velocidade estabelecido para um fluido incompressível

$$\vec{V} = \frac{4x}{x^2 + y^2} \, \vec{i} + \frac{4y}{x^2 + y^2} \, \vec{j}$$

satisfaz a continuidade em todos os pontos do plano xy, exceto na origem.

a) Qual equação da trajetória que passa no ponto (2, 1)?

b) Desenhe algumas linhas de corrente que permitam visualizar o escoamento.

c) Calcule o módulo do vetor velocidade.

7. Comprove se os seguintes campos de velocidade satisfazem o princípio da conservação da massa para um fluido incompressível.

a) $\vec{V} = 6 \, x \, \vec{i} + 6 \, y \, \vec{j} - 7 \, t \, \vec{k}$

b) $\vec{V} = 10 \, \vec{i} + (x^2 + y^2) \, \vec{j} - 2y \, x \, \vec{k}$

c) $\vec{V} = (6 + 2 \, xy + t^2) \, \vec{i} - (xy^2 + 10t) \, \vec{j} + 25 \, \vec{k}$

8. Um escoamento tem seu campo de velocidade expresso por:

$$\vec{V} = (x - 4)\vec{i} + 15ay^2 \, j + (a^2 - a - 12) \, tz^3\vec{k}$$

Para quais valores de a as linhas de corrente desse campo coincidem com as trajetórias, qualquer que seja o tempo t? Para os valores de a encontrados, determine os pontos do espaço (x, y, z) para os quais o campo de velocidade satisfaz a equação da continuidade para um fluido incompressível.

9. Para cada um dos escoamentos descritos, diga se as acelerações de transporte e local são iguais ou diferentes de zero.

a) Escoamento em um conduto curvo de seção constante, com vazão constante.

b) Escoamento em um conduto longo de seção constante, com vazão constante.

c) Escoamento em um conduto longo de seção constante, com vazão variável.

d) Escoamento em um conduto de seção variável com vazão crescente.

10. Determine a relação entre a velocidade máxima e a velocidade média nos escoamentos descritos por:

a) Escoamento bidimensional com distribuição parabólica das velocidades.

b) Escoamento com simetria axial e distribuição parabólica das velocidades.

Distribuição parabólica $V = V_{max}\left[1 - \left(\dfrac{r}{R}\right)^2\right]$

11. Determine a relação entre a velocidade média e a velocidade máxima para os dois escoamentos bidimensionais, cujos perfis de velocidade são mostrados na figura a seguir.

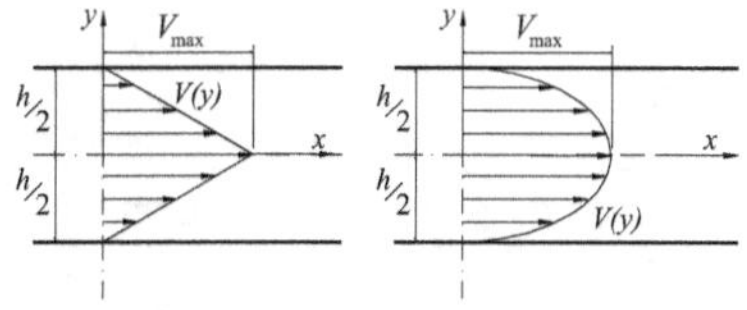

12. Considere um fluxo bidimensional permanente ao redor de um cilindro de raio a, conforme a figura a seguir. Utilizando coordenadas cilíndricas pode-se expressar o campo de velocidades para o fluxo de um fluido não viscoso e incompressível da seguinte maneira:

$$V(r,\theta) = -\left(V_0 \cos\theta - \frac{a^2 V_0}{r^2} \cos\theta\right)\varepsilon_r +$$

$$+\left(V_0\, sen\,\theta + \frac{a^2 V_0}{r^2}\, sen\,\theta\right)\varepsilon_\theta$$

em que V_0 é uma constante e ε_r e ε_θ são os vetores unitários nas direções radial e tangencial, respectivamente, como é mostrado na figura a seguir. Qual a aceleração de uma partícula fluida em $\theta = \theta_0$ situada no contorno do cilindro cujo raio é a?

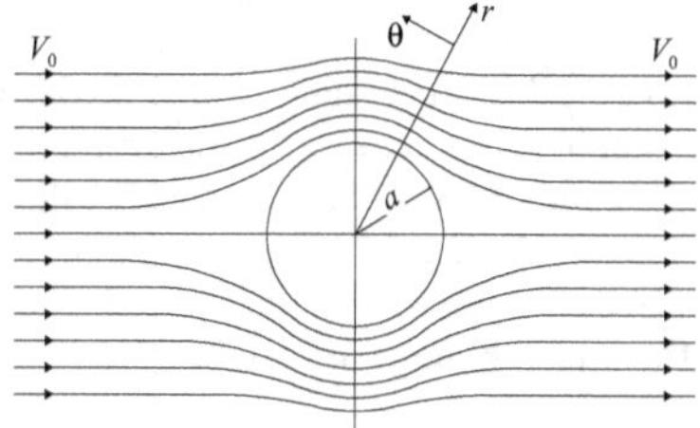

13. O escoamento turbulento em tubo cilíndrico tem o perfil de velocidade descrito, aproximadamente, pela equação:

$$V_x = V_{max}\left(\left(\frac{y}{R}\right)^{1/7}\right),$$

em que $y = (R - r)$ é a distância medida a partir da parede. Mostre que $V_{med} = \dfrac{98}{120} V_{max}$.

14. Os dois reservatórios mostrados na figura a seguir têm áreas iguais a A e, no tempo $t = 0$, os níveis d'água estão distanciados de H. Os reservatórios são interconectados por um orifício de pequenas dimensões, para o qual a vazão é da forma $Q = \alpha\sqrt{y}$, em que y é a diferença de níveis nos reservatórios, num instante qualquer. Determine o tempo necessário para que os níveis d'água em ambos os reservatórios se igualem.

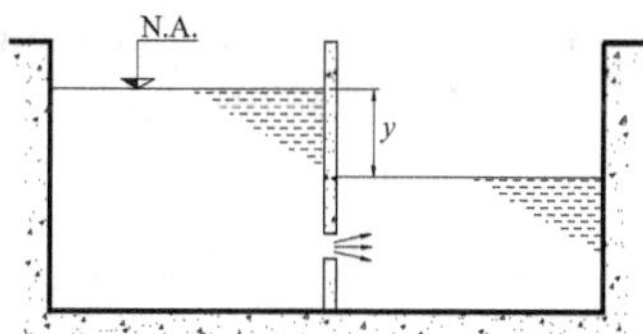

15. Um tanque cilíndrico de 79,8 mm de diâmetro é esvaziado por meio de um orifício circular de 5 mm de diâmetro existente em seu fundo. A velocidade do líquido no orifício de saída do tanque é calculada por $V = \sqrt{2gy}$, em que y é a altura de líquido acima do orifício. Se o tanque está inicialmente com água a uma altura $y = 0,4$ m, determine o tempo para esvaziar o tanque completamente.

16. Considere um escoamento de água em um canal largo. Na entrada do canal o perfil de velocidades é uniforme e a velocidade em cada ponto é V_1. Na região de escoamento desenvolvido, a velocidade varia linearmente de acordo com a equação $V_2 = 2y$ (m/s), conforme mostrado na figura a seguir. Desprezando o efeito das paredes laterais e considerando profundidade de 1 m e largura de 10 m, qual o valor de V_1?

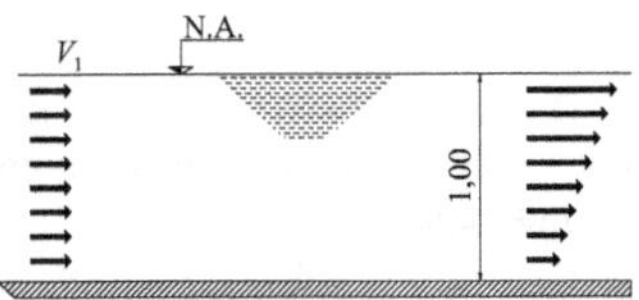

17. Água entra em um conduto de paredes porosas com vazão de 0,15 m³/s. O comprimento do cano é de 2,0 m e o diâmetro é de 13 cm. O fluxo volumétrico de fuga pelos poros varia linearmente desde 0,3 m³/s.m², em $x = 0$, até zero, em $x = 2,0$ m. Determine a velocidade média de saída V_2.

18. No escoamento incompressível através do dispositivo mostrado na figura a seguir, determine uma expressão para a descarga de massa na seção 3, cuja área é $A_3 = 0,15$ m², se o fluido em escoamento é a água e as seguintes condições são conhecidas:

$$A_1 = 0,1 \text{ m}^2 \quad V_1 = 5 \text{ m/s (uniforme)}$$
$$A_2 = 0,2 \text{ m}^2 \quad V_2 = 10 + 5cos\,(\omega t) \text{ m/s}$$
$$\text{(uniforme)}$$

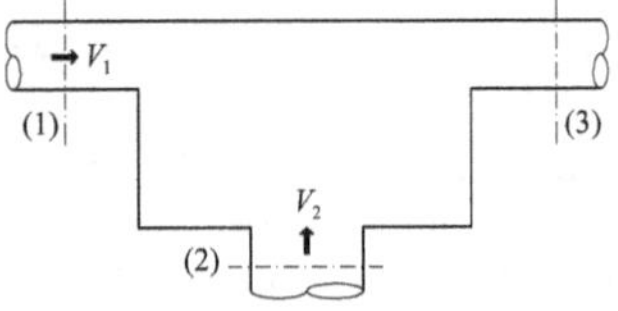

19. Considere o escoamento, em baixa velocidade, de ar entre discos paralelos, conforme mostrado na figura a seguir. Suponha que o escoamento é incompressível e não-viscoso e que a velocidade é somente radial e uniforme em qualquer seção. A velocidade do escoamento é de 15 m/s em $r = 75$ mm. Simplifique a equação da continuidade para uma forma aplicável a esse campo de escoamento. Mostre uma expressão geral para o campo de fluido nas posições $r = R_1$ e $r = R_2$.

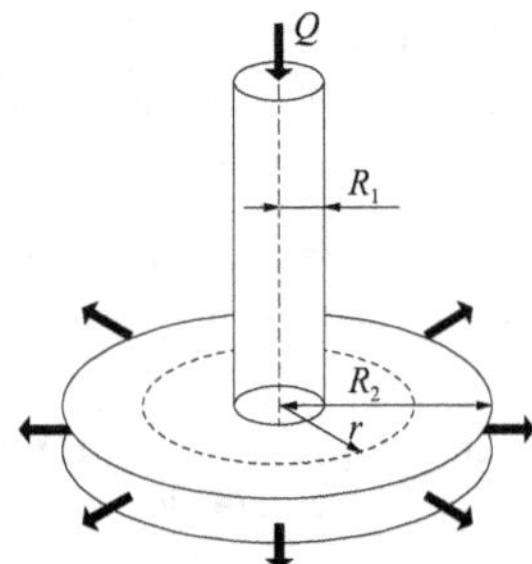

20. Água flui em regime permanente através de um cano de comprimento L e raio $R = 75$ mm, conforme mostrado na figura a seguir. Calcule o valor da velocidade uniforme de entrada U, se a distribuição de velocidades na saída é dada por:

$$V(r) = 10\left[1 - \frac{r^2}{R^2}\right] \text{m/s}.$$

21. Um líquido incompressível escoa laminarmente em regime permanente na região de entrada de uma tubulação cilíndrica com raio R, como representado na figura a seguir. A velocidade no escoamento estabelecido é dada por um perfil parabólico variando desde V_{max}, no centro do tubo, até zero, junto às paredes.

$$V(r) = V_{max}\left[1 - \left(\frac{r}{R}\right)^2\right]$$

A velocidade na entrada é uniforme e igual a U em todos os pontos.

a) Determine a relação entre V_{max} e a velocidade média (V_{med}) na seção de escoamento estabelecido.

b) Determine a relação entre U e V_{med}.

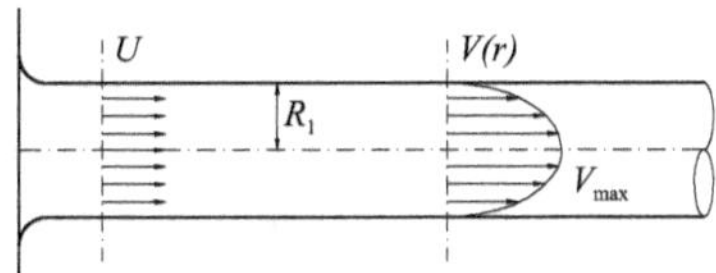

22. Resolva o problema anterior supondo que o escoamento desenvolvido é turbulento. Nas novas condições, o perfil de velocidade pode ser descrito pela seguinte equação:

$$V_x = V_{max}\left(\frac{y}{R}\right)^{1/7}$$

em que $y = (R - r)$ é a distância a partir da parede.

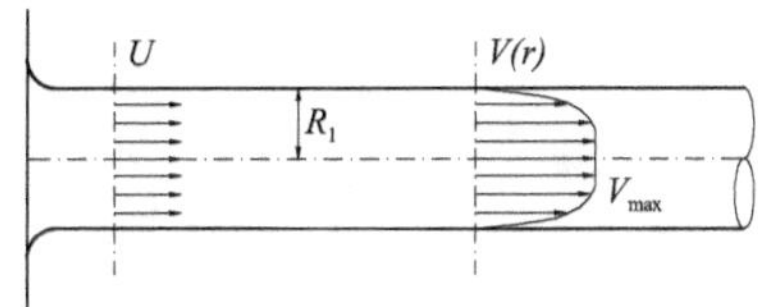

23. Na figura a seguir é mostrada uma bomba alternativa de um pistão cujo diâmetro é D. Sabendo que o deslocamento do pistão é dado por $x = -x_0\cos\omega.t$, determine a vazão média no duto de descarga.

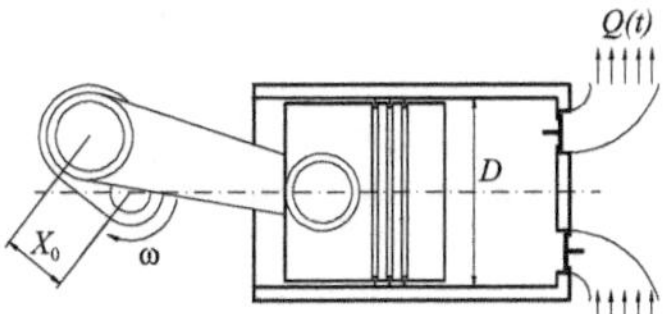

24. Num elevador pneumático, como apresentado na figura a seguir, tem-se um pistão deslocando-se com velocidade V_0 constante, de maneira que a descarga G através do tubo de alimentação indicado na figura também é constante. Sabe-se que a massa específica do ar comprimido varia desde o valor ρ_0, correspondente à posição inicial de equilíbrio, até o valor genérico ρ, assumido no instante t. Pede-se a lei de variação de ρ em função do tempo t.

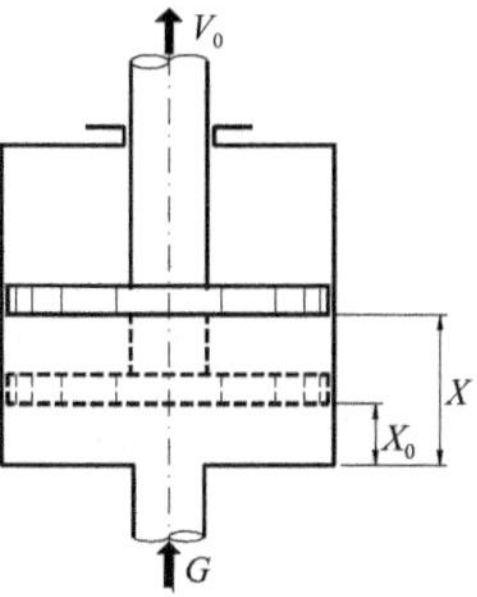

25. Um tanque cilíndrico, de 0,3 m de diâmetro, é drenado através de um buraco em seu fundo. No instante em que a profundidade da água é de 0,6 m, constata-se que a descarga de saída é de 4 kg/s. Determine a velocidade de variação do nível da água nesse instante.

26. Tem-se um reservatório de água sendo esvaziado através de um orifício a uma vazão Q (variável no tempo, porém constante dentro de determinados intervalos), conforme indicado no gráfico a seguir. Apresente o gráfico da variação do nível do reservatório em função do tempo. São dados $d = 0,564$ m, $D = 4,37$ m e $H = 3$m.

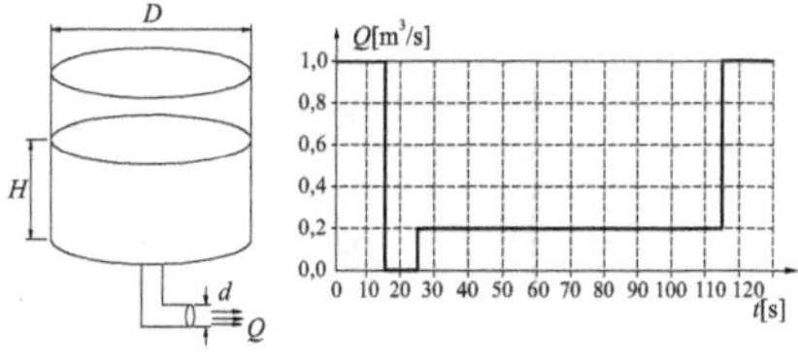

Referências

STREETER, V. L. *Fluid mechanics*. New York: McGraw-Hill. 1966.

KREITH, F. *Princípios da transmissão do calor*. São Paulo: Edgard Blucher. 1977.

SHAMES, I. H. *Mechanics of fluids*. Singapore: McGraw-Hill. 1992.

VIEIRA, R. C. C. *Atlas de mecânica dos fluidos – Hidrodinâmica*. São Paulo: Edgard Blucher. 1975.

ROUSE, H. *Advanced mechanics of fluids*. New York: John Wiley & Sons Inc. 1959.

CAPÍTULO 4

LEIS BÁSICAS E APLICAÇÕES

4.1 Leis Básicas

A disciplina Fenômenos de Transporte trata dos fenômenos que envolvem a transferência de uma grandeza de um ponto para outro no espaço. As grandezas incluídas nessa disciplina são: a quantidade de movimento, a energia em forma de calor e a massa nos processos de difusão e mistura. Cada uma dessas grandezas foi pesquisada isoladamente e para cada uma delas foi estabelecida formulação a partir de verificações experimentais para configurações simples. Essas leis são aceitas sem demonstrações e servem de base para a construção de modelos matemáticos em casos mais complexos.

O estudo dessas grandezas numa única disciplina fundamenta-se pela semelhança formal de seus modelos físicos e matemáticos. Essa semelhança permite não só o estudo conjunto, mas auxilia de forma notável o entendimento dos três fenômenos, já que o conhecimento de um deles leva ao conhecimento dos outros.

4.1.1 Transporte de quantidade de movimento

Considerando, no movimento de um fluido em regime laminar, camadas de fluido vizinhas com velocidades diferentes, como mostra a Figura 4.1, a camada mais lenta tende a ser acelerada, em razão do transporte de quantidade de movimento da camada mais veloz.

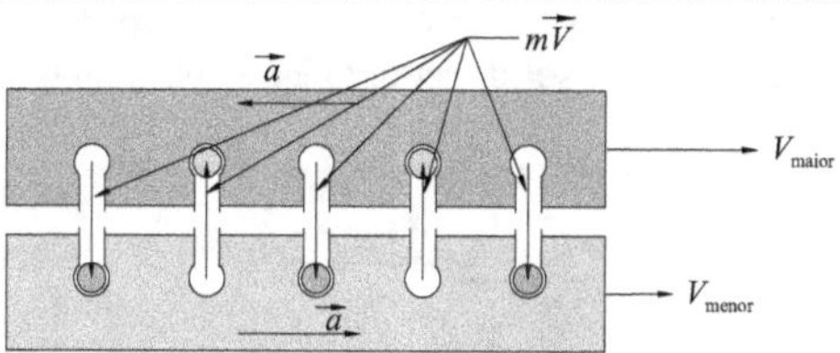

Figura 4.1 O transporte de quantidade de movimento da placa mais veloz para a mais lenta acelera a placa mais lenta e desacelera a mais rápida.

O transporte da quantidade de movimento foi estudado por Isaac Newton (1642-1727), que propôs um modelo para o movimento relativo entre duas camadas adjacentes de fluidos em escoamento. Segundo esse modelo, as moléculas do fluido, em razão de seu movimento aleatório, passam da camada de maior para a de menor velocidade, tendendo a acelerá-la, e, analogamente, passam da mais lenta para a mais rápida, tendendo a desacelerá-la.

Esse é o mecanismo responsável pelo transporte de quantidade de movimento entre as camadas; se há variação da quantidade de movimento, há força, nesse caso uma força distribuída ou tensão tangencial, denotada por τ, como ilustrado na Figura 4.2.

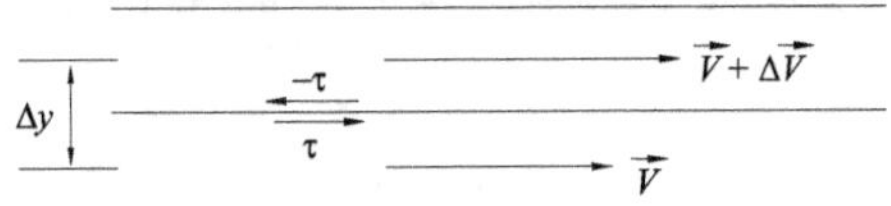

Figura 4.2   Tensão de cisalhamento entre camadas adjacentes de fluido.

Newton concluiu que a tensão τ é proporcional à diferença de velocidades e inversamente proporcional à distância entre as camadas, como representado na equação 4.1. Adotando a convenção de que o transporte de quantidade de movimento ocorre da maior para a menor velocidade e chamando a constante de proporcionalidade de viscosidade μ, o modelo matemático para representar a transferência da quantidade de movimento em um meio fluido é representado simbolicamente pela equação 4.2.

$$\tau \propto \frac{\Delta \vec{V}}{\Delta y} \tag{4.1}$$

$$\tau = -\mu \frac{\Delta \vec{V}}{\Delta y} \tag{4.2}$$

Na Figura 4.3 é apresentado um esquema ilustrativo do escoamento induzido em um fluido real situado entre duas placas planas infinitas, separadas por uma distância h. A figura apresenta três situações em tempos diferentes, mostrando a evolução do escoamento até atingir o estado estacionário: na situação **a** as duas placas estão à mesma velocidade V_0 e o fluido comporta-se como um sólido, com todas as partículas na mesma velocidade.

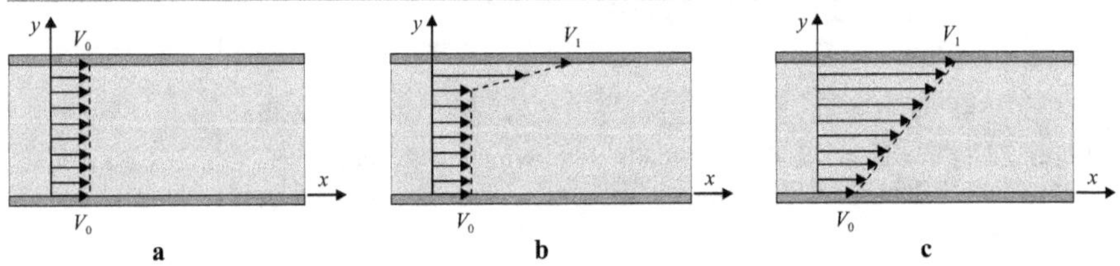

Figura 4.3   Esquema da evolução do escoamento até atingir o estado estacionário.

Na situação **b** a placa superior foi subitamente acelerada para uma velocidade V_1 maior que V_0, iniciando o transporte de quantidade de movimento da placa superior para a inferior. Observe que no instante definido parte do fluido foi acelerado e parte ainda não, representando uma situação transiente.

Na situação **c** o transiente já terminou e a velocidade passa a assumir um perfil linear que não mais se modifica, indicando um escoamento estabelecido.

Observe que a grandeza τ representa tanto a tensão de cisalhamento entre camadas adjacentes de fluido como a transferência de quantidade de movimento que ocorre na direção perpendicular ao plano da velocidade. O sinal negativo indica que a transferência de quantidade de movimento ocorre no sentido contrário ao do gradiente da velocidade em relação ao eixo y.

4.1.2 Transporte de calor

Calor é definido como energia térmica em movimento. Assim, transferência de calor é transferência de energia térmica. Quando essa transferência acontece em nível molecular, é denominada condução do calor e ocorre principalmente nos corpos sólidos. Esse mecanismo é estudado por analogia com a transmissão de quantidade de movimento em meios contínuos. A transmissão de calor entre um corpo sólido e um gasoso envolve a movimentação do fluido e é denominada transferência de calor por convecção. Os mecanismos de transporte de calor por convecção são estudados por métodos experimentais e por analogia com a transmissão de quantidade de movimento em meios contínuos. Outra forma de transmissão de calor, muito importante, mas de natureza diferente, é a *radiação térmica*, que ocorre entre dois corpos distantes entre si, mesmo que o meio entre eles seja o vácuo.

Transporte de calor por condução

A transferência de calor por condução apresenta uma analogia perfeita com a transferência de quantidade de movimento e foi estudada por Jean Baptiste Joseph Fourier (1768-1830), que a quantificou a partir de dados experimentais.

Considere uma parede infinita de material sólido e espessura h, inicialmente com temperatura uniforme T_0. Se num instante t_0 a temperatura de uma das faces é elevada instantaneamente à temperatura T_1 e mantida constante enquanto a da outra face permanece constante no valor T_0, inicia-se o transporte de calor da face quente para a face mais fria, até que seja atingida situação de equilíbrio, isto é, obtém-se um perfil de temperaturas que não se modifica mais com o tempo.

Semelhante à Figura 4.3, na seção anterior, a Figura 4.4 apresenta três situações em tempos diferentes, mostrando a evolução da transferência de calor até atingir o estado estacionário. Na situação **a**, as duas faces estão à mesma temperatura T_0 e o sólido tem todas as suas partículas na mesma temperatura. Na situação **b**, a face superior teve sua temperatura subitamente elevada para a temperatura T_1, maior que T_0, iniciando o transporte de calor da face superior para a inferior. Observa-se que no instante ali definido parte da parede foi aquecida e parte ainda não, representando uma situação transiente. Na situação **c**, o transiente já terminou e a temperatura passa a assumir um perfil linear que não mais se modifica, indicando uma situação de equilíbrio.

Considerando a evidência experimental, com a temperatura adquirindo um perfil linear ao longo da espessura da parede, Fourier estabeleceu a lei na qual afirma que "a taxa de transmissão de calor por condução é proporcional ao gradiente de temperatura".

Matematicamente, portanto, Fourier estabeleceu a seguinte relação:

$$\dot{q} \propto \frac{dT}{dy} \tag{4.3}$$

em que $\dot{q}$ é o fluxo de calor ou energia térmica [W/m²], T, a temperatura [°C] e h, o eixo de coordenadas na direção do fluxo de calor [m].

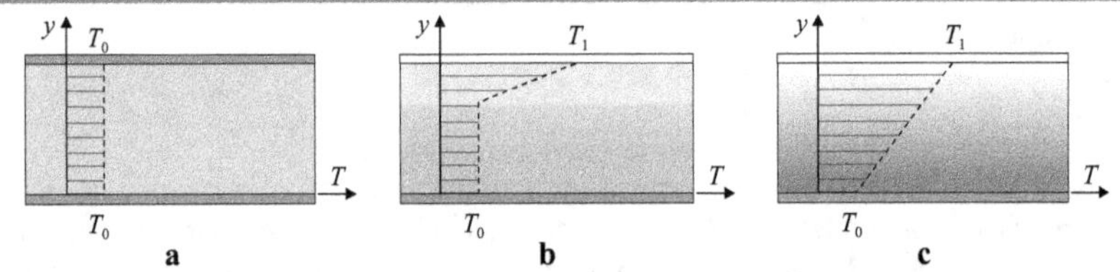

Figura 4.4 Esquema da evolução do perfil de temperatura até atingir o estado estacionário.

Adotando uma constante de proporcionalidade k, que recebeu o nome de condutividade térmica [W/m°C], e um sinal negativo indicando que o fluxo ocorre em sentido contrário ao do gradiente de temperatura, a equação 4.3 transforma-se em:

$$\dot{q} = -k\frac{dT}{dy} \tag{4.4}$$

A equação 4.4 também pode ser aplicada a líquidos e gases em repouso ou na condição de escoamento laminar.

Uma aplicação típica da equação 4.4, de uso extenso nos cálculos em Engenharia, é a avaliação do fluxo de calor ou da carga térmica através de uma parede, conhecidas as temperaturas em suas duas faces. Considere o esquema da Figura 4.5, que representa o fluxo de calor através de uma parede plana de espessura L e área A, cujas faces esquerda e direita estão às temperaturas T_1 e T_2, respectivamente. A equação 4.4 é aplicada a um elemento de volume, de espessura dx e área A, fornecendo a equação 4.5.

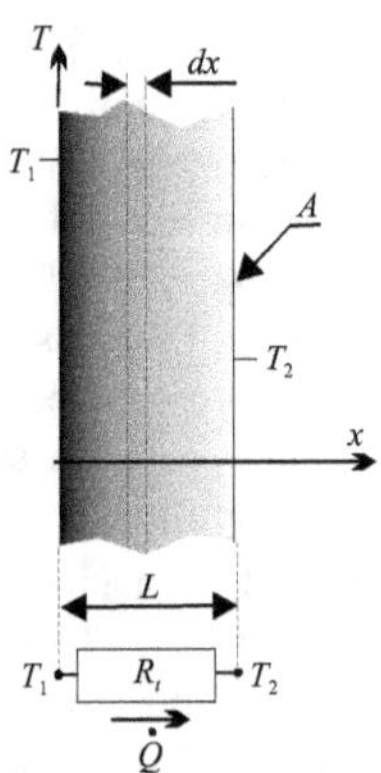

Figura 4.5 Esquema da carga térmica em parede plana e conceito de resistência térmica.

$$\dot{q}dx = -kdT \tag{4.5}$$

A equação 4.5 pode ser integrada em x de forma definida entre os limites 0 e L. Como o fluxo é constante em toda a parede, é independente de x, e considerando k constante com a temperatura, a integração fornece a equação 4.6 e a 4.6a, considerando a carga térmica.

$$\dot{q} = \frac{k}{L}\left(T_1 - T_2\right) \tag{4.6}$$

$$\dot{Q} = \frac{kA}{L}\left(T_1 - T_2\right) \tag{4.6a}$$

Um conceito importante, que simplifica os cálculos em paredes compostas, é o de resistência térmica, definido por analogia com a Lei de Ohm, da corrente elétrica. No esquema da Figura 4.5 aparece o circuito térmico equivalente a um circuito elétrico. O cálculo do fluxo ou da carga térmica é feito dividindo a diferença de temperatura, $(T_1 - T_2)$ pela resistência térmica R_t, resultando na equação 4.7 e na 4.7a, para descarga térmica.

$$\dot{q} = \frac{\left(T_1 - T_2\right)}{r_t} \tag{4.7}$$

$$\dot{Q} = \frac{\left(T_1 - T_2\right)}{R_t} \tag{4.7a}$$

Por comparação, entre as equações 4.6 e 4.7, define-se a resistência térmica para o fluxo de calor, equação 4.8, ou para a descarga térmica, 4.8a.

$$r_t = \frac{L}{k} \tag{4.8}$$

$$R_t = \frac{L}{kA} \tag{4.8a}$$

O conceito de resistência térmica simplifica o cálculo da condução do calor em paredes compostas, pois podem ser colocadas em série ou paralelo, exatamente como em um circuito elétrico.

Transporte de calor por convecção

O transporte de calor por convecção, ou simplesmente convecção do calor, é o fenômeno de troca de calor entre um limite sólido e um fluido. Diferentemente da condução do calor, a convecção ocorre principalmente em decorrência da movimentação do fluido aquecido junto à parede, que se movimenta levando o calor para o seio do fluido, enquanto nova parcela de fluido é levada junto à parede para continuar o mecanismo de troca de calor. Em razão do movimento do fluido, que transporta o calor, o processo é denominado **convectivo** ou **advectivo**.

A convecção do calor foi estuda por Newton, que estabeleceu uma lei básica para descrevê-la, afirmando que o fluxo de calor transportado por convecção é diretamente proporcional à diferença de temperaturas entre o sólido e o fluido longe da parede. Newton introduziu uma constante de proporcionalidade denominada **coeficiente de troca de calor por convecção** ou **coeficiente de película**. Na equação 4.9 é apresentada a equação de troca de calor por convecção, na qual o fator $\overline{h}$ é o coeficiente de película e T_∞ é a temperatura em uma posição do fluido na qual ele não sofre influência da parede. Por intermédio da Figura 4.6 é apresentado um esquema da troca de calor por convecção, mostrando qualitativamente o perfil de temperaturas esperado. Nota-se que a temperatura cai rapidamente nas proximidades da parede, alterando a taxa quando se afasta da parede, tendendo assintoticamente à temperatura ambiente.

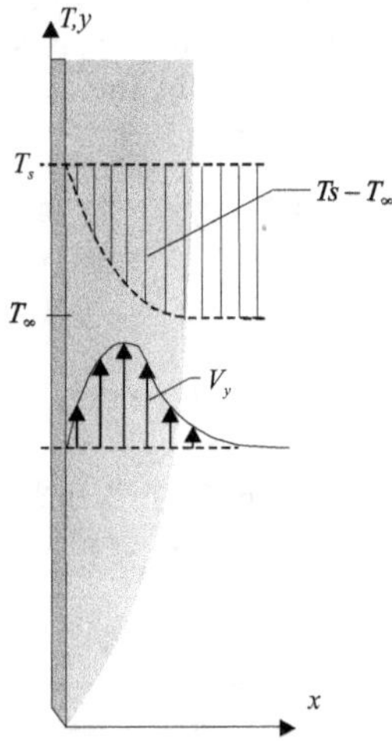

Figura 4.6   Perfil de temperatura e velocidade no fluido, em troca de calor por convecção natural.

$$\dot{q} = \overline{h} \, . \, \left(T_S - T_\infty \right) \tag{4.9}$$

ou, em termos de carga térmica:

$$\dot{Q} = \overline{h} \, . A \, . \, \left(T_S - T_\infty \right) \tag{4.9a}$$

em que A é a área da superfície de troca de calor.

Aqui também funciona o conceito de resistência térmica, agora referente à convecção, indicado por r_h, ou R_h para carga térmica, e definido como:

$$r_h = \frac{1}{\overline{h}} \qquad (4.10)$$

$$R_h = \frac{1}{\overline{h}A} \qquad (4.10a)$$

A transmissão do calor por convecção pode ser de dois tipos, ambos quantificados pela equação 4.9 ou 4.9a, mas com valores muito diferentes para o coeficiente de película $\overline{h}$. A convecção natural é um processo de troca convectiva do calor no qual o movimento do fluido é induzido pelo empuxo causado por diferenças de temperatura entre pontos do fluido e, em razão da baixa velocidade do fluido, apresenta coeficientes de película menores. A convecção forçada ocorre quando o movimento do fluido é provocado por fatores externos ao processo, como, por exemplo, o uso de um ventilador para movimentar o ar, como ocorre nos processadores dos microcomputadores, em que um pequeno ventilador (ventoinha) sopra continuamente para retirar calor do processador, mantendo-o em temperatura adequada a seu funcionamento. Aqui, como as velocidades são mais altas, os coeficientes de película são maiores que o da convecção natural, chegando a valores superiores a 10 vezes. Os processos de troca de calor por convecção serão estudados com mais detalhes no Capítulo 8. Por agora, as equações vistas são suficientes para solucionar alguns problemas, e o valor do coeficiente de película será fornecido quando necessário.

RADIAÇÃO TÉRMICA

A troca de calor por radiação térmica é um fenômeno de transporte, embora suas características sejam de natureza diferente, não havendo analogias com outras modalidades de transportes vistas até então. A radiação térmica é um fenômeno ligado às ondas eletromagnéticas, o que explica o fato de sua transmissão através do vácuo ser mais eficiente do que através de fluidos.

A radiação térmica é definida como energia radiante que um meio emite em razão de sua temperatura. Quanto maior a temperatura de um corpo, maior a energia térmica emitida. Sendo uma energia radiante, a radiação térmica é associada à freqüência e, portanto, a um comprimento de onda que se situa na faixa do espectro de ondas eletromagnéticas, na região da luz visível. Na realidade, a luz visível é uma pequena parte da região de radiação térmica. A radiação térmica ocupa aproximadamente a região do espectro que compreende os comprimentos de onda de 1 μm a 100 μm, que é subdividida em ultravioleta, visível e infravermelho. Para ilustrar a relação entre radiação e temperatura é útil saber que a temperatura efetiva do sol é de aproximadamente 5.500°C, e ele emite a maior parte de sua radiação em comprimentos de onda abaixo de 3 μm, emitindo, além do calor, luz branca e radiação ultravioleta. Para comparação, um filamento de lâmpada aquecido a 1.000°C emite 90% da radiação entre 1 e 10 μm com muita radiação térmica e luz amarela.

Um corpo que recebe toda a radiação térmica que nele incide é denominado *radiador perfeito* ou *corpo negro*. Esse corpo também é capaz de emitir toda a radiação térmica nele gerada, segundo a equação 4.11.

$$\dot{Q} = \sigma \cdot A \cdot T^4 \qquad (4.11)$$

Em que A é a área da superfície do corpo, T é a temperatura absoluta e σ é a constante de Stefan-Boltzmann, que vale $4{,}88.10^{-8}$ kcal/h.m^{2}K^4. Uma análise da equação 4.7 mostra que qualquer superfície de um corpo negro, com temperatura acima do zero absoluto, emite radiação térmica proporcional à quarta potência de sua temperatura absoluta.

Para usar a equação 4.7 com corpos reais, que não são radiadores perfeitos, foi estabelecido que os corpos reais aquecidos emitem radiação térmica dependente do acabamento de sua superfície e que a taxa de emissão da superfície ε recebe o nome de *emissividade* e tem valores compreendidos entre 0 e 1. Os corpos cuja superfície tem emissividade $\varepsilon = 1$ são conhecidos como *corpos negros*. Os corpos reais são denominados *corpos cinzentos*.

Corpo negro é, portanto, um corpo que emite 100% da radiação gerada em determinada temperatura, já um corpo cinzento emite uma fração dela. A quantidade de calor emitida por um corpo cinzento, portanto, é dada por:

$$\dot{Q} = \varepsilon \cdot \sigma \cdot A \cdot T^4 \tag{4.12}$$

A troca de calor entre dois corpos negros, 1 e 2, um deles envolvendo o outro completamente, é dada pela diferença entre os calores irradiados por cada um, portanto, a quantidade de calor trocada entre dois corpos, tal que todo o calor irradiado por um deles seja totalmente absorvido pelo outro, é:

$$\dot{Q} = \sigma \cdot A \cdot \left(T_1^4 - T_2^4\right) \tag{4.13}$$

Se apenas um dos corpos é irradiador perfeito, aparece a emissividade do segundo corpo modificando a equação 4.9, como apresentado na equação 4.14.

$$\dot{Q} = \varepsilon \cdot \sigma \cdot A \cdot \left(T_1^4 - T_2^4\right) \tag{4.14}$$

Uma forma mais real de transmissão de calor por radiação ocorre entre dois corpos cinzentos, com situação geométrica qualquer, de tal forma que apenas parte da energia irradiada atinja o outro corpo. Nessas condições é utilizado um parâmetro modificador na equação 4.14, o qual considera a relação geométrica entre eles. Esse parâmetro recebe o nome de *fator de forma* e seu valor, que pode ser encontrado em tabelas nos textos específicos de radiação térmica, depende da forma e da posição dos corpos. A equação modificada pelo fator de forma é apresentada na equação 4.15.

$$\dot{Q} = F_{1-2} \cdot \varepsilon \cdot \sigma \cdot A \cdot \left(T_1^4 - T_2^4\right) \tag{4.15}$$

Para facilitar o cálculo da troca de calor por radiação, em paralelo com a convecção do calor, é conveniente definir um coeficiente de troca do tipo do coeficiente de película. Assim, é definido um coeficiente de película para radiação h_r, permitindo escrever:

$$\dot{q} = F_{1-2} \cdot \varepsilon \cdot \sigma \cdot \left(T_1^4 - T_2^4\right) = h_r\left(T_1 - T_2\right)$$

Portanto, o coeficiente de película para radiação vale:

$$h_r = F_{1-2} \cdot \varepsilon \cdot \sigma \cdot \frac{\left(T_1^4 - T_2^4\right)}{\left(T_1 - T_2\right)} \tag{4.16}$$

Radiação térmica solar

O sol é a maior fonte de radiação térmica na natureza. A temperatura efetiva da coroa solar é de 5.500°C, e considerando o cone de radiação que atinge a Terra, o valor da radiação solar na camada externa da atmosfera vale 1400 W/m^2, que é denominado constante solar. O calor irradiado pelo sol que atinge o solo é menor que isso e depende da localização no globo, da hora do dia, da época do ano, das condições atmosféricas e da inclinação da superfície. O valor da radiação Q_S, no nível do solo, pode ser aproximado pela equação:

$$Q_S = Q_0 \tau_0^m \cdot cosi \tag{4.17}$$

em que:

Q_0 é a constante solar;

m é a massa de ar relativa, isto é, a razão entre o trajeto real e o menor possível;

τ_0 é o coeficiente de transmissão para a massa unitária de ar;

cos i é o co-seno do ângulo entre a normal à superfície e a direção do sol.

4.1.3 Transporte de massa

O transporte de massa aqui tratado se prende à transferência de massa de uma substância, denominada componente A, dentro de outra, denominada componente B ou meio. Semelhante à transferência de calor, o transporte do componente A de um ponto para outro do meio pode ocorrer apenas por agitação molecular e é, nesse caso, denominado de difusão molecular. Caso haja movimentação do fluido que compõe o meio, o processo é chamado de advectivo ou convectivo.

A difusão molecular pode ocorrer em meios sólidos, normalmente obtida a altas temperaturas, podendo ser citados como exemplos os processos de cementação, no qual o carbono difunde no aço em um processo de endurecimento superficial do metal, e, na indústria eletrônica, a difusão de boro ou antimônio em silício ou germânio, utilizada na produção de semicondutores. Nos meios fluidos o processo de difusão é mais intenso e ocorre à temperatura ambiente. A difusão de um gás em um ambiente no qual o ar está em repouso é exemplo da difusão de massa em meios fluidos. Exemplos de transferência de massa por advecção são: o movimento de nuvens carregadas pelas correntes de ar, a fumaça transportada pelo vento, etc.

Concentração de um composto em um escoamento

No estudo da difusão de um soluto em um solvente é necessária uma grandeza para quantificar a presença do soluto. A grandeza utilizada no estudo dos Fenômenos de Transporte que mede a quantidade de soluto em um solvente é a concentração.

A concentração é definida como a massa de soluto por unidade de volume de solvente, e é usualmente representada pela letra C. Alguns autores utilizam uma definição diferente de concentração, trabalhando com o volume de soluto por volume de solvente ou a massa de soluto por massa de solvente, em ambos os casos resultando numa grandeza adimensional para a concentração.

Neste texto será utilizada a primeira definição, sendo que a concentração média pode ser escrita como:

$$C = \frac{m_{soluto}}{Vol_{solvente}}$$
(4.18)

Como normalmente a concentração pode variar de ponto para ponto, estabelece-se um perfil de concentração em função do espaço, e a definição de concentração, nesse caso, sob a hipótese do contínuo, deve ser feita para fornecer a concentração em um ponto, ou seja:

$$C = \frac{dm}{dvol}$$
(4.19)

Com base na definição de concentração utilizada, sua unidade é expressa pela razão entre a unidade de massa de soluto e a unidade de volume de solvente, ou:

$$[C] = \frac{kg}{m^3}$$

DIFUSÃO MOLECULAR

Continuando com a analogia entre os diferentes processos de transporte de grandezas físicas, consideram-se duas placas planas infinitas e porosas, capazes de manter uma condição de umidade, separadas por uma distância h. No intervalo entre elas há um gás inicialmente com concentração de umidade C_0, e ambas as placas mantêm a condição de umidade necessária para manter a concentração C_0, como indicado na Figura 4.7a.

Se num instante t_0 a placa superior tem seu estado de umidade alterado, o fluido em contato com ela também é alterado, adquirindo concentração de vapor de água C_1. Mantendo constante a condição de umidade, também se mantém constante a concentração de vapor de água no gás junto à placa. A diferença de concentração induzirá o transporte molecular de massa entre as camadas do gás até que seja atingida situação de equilíbrio, quando todo o vapor emitido da placa superior for absorvido pela placa inferior, como indicado na Figura 4.7c.

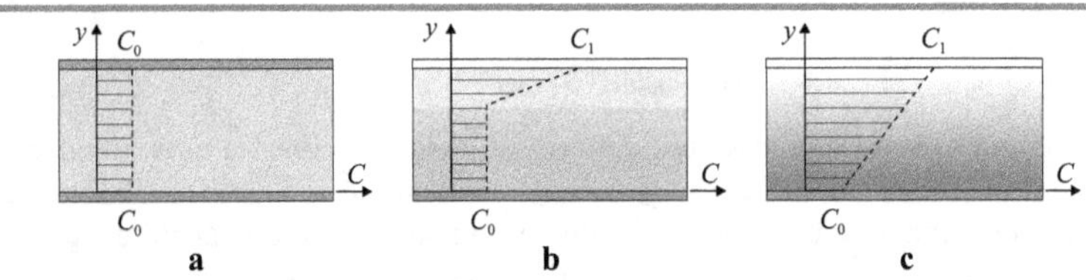

Figura 4.7 Esquema da evolução do perfil de concentração até atingir o estado estacionário.

O processo difusivo de transferência de massa foi pesquisado por Adolf Fick (1829-1901), que, com base em evidência experimental, estabeleceu que, na ausência de reações químicas, o fluxo de massa de um componente A, $\dot{m}_A$, é proporcional ao gradiente da concentração do componente A. Ou seja, matematicamente:

$$\dot{m}_A \propto \frac{C_1 - C_0}{y_1 - y_0} = \frac{\Delta C_A}{\Delta y} \tag{4.20}$$

em que:

$\dot{m}_A$ é o fluxo de massa da substância A (kg/m^2s);

$\Delta C_A = C_1 - C_0$ é a diferença de concentração da substância A (kg/m^3);

Δy, a distância segundo o eixo de coordenadas na direção do fluxo de massa ($\dot{m}_A$).

Para transformar a equação 4.20 em uma igualdade, Fick introduziu um coeficiente de proporcionalidade D_{AB}, denominado coeficiente de difusão da substância A na substância B. Como o fluxo de massa ocorre na direção contrária ao gradiente de concentração, deve também ser introduzido um sinal negativo. Assim, a equação 4.20 fica:

$$\dot{m}_A = -D_{AB} \frac{dC_A}{dy} \tag{4.21}$$

em que D_{AB} é o coeficiente de difusão da substância A na substância B (m^2/s).

A equação 4.21 é aplicável quando a massa específica da mistura e a difusividade podem ser consideradas constantes, fatos que ocorrem quando as concentrações são relativamente baixas.

4.1.4 Equação geral

Uma comparação entre as equações obtidas para os fenômenos de transporte de quantidade de movimento, de calor e de massa mostra que elas são bastante semelhantes e podem ser descritas por uma equação geral do tipo:

$$\dot{x} = -\Omega \frac{dX}{dy} \tag{4.22}$$

A equação 4.22 indica que o fluxo de uma grandeza X é proporcional ao gradiente da própria grandeza X e ocorre em sentido contrário ao do gradiente. Considerando que o fluxo da grandeza tem unidade da grandeza dividida pelo tempo e pela unidade de área, o coeficiente de proporcionalidade Ω tem dimensão de $[m^2/s]$.

No caso do transporte de quantidade de movimento, a equação 4.2 apresenta o fluxo de quantidade de movimento τ proporcional ao gradiente de velocidades e o coeficiente é a viscosidade μ.

A unidade de viscosidade pode ser calculada da equação 4.2, fornecendo:

$$[\mu] = \frac{kg}{m.s} \tag{4.23}$$

Para que a equação 4.2 seja representada pela equação 4.22, é necessário substituir o gradiente da velocidade pelo gradiente da quantidade de movimento, o que transforma a equação 4.2 em:

$$\tau = -\nu \frac{d\rho \vec{V}}{dy} \tag{4.24}$$

Aqui, a constante de proporcionalidade ν é denominada viscosidade cinemática e sua unidade é [m²/s]. Para escoamentos incompressíveis, a massa específica ρ é constante e uma comparação com a equação 4.2 fornece a relação entre a viscosidade e a viscosidade cinemática:

$$\nu \cdot \rho = \mu \tag{4.25}$$

Na equação 4.4, da transmissão de calor, o fluxo de calor é calculado por meio do gradiente da temperatura. Como o calor, ou energia, pode ser obtido multiplicando a temperatura pela massa específica ρ e pelo calor específico c, a equação 4.4 pode ser escrita da seguinte forma:

$$\dot{q} = -\alpha \frac{d\rho \cdot c \cdot T}{dy} \tag{4.26}$$

em que a constante de proporcionalidade α, com unidade [m²/s], é denominada difusividade térmica. Por comparação com a equação 4.4, considerando ρ e c constantes, determina-se o valor da difusividade térmica como:

$$\alpha = \frac{K}{\rho \cdot c} \tag{4.27}$$

A equação de transporte de massa já tem o coeficiente de difusão com unidades cinemáticas (m²/s), e é facilmente verificável que a concentração representa a massa do soluto, portanto, as equações de transporte mencionadas podem ser representadas pela equação 4.22, reconhecida como formulação geral para as equações básicas dos fenômenos de transporte.

4.1.5 AS EQUAÇÕES BÁSICAS NO ESCOAMENTO TURBULENTO

O modelo apresentado para escoamento turbulento apresenta-o como formado pelo escoamento principal, ou médio, superimposto à movimentação caótica, composta por vórtices de diferentes tamanhos e velocidades angulares.

A presença dos vórtices, ou turbilhões, provoca aceleração do transporte de uma grandeza, pois soma ao transporte difusivo uma parcela de transporte convectivo. Um modelo muito aceito introduz o coeficiente de transporte turbulento, que é somado ao coeficiente difusivo. Segundo esse modelo, a equação geral das equações básicas de fenômenos de transporte, incluindo a turbulência, é dada por:

$$\dot{x} = -(\Omega + \Omega_t)\frac{dX}{dy} \tag{4.28}$$

A aplicação dessa equação geral a cada uma das equações básicas de fenômenos de transporte traz:

$$\tau = -(\nu + \nu_t)\frac{d\rho \vec{V}}{dy} \tag{4.29a}$$

$$\dot{q} = -(\alpha + \alpha_t)\frac{d\rho \cdot c \cdot T}{dy} \tag{4.29b}$$

$$\dot{m} = -(D_{AB} + D_t)\frac{dC_A}{dy} \tag{4.29c}$$

Usualmente, a componente turbulenta é muito maior que a componente difusiva, e em sistemas altamente turbulentos o termo difusivo é totalmente desprezado.

4.2 Aplicações das Equações Básicas

4.2.1 A viscosidade

A viscosidade é uma propriedade dos fluidos que governa a forma pela qual o fluido escoa, sendo, portanto, muito importante no estudo dos escoamentos.

A ciência que estuda a deformação e o escoamento de materiais é denominada Reologia, e a viscosidade tem papel relevante nela.

A unidade de medida da viscosidade é calculada pela relação entre a unidade de tensão cisalhante e a unidade do gradiente de velocidades. No sistema internacional de medidas, SI, a dimensão da viscosidade dinâmica é o Pa.s (Pascal segundo), equivalente ao N.s/m^2 ou ao kg/(ms). Entretanto, no uso prático, a viscosidade também tem sido apresentada vinculada a dimensões pertencentes a outros sistemas de medidas, sendo muito comum a dimensão derivada das unidades do sistema CGS, conhecida por poise (P), e seu submúltiplo mais usado e o centipoise (cP):

$$P = \frac{g}{cm.s} = \frac{dina.s}{cm^2}$$

$$cP = \frac{P}{100}$$

A viscosidade cinemática tem dimensão [m^2/s], mas, também, há uma unidade pertencente ao sistema CGS muito utilizada. Essa unidade recebe o nome de Stokes, sendo igualmente mais utilizado seu submúltiplo, o centiStokes.

Os valores da viscosidade são característicos do fluido e dependem grandemente da temperatura. É notável o fato de que para os gases a viscosidade varia pouco de um composto para outro, enquanto para os líquidos podem ocorrer diferenças de várias ordens de grandeza entre compostos diferentes. Como ilustração, a Tabela 4.1 fornece os valores para alguns fluidos comuns.

Tabela 4.1   Viscosidade a 20°C para alguns fluidos.

Fluido	Viscosidade dinâmica, μ (Pa.s)
Ar	$1,9 \times 10^{-5}$
Água	$1,0 \times 10^{-3}$
Mercúrio	$1,5 \times 10^{-3}$
Óleo SAE 10W	$1,0 \times 10^{-1}$
Óleo de mamona	$1,0$

A viscosidade apresenta comportamentos característicos ao considerar sua variação em função da alteração do gradiente de velocidade a que o fluido está exposto. Na definição de viscosidade, a partir da equação 4.2, ela foi considerada constante e seu valor foi dado pela relação entre a tensão de cisalhamento e o gradiente de velocidade. Fluidos para os quais esse comportamento é verdadeiro são denominados fluidos newtonianos e sua representação gráfica, relacionando essas duas grandezas, deve ser uma linha reta.

Entretanto, há fluidos cuja representação gráfica não é linear, os quais são denominados de fluidos não-newtonianos. O comportamento da curva obtida dessa relação é utilizado para classificar os fluidos em diferentes categorias. Na Figura 4.8 é apresentado qualitativamente o comportamento de alguns fluidos não-newtonianos, incluindo um fluido newtoniano para comparação.

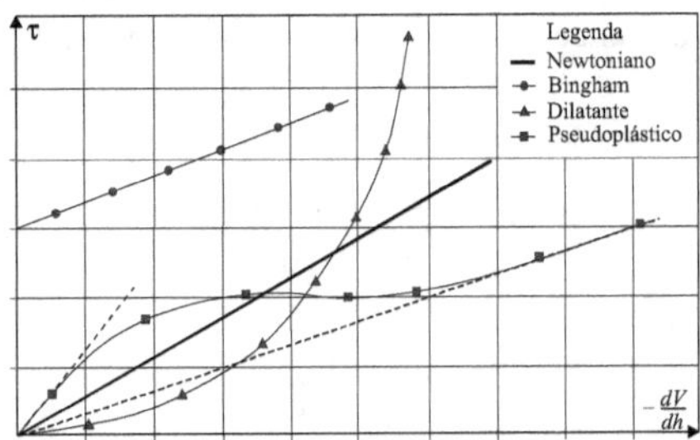

Figura 4.8   Comportamento reológico dos fluidos.

Para uma grande faixa de gradientes de velocidade, as curvas dos fluidos não-newtonianos podem ser aproximadas por uma equação do tipo:

$$\tau = -K\left(\frac{dV}{dh}\right)^{n} + \tau_c \tag{4.30}$$

A quantidade n é freqüentemente denominada *índice de comportamento* e a quantidade K, *índice de consistência*. A grandeza τ_c é uma tensão de referência denominada tensão crítica. Para um fluido newtoniano, o índice de comportamento é unitário e o de consistência é a viscosidade dinâmica μ. Embora os fluidos não-newtonianos possam ser descritos pela equação 4.30, eles têm propriedades distintas, de acordo com a categoria na qual estão inseridos.

Fluidos de Bingham: caracterizam-se por sofrerem deformações somente quando submetidos a tensão superior a um valor crítico, τ_c. Para tensões abaixo da tensão crítica, o fluido comporta-se como um sólido e, para tensões acima da crítica, como um líquido com viscosidade constante. Tal fluido segue equação do tipo:

$$\tau = \tau_c - \mu_b \frac{dV}{dh} \quad \text{para } \tau > \tau_c \tag{4.31}$$

São exemplos dessa classe de fluidos as lamas de perfuração de poços e as suspensões de sólidos granulares.

Fluidos pseudoplásticos: os fluidos pertencentes a essa classe são caracterizados por uma curva no diagrama reológico que contém um ponto de inflexão. A curva aproxima-se de uma reta para valores de dV/dh muito altos ou muito baixos. A equação dessa classe de fluidos pode ser escrita da seguinte forma:

$$\tau = -K\left(\frac{dV}{dh}\right)^{n-1}\left(\frac{dV}{dh}\right) \tag{4.32}$$

O termo $K\left(\dfrac{dV}{dh}\right)^{n-1}$ é, às vezes, chamado de viscosidade aparente e n é menor do que 1. Um exemplo desse tipo de fluido pode ser encontrado nas soluções de polímeros ou de outras moléculas alongadas. A forma das moléculas explica a forma da curva e o comportamento do fluido. Em baixas velocidades, o emaranhado das moléculas, sem direção preferencial das fibras, não é deformado, em razão dos pequenos gradientes de velocidade. Assim, o gráfico entre a tensão e o gradiente de velocidade mantém a característica linear. Por outro lado, em altas velocidades as moléculas deformam-se e alinham-se. Quando atingem deformação máxima, o meio novamente se comporta como um fluido newtoniano. Entre esses dois extremos, a deformação das moléculas é influenciada pelo gradiente de velocidade, havendo, então, fuga do comportamento linear.

Fluidos dilatantes: os fluidos dilatantes seguem o mesmo modelo dos fluidos pseudoplásticos. Porém, os valores de n são maiores do que a unidade. Esses fluidos são imaginados como uma solução de partículas em um volume de líquido suficiente apenas para preencher os vazios entre as partículas quando em repouso ou sob gradientes de velocidade muito baixos. Nessas condições, a viscosidade é quase newtoniana. Quando submetidos a gradientes maiores, não há líquido suficiente para preencher o aumento de vazios, gerando conseqüente aumento da viscosidade. São exemplos de fluidos dilatantes as suspensões de amido e de areia.

Fluidos não-newtonianos dependentes do tempo: muitos fluidos apresentam tensão de cisalhamento variável com o tempo de aplicação de um gradiente de velocidades constante. A complexidade desse tipo de comportamento não tem permitido elaborar considerações físicas que conduzam a modelos matemáticos de aplicabilidade geral. Classificam-se comumente os fluidos de acordo com dois tipos de comportamento principais, associados à variação da viscosidade: *reopéticos*, fluidos para os quais a viscosidade aparente aumenta com o tempo, e *tixotrópicos*, fluidos para os quais a viscosidade aparente diminui com o tempo. A viscosidade dos fluidos não-newtonianos é alta quando comparada à viscosidade da água.

4.2.2 Considerações sobre a condutividade térmica

A condutividade térmica e, por extensão, a difusividade térmica são propriedades dos materiais que indicam a quantidade de calor que pode fluir através do corpo sólido ou do meio fluido sob as condições de temperatura e pressão a que estão submetidos. Utilizando as equações 4.4, 4.11 e 4.12 pode-se avaliar as unidades da condutividade e difusividade térmica para o sistema internacional SI:

$$[k] = \frac{W}{m^oC} \tag{4.33}$$

e

$$[\alpha] = \frac{m^2}{s} \tag{4.34}$$

A ordem de grandeza dos valores da condutividade térmica abrange uma faixa muito ampla, podendo variar de valores tão baixos quanto 0,007 W/m°C, para gases, chegando a cerca de 0,15 W/m°C, para líquidos, e atingindo valores tão altos quanto 410 W/m°C, para a prata. A Tabela 4.2 mostra a ordem de grandeza da condutividade térmica para diversas classes de materiais.

Tabela 4.2   Faixa de variação da condutividade térmica para alguns materiais.

Material	kcal/hm°C	W/m°C
Gases, pressão atmosférica	0,006 a 0,15	0,007 a 0,17
Materiais isolantes	0,03 a 0,18	0,034 a 0,21
Líquidos não metálicos	0,07 a 0,60	0,087 a 0,70
Sólidos não metálicos	0,03 a 2,20	0,034 a 2,60
Metais líquidos	7,5 a 65,0	8,6 a 76,0
Ligas metálicas	12,0 a 100,0	14,0 a 120,0
Metais puros	45,0 a 360,0	52,0 a 410,0

Há expressões teóricas para a previsão da condutividade térmica, notadamente para gases e líquidos. Para os sólidos a condutividade térmica depende de fatores difíceis de medir ou prever. No caso de materiais porosos, por exemplo, são importantes o tamanho dos poros e a existência de fluidos em seu interior. Nesses casos, a condutividade tem de ser medida experimentalmente.

Em geral, a condutividade térmica de um material varia com a temperatura, mas em muitos problemas de engenharia as variações são suficientemente pequenas para serem desprezadas. Outra particularidade importante é a dependência entre a condutividade e a estrutura do sólido, podendo, portanto, ter valores diferentes segundo as três direções do espaço. Por exemplo, a madeira tem estrutura fibrosa e a condutividade no sentido das fibras é diferente da condutividade no sentido perpendicular às fibras. Um material cuja condutividade é a mesma nas três direções é denominado *isotrópico em relação à condutividade térmica*.

4.2.3 Considerações sobre o coeficiente de difusão

A difusividade, ou coeficiente de difusão, indica a velocidade (ou intensidade) com que o transporte de massa pode ocorrer. Essa propriedade é sempre uma função dos componentes A e B da mistura, o soluto e o solvente, sendo que D_{AB} é igual a D_{BA}. No sistema métrico, como indicado na equação 4.21, a difusividade é expressa em m^2/s. A ordem de grandeza dos valores de difusividade varia, por exemplo, desde valores como $3{,}5 \times 10^{-9}$ cm^2/s, para cádmio em cobre, até valores como $1{,}32$ cm^2/s, para o hidrogênio em hélio, conforme mostrado na Tabela 4.3. Em geral, a difusividade molecular é uma forte função da temperatura e da concentração da substância estudada no meio em que está difundindo, e algumas equações de correlação permitem avaliar o coeficiente de difusão para diferentes condições de trabalho.

Tabela 4.3   Ordem de grandeza da difusividade molecular de
diferentes substâncias em diferentes meios.

Sistema	Difusividade (cm^2/s)
Cádmio – cobre	$3{,}5 \cdot 10^{-9}$
Ácido acético – água	$1{,}2 \cdot 10^{-5}$
Hidrogênio – água	$4{,}8 \cdot 10^{-5}$
Bismuto – chumbo	$7{,}7 \cdot 10^{-3}$
Mercúrio – chumbo	$3{,}6 \cdot 10^{-1}$
Cloro – ar	$0{,}12$
Ar – dióxido de enxofre	$0{,}14$
Hidrogênio – hélio	$1{,}32$

4.2.4 EXEMPLOS DE APLICAÇÃO DAS LEIS BÁSICAS

A representação matemática dos processos de transferência de propriedades físicas, vistos nas seções anteriores, permite resolver diversos problemas de interesse. Nesses exemplos, os escoamentos são considerados permanentes, permitindo que se utilize a igualdade entre as forças de ação e reação em movimentos uniformes.

EXEMPLO 4.1

Placa plana infinita:

Determine a tensão tangencial necessária para manter a velocidade V_0 de uma placa plana infinita que se encontra separada de outra placa plana infinita em repouso, por um fluido newtoniano de viscosidade μ, como esquematizado na Figura 4.9. Calcule também o perfil de velocidade que se estabelece no fluido entre as duas placas. A distância entre elas é H.

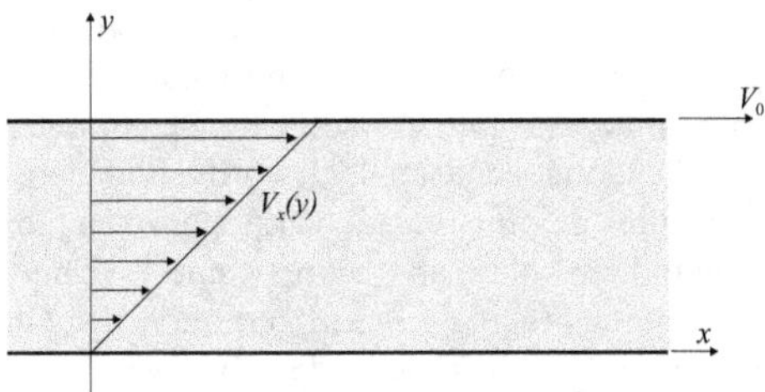

Figura 4.9   Escoamento de fluido entre duas placas paralelas.

Solução:

Para manter o estado de movimento (escoamento permanente, movimento uniforme) do fluido indicado na figura, a somatória das forças que agem sobre ele deve ser nula, assim, as forças motoras devem ser iguais às resistentes. As únicas forças presentes são aquelas decorrentes da ação da viscosidade; as tensões tangenciais nas superfícies superior e inferior do fluído são mostradas na Figura 4.10. Isolando o volume de fluido aparecem as forças tangenciais, as quais devem ser iguais, isto é:

$$\tau_0 . A_0 = \tau . A$$

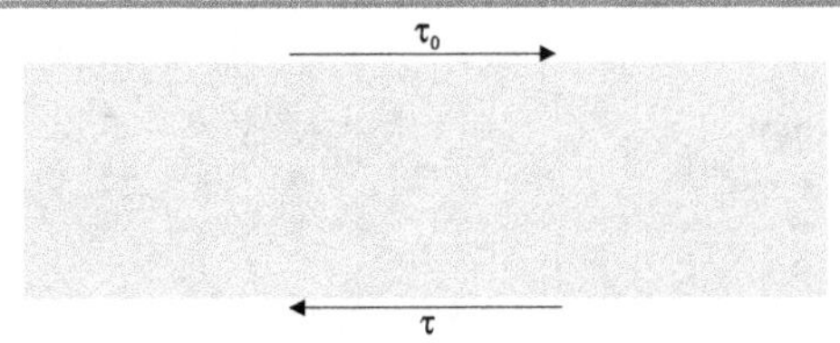

Figura 4.10   Forças no volume de fluido.

τ_0 é a tensão de cisalhamento provocada pela parede superior, sendo a força motora do fluido, e τ é a tensão de cisalhamento, provocada pela superfície inferior, que age no sentido de frear o fluido, comportando-se como uma força resistente. A_0 é a área da superfície superior e A, a área da superfície onde τ atua. Como a geometria é plana, as áreas são iguais e as tensões também, isto é:

$$(\tau)_{Re\,sistiva} = (\tau)_{Motora}$$

E como nenhuma parte do volume de fluido está acelerando, conclui-se que a tensão é constante no seio do fluido e igual a τ_0.

Da equação da viscosidade de Newton pode ser obtido o valor de τ a partir da derivada do perfil de velocidades.

$$\tau = -\mu \frac{d\vec{V}}{dy}$$

A velocidade tem uma única componente na direção horizontal, permitindo trabalhar com seu módulo, e definindo a direção da tensão superficial pode-se também eliminar o sinal negativo. Como a tensão deve ser constante:

$$\frac{\tau_0}{\mu} = \frac{dV}{dy}$$

O diferencial de velocidade é escrito como:

$$dV = \frac{dV}{dy} dy$$

Substituindo a derivada da velocidade pelo valor obtido:

$$dV = \frac{\tau_0}{\mu} dy$$

e calculando a integral indefinida:

$$V = \frac{\tau_0}{\mu} y + C_1$$

em que C_1 é uma constante de integração.

O valor da constante de integração é determinado pelas condições de contorno que, nesse caso, é única e definida pela posição $y = 0$, em que a velocidade é zero, pois a placa inferior está em repouso. A constante assume, portanto, o valor zero, resultando:

$$V = \frac{\tau_0}{\mu} y$$

O valor da tensão de cisalhamento pode ser obtido em função da velocidade V_0 e da distância entre as placas, H, bastando substituir os valores da posição $y = H$. Como em $y = H$ tem-se $V = V_0$, obtém-se:

$$\tau_0 = \frac{V_0 \mu}{H}$$

Esse equacionamento foi obtido para placas infinitas, o que significa, de forma prática, que ele pode ser aplicado quando as placas têm dimensões muito maiores que a distância que as separa ou quando a folga entre elas é muito pequena. Nos casos reais, erros nos resultados ocorrem em razão dos denominados "efeitos de borda", entretanto, no caso de o H ser muito pequeno em relação à largura e ao comprimento, os efeitos das bordas da placa podem ser desprezados. Exemplos de aplicação são os mancais planos e os mancais com raio de curvatura grande em relação à espessura de lubrificante.

EXEMPLO 4.2

Escoamento em um tubo:

O perfil de velocidades para escoamento laminar no interior de um tubo cilíndrico circular é dado pela expressão

$$V_x = V_{max}\left(1 - \left(\frac{r}{R}\right)^2\right)$$

em que r é a distância radial do centro ao ponto considerado e R é o raio do tubo, conforme indicado na Figura 4.11. A partir dessa informação, determine:

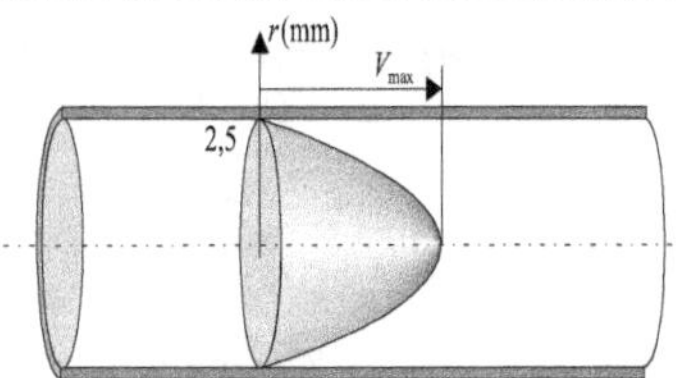

Figura 4.11   Perfil de velocidade no escoamento laminar em tubo circular.

a) O gradiente de velocidades na parede do tubo.

b) A tensão de cisalhamento na parede quando estiver escoando um fluido com viscosidade igual a $8{,}0 \times 10^{-3}$ Pa.s, com velocidade máxima de 0,2 m/s num tubo de 5,0 mm de diâmetro.

c) A variação da tensão de cisalhamento com o raio.

Solução:

a) O gradiente de velocidades é obtido pela derivação do perfil de velocidade fornecido na equação 4.23, assim:

$$\frac{dV_x}{dr} = -\frac{2V_{max}\,r}{R^2}$$

Então, na parede do tubo, em que $r = R$:

$$\frac{dV_x}{dr} = -\frac{2V_{max}}{R}$$

b) A tensão tangencial na parede é obtida pela equação de Newton, substituindo o gradiente de velocidade na parede, obtido na equação anterior.

$$\tau = \mu\,\frac{2V_{max}}{R}$$

Como foram fornecidos os valores de velocidade, viscosidade e velocidade máxima, é possível obter o valor numérico da tensão de cisalhamento na parede, que vale:

$$\tau = 8 \times 10^{-3} \times 2 \times 0,2/(2,5 \times 10^{-3}) = 1,28 \text{ N/m}^2$$

c) A variação da tensão de cisalhamento é melhor representada por um gráfico τ x r, conforme apresentado na Figura 4.12.

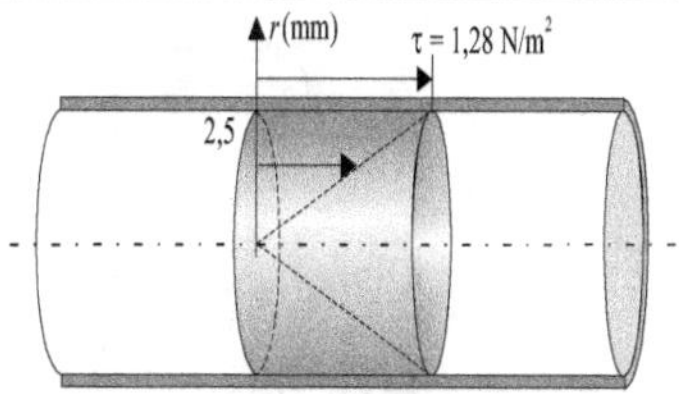

Figura 4.12 Variação da tensão de cisalhamento para escoamento laminar no interior de um tubo de base circular.

Exemplo 4.3

Aplicação da equação de Fourier em parede composta:

Considere a situação de melhorar a capacidade de uma parede resistir à passagem de calor, recobrindo-a com um material termicamente isolante, operação esta denominada isolamento térmico. Na Figura 4.13 é apresentada uma situação na qual o material indicado com o número 1 possui condutividade térmica igual a 0,2 W/m°C e 3,0 cm de espessura, enquanto o material indicado por 2 possui condutividade térmica igual a 0,03 W/m°C e 12,0 cm de espessura. A situação de interesse é a de regime permanente, isto é, quando o processo ocorre de forma contínua e os perfis de temperatura não se modificam mais com o tempo. Se a temperatura externa da placa 1 é $T_1 = 250°C$ e a da placa 2 é $T_2 = 35°C$, determine:

a) A temperatura na interface das placas.

b) O fluxo de calor através da parede composta pelos dois materiais.

c) Qual a nova temperatura na interface se as duas paredes têm mesma espessura.

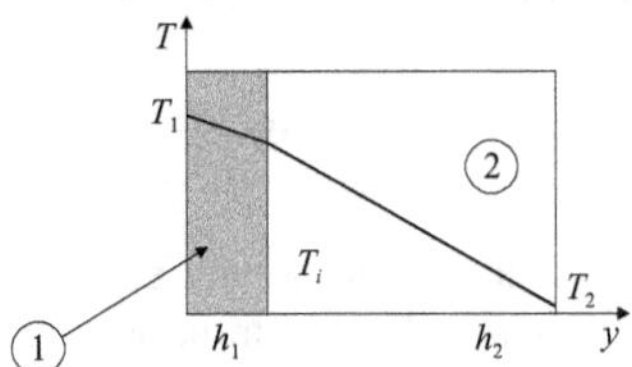

Figura 4.13   A parede 2 age como isolante térmico, reduzindo a troca de calor.

Solução:

a) No regime permanente, o fluxo de calor é constante ao longo do eixo y, assim o fluxo de calor através da placa 1 é igual ao fluxo de calor através da placa 2. Aplicando a equação de Fourier para cada uma das placas, obtemos:

$$\dot{q}_1 = -k_1 \frac{T_i - T_1}{h_1}$$

$$\dot{q}_2 = -k_2 \frac{T_2 - T_i}{h_2}$$

Como, da afirmação anterior, $\dot{q}_1$ é igual a $\dot{q}_2$, então, para T_i vem:

$$T_i = \frac{h_1 k_2 T_2 + h_2 k_1 T_1}{h_1 k_2 + h_2 k_1}$$

Com os valores numéricos fornecidos encontra-se uma temperatura de interface igual a 242,2°C.

b) Conhecida a temperatura na interface, o fluxo de calor através das placas pode ser calculado em qualquer uma das paredes, utilizando as equações do fluxo em cada uma:

$$\dot{q} = -0,2\frac{242,2 - 250}{0,03} = 0,03\frac{242,2 - 35}{0,12} = 51,8 \text{ W/m}^2$$

c) Observa-se, pela equação obtida para a temperatura da interface, que sua temperatura depende dos valores das espessura e das condutividades térmicas dos dois isolantes. Se as espessuras são iguais, elas são simplificadas e a solução passa a ser independente de seu valor. Para o caso do exemplo, a temperatura da interface será igual a 222°C, resultando em uma distribuição de temperatura ao longo das paredes, conforme mostrado na Figura 4.14.

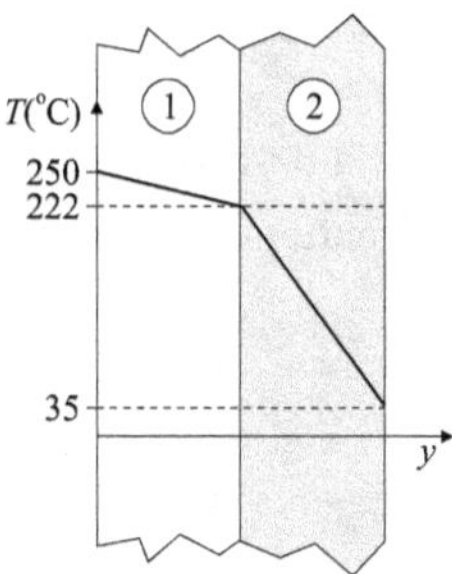

Figura 4.14   Perfil de temperatura para a situação de espessuras iguais dos dois materiais.

Observação: O problema pode ser resolvido utilizando o conceito de resistencia térmica, que é deixado como exercício.

EXEMPLO 4.4

Aplicação da equação de Fourier a uma parede cilíndrica:

Determine a distribuição de temperatura na parede de um tubo cilíndrico de comprimento L, com raio interno R_1 e externo R_2, que é aquecido internamente por uma resistência elétrica que dissipa uma potência $\dot{Q}$. Suponha que a temperatura interna seja igual a T_1. Um esquema simplificado para essa situação é apresentado na Figura 4.15.

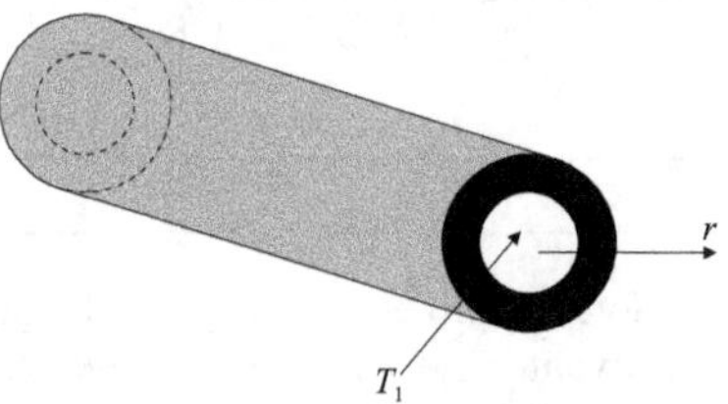

Figura 4.15   O tubo cilíndrico é aquecido internamente por uma resistência elétrica.

Solução:

Observa-se neste caso que, admitindo regime permanente, a potência dissipada pela resistência no interior do tubo deve atravessar as paredes do tubo integralmente. Em outras palavras, a ***descarga térmica se mantém constante*** ao atravessar qualquer superfície cilíndrica concêntrica ao tubo indicado. Lembrando as definições de descarga e fluxo, para uma superfície de área A sobre a qual o fluxo se mantém uniforme, podemos escrever

$$\dot{q} = \frac{\dot{Q}}{A}$$

em que $\dot{q}$ é o fluxo de calor e $\dot{Q}$ é a descarga, ou seja, a potência elétrica dissipada. Então, com auxílio da equação de Fourier em coordenadas cilíndricas, tem-se:

$$\frac{\dot{Q}}{A} = -k\frac{dT}{dr}$$

Para um raio genérico, a área A de uma superfície cilíndrica, com comprimento L, é dada por:

$$A = 2\pi Lr$$

que combinada com a equação anterior e, separando as variáveis, traz:

Integrando de R_1 a um r genérico:

$$\int_{T_1}^{T}dT = -\frac{\dot{Q}}{2\pi Lk}\int_{R_1}^{r}\frac{dr}{r}$$

Finalmente, obtém-se o perfil logarítmico para a temperatura na parede do cilindro, válida para $R_1 \leq r \leq R_2$:

$$T(r) = T_1 - \frac{\dot{Q}}{2\pi Lk}\ln\left(\frac{r}{R_1}\right)$$

EXEMPLO 4.5

Considerando a situação do exemplo anterior e sabendo que as temperaturas interna e externa valem T_1 e T_2, respectivamente, para os raios R_1 e R_2, calcule a resistência térmica oferecida pela parede cilíndrica de 1 metro de comprimento, conforme a Figura 4.16.

Solução:

O resultado anterior permite obter a equação da descarga térmica substituindo o raio genérico r por R_2 e a temperatura genérica $T(r)$ por T_2.

$$T_2 = T_1 - \frac{\dot{Q}}{2kL\pi}\ln\left(\frac{R_2}{R_1}\right)$$

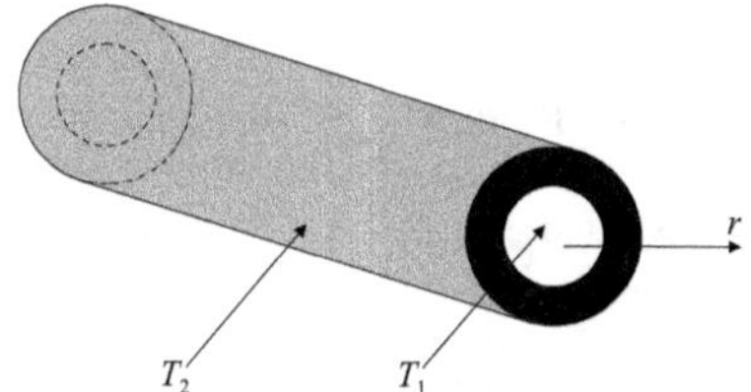

Figura 4.16   As temperaturas nas paredes são T_1 e T_2.

Rearranjando os termos para explicitar a descarga térmica:

$$\dot{Q} = \frac{T_1 - T_2}{\dfrac{\ln(R_2 / R_1)}{2kL\pi}}$$

e comparando com a equação da descarga em função da resistência térmica, determina-se o valor de R_t:

$$R_t = \frac{\ln(R_2 / R_1)}{2kL\pi}$$

Em paredes circulares compostas, o uso do conceito de resistência térmica facilita o cálculo da descarga térmica e das temperaturas em paredes intermediárias.

EXEMPLO 4.6

Aplicação da equação de Fick em geometria plana:

Dióxido de carbono a 30°C difunde no ar a partir de uma superfície porosa com 5,0 m^2 de área, com descarga de 0,2 kg/h. A concentração de CO_2 é 0,042 kg/m^3, junto à superfície, e desprezível a uma distância de 5,0 cm desta. Determine a difusividade para essas condições, admitindo distribuição linear da concentração.

Solução:

A equação de Fick, aplicada ao caso do dióxido de carbono, traz:

$$\dot{m}_{CO_2} = -D_{CO_2-Ar}\frac{dC}{dr}$$

Considerando uma distribuição linear da concentração de CO_2 ao longo do espaço, tem-se:

$$\frac{0,2}{5}\left[\frac{kg}{hm^2}\right] = -D_{CO_2-Ar}\frac{0,042\left[\dfrac{kg}{m^3}\right]}{(0,00-0,05)[m]}$$

e

$$D_{CO_2-Ar} = 0,048\frac{m^2}{h} = 0,132\frac{cm^2}{s}$$

EXERCÍCIOS

1. Uma placa infinita se move com velocidade constante V_0 sobre uma película de óleo que descansa, por sua vez, sobre uma segunda placa, como mostrado na figura a seguir. Para h pequeno pode-se supor, nos cálculos práticos, que a distribuição de velocidades no óleo é linear. Qual é a tensão de cisalhamento sobre a placa superior?

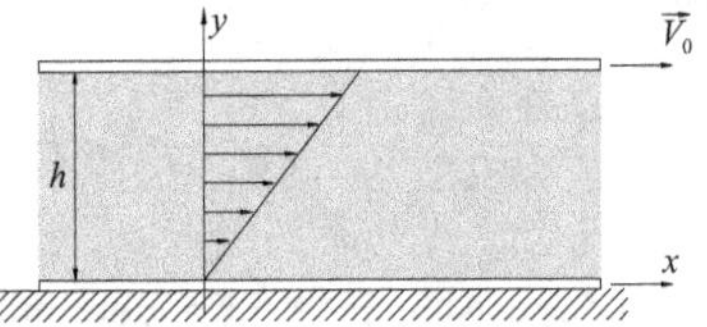

2. Determine o torque M requerido para girar um disco de raio R, com uma velocidade angular constante ω, sobre um filme de óleo de espessura h e viscosidade μ. Assuma uma distribuição linear da velocidade no filme de óleo.

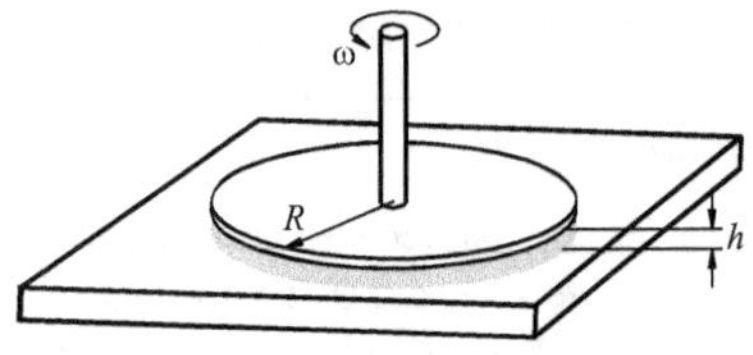

3. Um óleo de densidade igual a 0,85 escoa por uma canalização de 10 cm de diâmetro. A tensão de cisalhamento na parede da canalização é de 3,2 N/m² e o perfil de velocidade é dado por $V = 2 - 800\,r^2$ (m/s), em que r é a distância radial medida a partir do eixo da tubulação. Qual a viscosidade cinemática do óleo?

4. Um bloco cúbico pesa 25 N e tem 20 cm de aresta. Deixa-se o bloco escorregar em um plano, inclinado a um ângulo α com a horizontal, no qual existe uma película de óleo cuja viscosidade é igual a 2.10^{-5} N.s/m². Qual a velocidade-limite que o bloco atingirá em um plano inclinado a

30°, supondo que a espessura do óleo seja de 0,025 mm? Utilize a hipótese de distribuição de velocidade linear.

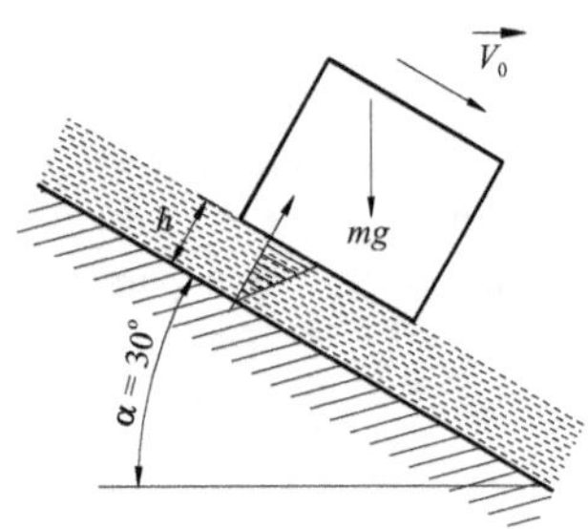

5. A figura a seguir mostra o escoamento de um fluido viscoso sobre uma placa plana. Supondo que:

a) A velocidade varie somente em y.

b) O perfil de velocidade seja parabólico, isto é, sua expressão pode ser do tipo $V(y) = ay^2 + by + c$.

c) A tensão tangencial entre o fluido e o ar seja totalmente desprezada.

d) O fluido é Newtoniano.

Calcule a expressão da tensão tangencial na parede da placa plana ($y = 0$) em função da velocidade na superfície V_0, da espessura h e da viscosidade absoluta μ do fluido.

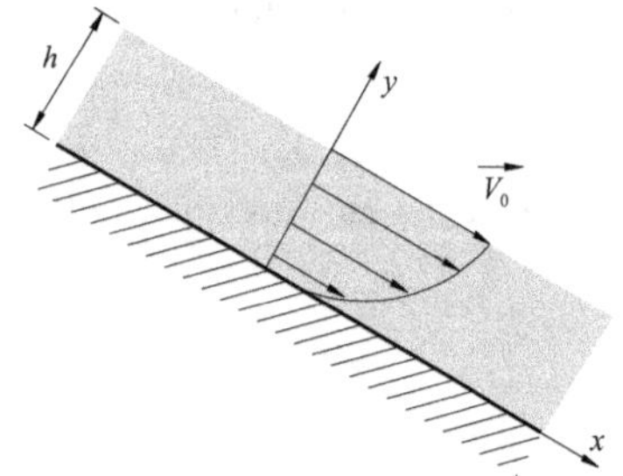

6. Um corpo cônico gira a uma velocidade constante igual a ω rad/s. Uma película de óleo de viscosidade μ separa o cone do recipiente que o contém. A espessura da película de óleo é h. Que torque é necessário para manter o movimento? O cone tem uma base de raio igual a R e uma altura H. Suponha uma distribuição de velocidade linear e o fluido Newtoniano.

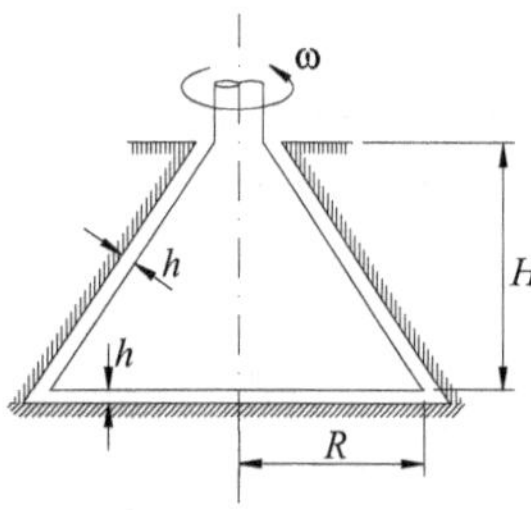

7. O peso, mostrado na figura a seguir, ao descer, gira o eixo que está apoiado em dois mancais cilíndricos de dimensões conhecidas, com velocidade angular constante ω. Determine o valor do peso mg, desprezando a rigidez e o atrito na corda e supondo que o diagrama de velocidade no lubrificante seja linear. Dados: μ, D_e, L, ω e D. Discuta a solução.

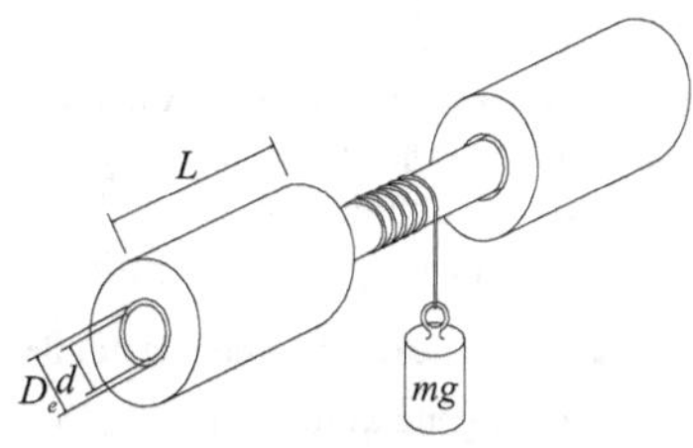

8. São dados dois planos paralelos distanciados de 0,5 cm. O espaço entre os dois é preenchido com um fluido de viscosidade absoluta $\mu = 10^{-6}$ N.s/m². Qual será a força necessária para arrastar uma chapa de espessura 0,3 cm, colocada a igual distância dos dois planos, de área 100 cm², à velocidade de 0,15 m/s?

9. Entre duas placas, paralelas e infinitas, há um filme de óleo Newtoniano de viscosidade μ e espessura h. A placa superior move-se com velocidade constante V_a e, uma vez atingido o regime permanente, a placa inferior desloca-se com velocidade V_b constante, em razão da viscosidade do óleo. Supondo um perfil de velocidade linear, determine:

a) A tensão tangencial sobre a placa A.

b) A relação entre a tensão tangencial sobre a placa A e a tensão tangencial sobre a placa B.

10. Classifique as seguintes substâncias com base nos dados de velocidade de deformação $\dfrac{dv}{dy}$ e tensão de cisalhamento τ.

a)

$\dfrac{dv}{dy}$ (rd/s)	0	1	3	5
τ . N/cm²	0,1	0,2	0,3	0,4

b)

$\dfrac{dv}{dy}$ (rd/s)	0	3	4	6	5	4
τ . N/cm²	0,2	0,4	0,5	0,8	0,6	0,5

c)

$\dfrac{dv}{dy}$ (rd/s)	0	0,5	1,1	1,8
τ . N/cm²	0	0,2	0,4	0,6

d)

$\dfrac{dv}{dy}$ (rd/s)	0	2	4	6	8
τ . N/cm²	0	0,2	0,4	0,6	0,8

11. Dois discos são dispostos coaxialmente, face a face, separados por um filme de óleo lubrificante de viscosidade μ e espessura h. Aplicando um momento torsor M_t ao disco 1, este inicia um movimento de rotação em torno de seu eixo que é transmitido através do óleo para o disco 2, estabelecendo, após algum tempo, situação de regime permanente, de forma que as velocidades angulares ω_1 e ω_2 permanecem constantes. Admitindo o regime estabelecido, demonstre que:

$$\omega_1 - \omega_2 = \frac{32\, h\, M_t}{\pi\, D^4\, \mu}$$, em que D é o diâmetro dos discos.

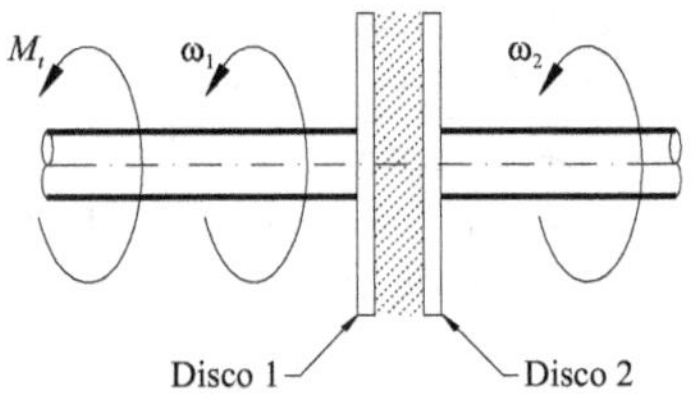

12. Três placas planas, paralelas e infinitas, separadas pelas distâncias h_1 e h_2, têm entre elas óleos Newtonianos de viscosidade μ_1 e μ_2, respectivamente.

A placa A move-se com velocidade constante V_A e a placa C, com velocidade constante V_C ($V_C < V_A$). A placa B, inicialmente em repouso, começa a deslocar-se. Calcule a velocidade V_B de regime permanente, isto é, quando a velocidade V_B se torna constante, após o equilíbrio do sistema.

Qual a relação entre V_A e V_C para que a placa B não se mova? Considere em ambos os casos um perfil de velocidade linear em ambos os filmes de óleo.

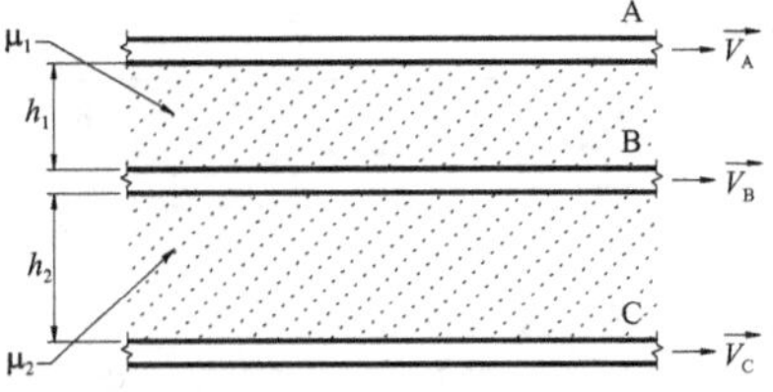

13. Considerando a geometria do exercício 12, faça $V_A = V_C = 0$, $h_1 = h_2 = h/2$ e mantenha os dois espaços com um óleo de viscosidade μ_0. Se a placa B tem velocidade constante V, aparece uma força de atrito sobre ela. Trocando o óleo por outro de viscosidade μ_1, determine, em termos de μ_1, μ_0 e h, a relação

entre h_1 e h_2 para que a força de atrito seja igual à anterior. Faça as hipóteses que julgar necessárias.

14. Determine o torque necessário para girar com velocidade angular constante ω o tronco de cone da figura a seguir. Um filme de óleo de viscosidade μ e espessura h preenche o espaço entre o tronco de cone e as paredes.

Despreze o momento desenvolvido na face inferior do tronco de cone.

Faça as hipóteses necessárias.

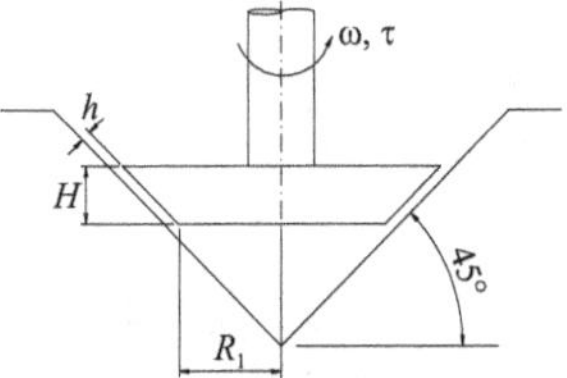

15. A distribuição de velocidade em uma determinada seção de tubulação cilíndrica é dada por:

$$V = \frac{\beta}{4\,\mu}\left(\frac{D^2}{4} - r^2\right)$$

em que β é uma constante, r é a distância do eixo da tubulação ao ponto considerado, D é o diâmetro da tubulação e V, a velocidade a uma distância r do eixo. Determine:

a) A tensão tangencial na parede da tubulação.

b) A tensão tangencial no ponto $r = D/4$.

c) Mantida a distribuição de velocidades em um comprimento L ao longo da tubulação, calcule a força de atrito sobre a parede da tubulação.

16. Considerando as condições do problema 13 e a placa B mantida com velocidade constante V_0, calcule a relação entre h_1 e h_2 para $\mu_1 = \mu$ e $\mu_2 = k.\mu$, e para que a força tangencial sobre ela seja mínima. O que acontece quando $k = 1$.

17. Em um canal retangular de 0,50 m de largura e 0,30 m de altura, escoa água e o perfil de velocidade é parabólico, com velocidade máxima de 0,80 m/s ocorrendo na superfície da água. Desprezando a tensão tangencial entre a água e o ar e sabendo que a água é um fluido Newtoniano, determine o módulo da força tangencial que a água provoca sobre o fundo do canal por metro de comprimento longitudinal. Dado: μ_{H2O} = $10{,}1.10^{-4}$ N.s/m².

18. O coeficiente de transmissão de calor entre uma superfície e um líquido é 10 kcal/h.m².°C. Quantos watts por m² e por °C são dissipados nesse sistema?

19. A condutividade térmica do amianto ou asbesto, a 100°C, é de 0,165 kcal/(h.m°C). Qual seu valor em W/(m°C)?

20. A prata é um dos melhores condutores de calor e tem k = 410 W/(m°C). Qual o valor de k em kcal/(h.m°C)?

21. Se na indústria aeronáutica o peso é o parâmetro mais significativo, mostre analiticamente que o isolamento térmico de uma parede de avião, mais leve para uma determinada resistência térmica, é o que apresenta menor produto da densidade pela condutividade térmica, $\rho.k$.

22. Uma parede de fornalha deve ser construída com tijolos de dimensões 22 x 11 x 6 cm³. Há dois tipos de material: um para altas temperaturas, com condutividade térmica k = 1,74 W/(m°C) e o outro com k = 0,87 W/(m°C), mas que suporta a temperatura máxima de 850°C. Qual a forma mais econômica para o assentamento dos tijolos se a temperatura do lado quente é 1.000°C, a do lado frio, 200°C e a máxima quantidade de troca de calor é 945 W para cada m² de área.

23. Dois corpos de prova cilíndricos semelhantes, com 10 cm de diâmetro e 2,5 cm de espessura, são colocados no aparelho da figura a seguir para terem sua condutividade térmica avaliada. O aquecedor de forma cilíndrica, e isolado por um anel de proteção, é alimentado por corrente contínua e consome 10 W. As temperaturas nas faces quente e fria da amostra são, respectivamente, 50°C e 37°C. Calcule a condutividade térmica das amostras.

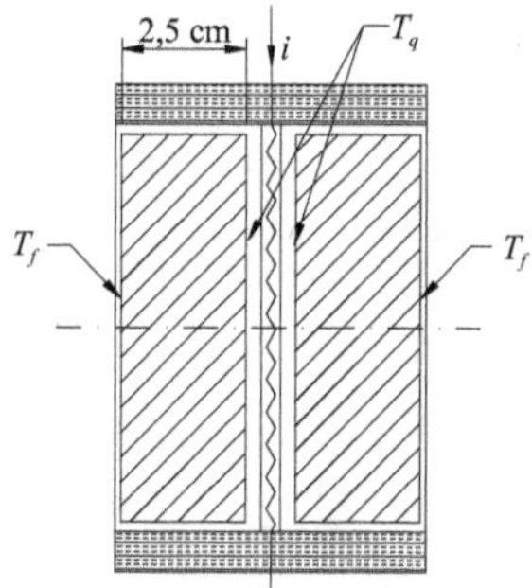

24. As temperaturas nas duas faces de uma parede plana de concreto de 150 mm de espessura são mantidas a 10°C e 40°C respectivamente. Compare os fluxos de calor do concreto seco e do concreto com 10% de umidade.

$$k_{\text{concreto seco}} = 0{,}81 \text{ W/(m°C)}$$

$$k_{\text{concreto 10\% umidade}} = 1{,}09 \text{ W/(m°C)}$$

25. Para determinar a condutividade térmica de um material estrutural, uma grande laje com 15 cm de espessura foi submetida a um fluxo de calor de 930 W/m². Pares termoelétricos embutidos na laje, distantes 5 cm um do outro, eram lidos ao longo do tempo. Após o equilíbrio foram registradas as temperaturas de dois testes em condições diferentes, apresentadas na tabela a seguir:

	Teste 1	Teste 2
Distância da superfície (cm)	Temperatura (°C)	Temperatura (°C)
0	38	93
5	65	130
10	97	168
15	132	208

Determine uma expressão aproximada para a condutividade térmica como função da temperatura entre 40°C e 200°C.

26. O calor transmitido por condução, por unidade de comprimento e tempo, $\dfrac{\dot{q}}{L}$, através da superfície de um cilindro vazado de raios interno r_1 e externo r_2 é:

$$\frac{\dot{q}}{L} = \overline{A}k\,\frac{\Delta T}{\left(r_2 - r_1\right)} \quad \text{em que} \quad \overline{A} = \frac{2\pi\left(r_2 - r_1\right)}{ln\left(r_2 / r_1\right)}.$$

Determine o erro porcentual no cálculo do calor transmitido se a área média aritmética for usada no lugar da área média logarítmica $\overline{A}$, para as relações de diâmetros externo e interno $\dfrac{D_2}{D_1} = 1,5,\ 2,0$ e $3,0$. Faça um gráfico do resultado.

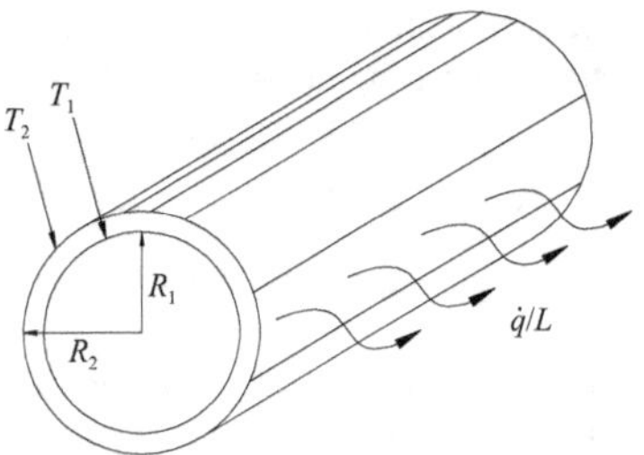

27. Mostre que o calor transmitido por condução, por unidade de tempo, através da parede de um cilindro vazado – de raios r_1 e r_2, feito de material cuja condutividade térmica varia linearmente com a temperatura – é dado pela equação:

$$\frac{\dot{Q}_k}{L} = \frac{T_1 - T_2}{\left(r_2 - r_1\right)/\left(k_m\,\overline{A}\right)}$$

em que:

T_1 = temperatura interna;

T_2 = temperatura externa;

$\overline{A}$ = área média logarítmica;

$k_m = k_e\,(1 + \beta_k\,(T_1 + T_2)/2)$, β é uma constante;

L = comprimento do cilindro.

28. Um longo cilindro oco é construído de material cuja condutividade térmica varia com a temperatura, segundo a equação $k = 0,118 + 0,0016.T$, com T em °C. Os raios interno e externo são, respectivamente, 127 e 254 mm. Nas condições de regime permanente, a temperatura na superfície interna é 400°C e na externa, 100°C. Calcule o calor transmitido por condução (por unidade de tempo e de comprimento).

29. A condutividade térmica da lã de rocha varia com a temperatura, segundo os valores apresentados na tabela a seguir:

T(°C)	50	100	150	200	250	300
$k\left(\dfrac{W}{m\,°C}\right)$	0,0536	0,0520	0,0603	0,0760	0,0853	0,0960

Uma camada de lã de rocha de 100 mm de espessura é usada para isolar uma parede de forno. Se a temperatura na face interna da parede é 400°C e na externa, 40°C, calcule o fluxo de calor e faça um gráfico de distribuição de temperatura para os seguintes casos:

a) Usando um valor médio de k e eixo.

b) Usando uma equação para k obtida por ajuste aos dados da tabela.

30. Uma parede de 0,3 mm de espessura é construída com material que apresenta a condutividade térmica $k = 0,75$ W/(m°C). O calor transmitido por condução pela parede deve ser reduzido colocando-se uma camada de material isolante com condutividade térmica $k = 0,05$ W/(m°C).

Se as temperaturas nos lados quente e frio da parede são, respectivamente, 1.150°C e 40°C, calcule a espessura mínima de isolante que garante fluxo máximo de 1.600 W/(m²).

31. Uma parede termoisolante, composta por duas camadas de cortiça ($k = 0,037$ W/(m°C)), tem a forma mostrada na figura a seguir. Se os espaços são preenchidos com ar, determine a resistência térmica por unidade de área e compare com uma parede de cortiça maciça ($k_{ar} = 0,024$ W/(m°C)).

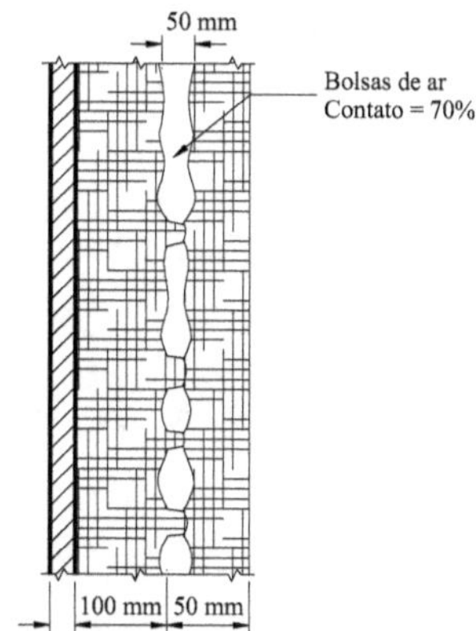

REFERÊNCIAS

BENNET, C. O.; MYERS, J. E. *Fenômenos de transporte.* São Paulo: McGraw-Hill do Brasil. 1978.

SINGER, C. *A history of scientific ideas.* New York: Barnes & Nobles Book. 1996.

STREETER, V. L. *Fluid mechanics.* New York: McGraw-Hill. 1966.

KREITH, F. *Princípios da transmissão do calor.* São Paulo: Edgard Blucher. 1977.

CAPÍTULO 5

MODELOS DIFERENCIAIS APLICADOS AOS FENÔMENOS DE TRANSPORTE

As leis básicas apresentadas no capítulo anterior trataram de fenômenos que ocorrem em escoamentos laminares, fluidos estáticos e sólidos e que, para descreverem detalhes dos fenômenos, como o perfil de velocidades ou de temperaturas, são expressas segundo formulação diferencial.

A formulação diferencial é muito útil para a descrição detalhada de um fenômeno e tem aplicações importantes no tratamento dos processos em Fenômenos de Transporte. O transporte de quantidade de movimento é tratado pela Dinâmica dos Fluidos, que estuda as relações entre movimento e força, ou pressão, no entorno dos fluidos desenvolvidos pelo escoamento. Serão apresentadas neste capítulo as equações desenvolvidas para o tratamento matemático da Dinâmica dos Fluidos nos escoamentos laminares e para o transporte de energia térmica e de massa, em formulação diferencial, e algumas aplicações práticas dessas equações.

5.1 TRANSPORTE DE QUANTIDADE DE MOVIMENTO

As forças que aparecem como resultantes da ação entre superfícies sólidas e o movimento de fluidos são freqüentemente avaliadas por pressões e tensões tangenciais e são conseqüência da transferência de quantidade de movimento entre as partes envolvidas.

Os estudos dos movimentos e suas causas vêm sendo alvo dos pesquisadores a mais de um século e alguns deles tiveram êxito e produziram equações com grande aplicação prática.

Para avançar no estudo do transporte de quantidade de movimento aplicado aos escoamentos, foi necessário proceder-se a algumas simplificações a fim de aplicar conceitos básicos aos sistemas em estudos, sendo o principal deles o conceito de fluido ideal. Esse conceito estabelece que um fluido ideal é incompressível e tem viscosidade nula, portanto, não tem atrito, não transmitindo esforços tangenciais. Uma das primeiras equações a seguir essa hipótese foi formulada por Euler, que a deduziu para um fluido ideal escoando em regime permanente. Uma aplicação bastante utilizada da equação de Euler foi feita por Daniel Bernoulli (1700-1782), resultando na equação de Bernoulli, muito utilizada e de grande valor prático.

Posteriormente, Navier iniciou a dedução de uma equação mais geral e aplicada a fluidos reais, a qual recebeu contribuições de diversos pesquisadores até ser concluída por Stokes mais de um século depois, sendo conhecida atualmente como equação de Navier Stokes.

5.1.1 Equação de Euler

A aplicação da segunda lei de Newton a um elemento de fluido ideal, em escoamento laminar, produz um conjunto de equações, uma para cada direção coordenada, que relaciona as forças de pressão e de inércia. A equação obtida é conhecida como equação de Euler e constitui uma das equações básicas da Mecânica dos Fluidos.

Isolando um elemento de volume no sistema cartesiano de coordenadas verifica-se que, como se trata de fluido ideal, só existem as forças de pressão, normais às superfícies do elemento e que são representadas na Figura 5.1 por suas componentes cartesianas, e a força peso *mg*, uma força de ação à distância que não aparece na Figura 5.1. A pressão é indicada na face mais próxima da origem como *p* e, na face oposta do elemento de volume, ela é indicada por *p* + *dp*, em que *dp* é um incremento diferencial que ocorre quando é imposto à coordenada um incremento de distância.

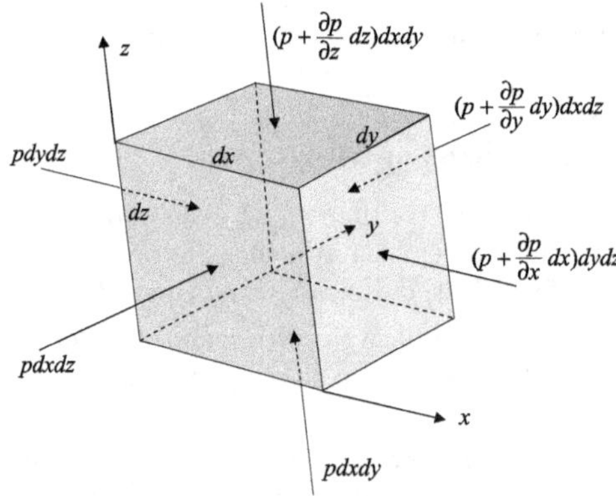

Figura 5.1   Pressões no elemento de volume.

A aplicação da 2ª lei de Newton traz:

$$-\frac{\partial p}{\partial x}dxdydz \cdot \vec{e}_x - \frac{\partial p}{\partial y}dydxdz \cdot \vec{e}_y - \frac{\partial p}{\partial z}dzdxdy \cdot \vec{e}_z - \rho g\, dxdydz \cdot \vec{e}_z = \rho\, dxdydz \cdot \vec{a} \quad (5.1)$$

em que $\vec{e}_x$, $\vec{e}_y$ e $\vec{e}_z$ são os versores das direções coordenadas.

Substituindo a aceleração pela derivada substancial da velocidade e simplificando o volume do elemento dado pelo produto *dxdydz*, a equação 5.1 pode ser escrita como:

$$\rho\left(\frac{\partial \vec{V}}{\partial t} + V_x\frac{\partial \vec{V}}{\partial x} + V_y\frac{\partial \vec{V}}{\partial y} + V_z\frac{\partial \vec{V}}{\partial z}\right) = -\frac{\partial p}{\partial x}\vec{e}_x - \frac{\partial p}{\partial y}\vec{e}_y - \frac{\partial p}{\partial z}\vec{e}_z - \rho g\vec{e}_z \quad (5.2)$$

A equação 5.2 é denominada equação de Euler, uma equação vetorial que inter-relaciona as forças de pressão com as forças de inércia representadas pela velocidade. Como é vetorial, a equação 5.2 pode ser representada de forma mais compacta por meio dos operadores do cálculo vetorial, como mostrado na equação 5.3.

$$-\rho\left(\frac{\partial \vec{V}}{\partial t}+\left(\vec{V}.\vec{\nabla}\right)\vec{V}\right)=\vec{\nabla}(p+\rho g z) \tag{5.3}$$

Além de apresentar a equação de forma mais compacta, o uso dos operadores torna-a independente do sistema de coordenadas adotado.

5.1.2 Equação de Bernoulli

A aplicação da equação de Euler a um escoamento em regime permanente e sua integração sobre uma linha de corrente fornece a equação de Bernoulli, muito útil na Mecânica dos Fluidos.

Como a equação de Euler é integrada sobre uma linha de corrente, é conveniente utilizar o sistema de coordenadas intrínseco, composto por três eixos coordenados solidários a uma linha de corrente, com o eixo s na direção da tangente à linha de corrente, o eixo n no sentido normal à linha de corrente e na direção do raio de curvatura e, por último, o eixo binormal b, perpendicular aos outros dois. Na Figura 5.2 é mostrado um esquema de elemento de volume no sistema de coordenadas intrínseco.

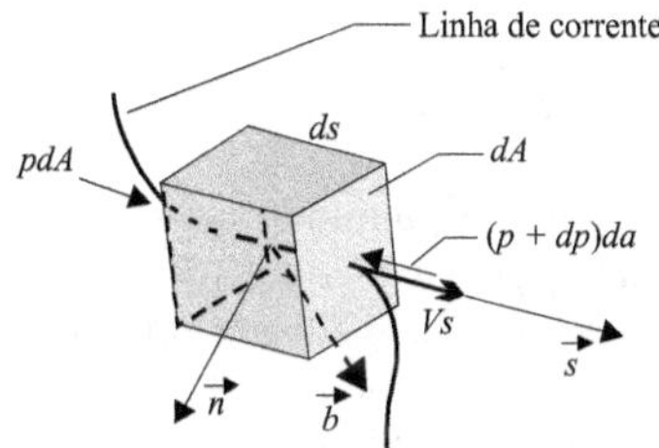

Figura 5.2   Sistema intrínseco de coordenadas e elemento de volume.

A equação 5.3 pode ser expandida para o sistema intrínseco de coordenadas fornecendo:

$$-\rho\left(\frac{\partial V_s.\vec{e}_s}{\partial t}+\left(V_s \cdot \frac{\partial}{\partial s}\right)V_s \cdot \vec{e}_s\right)=\frac{\partial}{\partial s}(p+\rho g z)\vec{e}_s+\frac{\partial}{\partial n}(p+\rho g z)\vec{e}_n+\frac{\partial}{\partial b}(p+\rho g z)\vec{e}_b \tag{5.4}$$

Para integrá-la sobre uma linha de corrente, deve ser multiplicada escalarmente pelo versor da direção s, fornecendo:

$$-\rho\left(\frac{\partial V_s}{\partial t}+\left(V_s \cdot \frac{\partial}{\partial s}\right)V_s\right)=\frac{\partial}{\partial s}(p+\rho g z) \tag{5.5}$$

Adotando a condição de regime permanente e submetendo a manipulação algébrica:

$$\frac{\partial}{\partial s}\left(p + \rho g z + \frac{1}{2}\rho V_s^2\right) = 0 \qquad (5.6)$$

ou integrando:

$$p + \rho g z + \frac{1}{2}\rho V_s^2 = \text{constante} \qquad (5.7)$$

A equação 5.7 recebe o nome de equação de Bernoulli e é válida, de acordo com as hipóteses adotadas, para uma linha de corrente e para as condições de regime permanente e fluido ideal (massa específica constante e viscosidade nula).

As parcelas da equação de Bernoulli, com dimensão de unidade de pressão que pode ser entendida como energia por unidade de volume, tem sentido físico ligado às condições do escoamento. A primeira parcela representa a pressão no ponto, como se o fluido estivesse estático, e é denominada pressão estática. O segundo termo envolve a posição do ponto e representa a energia potencial. O terceiro termo, ligado à velocidade, representa a energia cinética no ponto, sendo denominada pressão dinâmica.

A equação de Bernoulli, apesar das fortes restrições das hipóteses utilizadas, tem emprego em diversas situações estudadas sob a hipótese de fluido ideal. Sua aplicação leva a soluções ideais, mas que se tornam aplicáveis na prática com a utilização de coeficientes de correção.

EXEMPLO 5.1

O sifão, um dispositivo para retirar líquido de um reservatório, é constituído por uma mangueira flexível, com uma das pontas mergulhada no líquido, que passa por cima da borda do reservatório, e outra extremidade situada em um nível abaixo da superfície da água, como apresentado na Figura 5.3. Conhecendo a área transversal da mangueira A, calcule a vazão drenada pelo sifão. Calcule a pressão no ponto mais alto da mangueira B e determine o máximo comprimento L do sifão. Adote a pressão de vapor da água igual a 3 kPa.

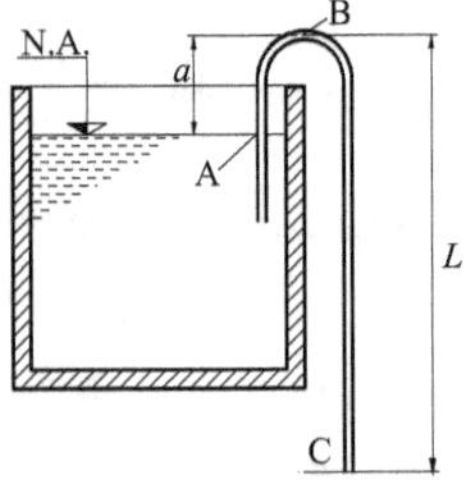

Figura 5.3 Esquema de um sifão.

Solução:

Considera-se uma linha de corrente que inicia na superfície da água no reservatório, em um ponto denominado 1, caminha internamente ao tubo até a saída e, imediatamente após, termina em um ponto denominado 2. Entre os pontos 1 e 2 pode-se aplicar a equação de Bernoulli, fornecendo:

$$p_1 + \rho\,g\,z_1 + \frac{1}{2}\rho V_1^2 = p_2 + \rho\,g\,z_2 + \frac{1}{2}\rho V_2^2$$

Como $p_1 = p_2 = p_{atm}$ e a velocidade da superfície é considerada nula, vem:

$$\rho\,g\,z_1 = \rho\,g\,z_2 + \frac{1}{2}\rho V_2^2$$

Como $z_1 - z_2 = L - a$, a velocidade de saída da mangueira é dada por:

$$V_2 = \sqrt{2g(L-a)}$$

Em razão da hipótese de fluido ideal, a velocidade na saída da mangueira obedece a um perfil uniforme, portanto, V_2 é a velocidade média na seção e a vazão é dada por:

$$Q = V_2 \cdot A_m = A_m \sqrt{2g(L-a)}$$

Para calcular a pressão no ponto B, pertencente à linha de corrente que passa por dentro do tubo, é necessário aplicar a equação de Bernoulli entre os pontos B e 2.

$$p_B + \rho\,g\,z_B + \frac{1}{2}\rho V_B^2 = p_2 + \rho\,g\,z_2 + \frac{1}{2}\rho V_2^2$$

Considerando a mangueira uniforme, por continuidade, $V_B = V_2$ e, como $P_2 = P_{atm}$, vem:

$$p_B = p_2 + \rho\,g\,(z_2 - z_B)$$

ou

$$p_B = p_{atm} - \rho \cdot g \cdot L$$

Percebe-se que, quanto maior o comprimento L, menor a pressão no ponto B. Como a água evapora à temperatura ambiente quando à pressão de vapor, a condição de $p_B = p_{vapor}$ estabelece o máximo comprimento para L. Portanto:

$$L_{max} = \frac{P_{atm} - P_{vapor}}{\rho g}$$

EXEMPLO 5.2

Um canal transporta água, a qual é forçada a passar sob uma estrutura, como mostrado na Figura 5.4. Desprezando as perdas de energia, calcule a vazão no canal por unidade de largura.

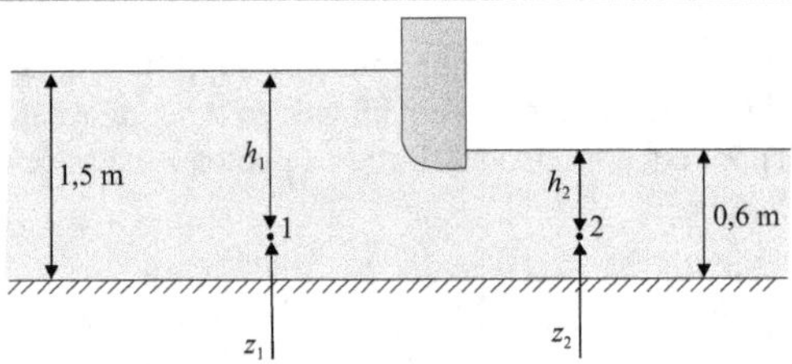

Figura 5.4   Escoamento em um canal.

Solução:

Este exemplo ilustra uma aplicação simples da equação de Bernoulli. Embora simples, apresenta pontos de difícil assimilação por parte do estudante, principalmente na diferença entre carga em um ponto e posição do ponto. Tratando-se de superfície livre, há ação da pressão atmosférica. No entanto, trabalhando com a pressão relativa, o valor da pressão atmosférica é anulado.

Aplicando a equação de Bernoulli entre os pontos 1 e 2, indicados na Figura 5.4, obtém-se:

$$p_1 + \rho g z_1 + \frac{1}{2}\rho V_1^2 = p_2 + \rho g z_2 + \frac{1}{2}\rho V_2^2$$

Como a pressão na superfície é a atmosférica, nula em medidas relativas, a pressão no ponto 1 é dada pela profundidade do ponto, isto é:

$$p_1 = \rho g h_1$$

Analogamente, a pressão p_2 é calculada por:

$$p_2 = \rho g h_2$$

Como os pontos 1 e 2 foram escolhidos na mesma horizontal, $z_1 = z_2$ e a equação de Bernoulli fornece:

$$\rho g h_1 + \frac{1}{2}\rho V_1^2 = \rho g h_2 + \frac{1}{2}\rho V_2^2$$

A variável ρ aparece em todos os termos e pode ser simplificada; reordenando e procedendo a algumas operações algébricas, vem:

$$V_2^2 - V_1^2 = 2g(h_1 - h_2)$$

Como há duas incógnitas, é necessária outra equação para que o problema seja resolvido, que usualmente é fornecida pela equação da continuidade. Admitindo a largura b para o canal, em metros, a equação da continuidade traz:

$$\rho V_1 . 1,5 . b = \rho V_2 . 0,6 . b$$

que pode ser simplificada para:

$$1,5 \cdot V_1 = 0,6 \cdot V_2$$

Explicitando V_2 e substituindo na equação obtida pela equação de Bernoulli:

$$V_1^2\left(\frac{1,5^2}{0,6^2}-1\right)=2g(h_1-h_2)$$

Portanto:

$$V_1 = \sqrt{\frac{2g(h_1-h_2)}{5,25}}$$

Como a diferença (h_1-h_2) é igual a diferença dos níveis, a vazão por unidade de largura é:

$$\frac{Q}{L}=1,5\sqrt{0,381 \cdot g \cdot 0,9}=2,75 \text{ m}^3/\text{s.m}$$

EXEMPLO 5.3

O tubo de Pitot é um dos mais precisos instrumentos de medida de velocidade, com aplicações importantes nos diversos ramos da Engenharia. Uma das formas mais simples do tubo de Pitot é usada para medir a velocidade da água em canais. Ele consiste em um tubo dobrado em L com a abertura de seu lado menor orientada contra a velocidade a ser medida. O lado maior do L é conectado a uma mangueira plástica transparente vertical que funciona como piezômetro para a medida da pressão. A Figura 5.5 é utilizada para ilustrar o funcionamento do tubo de Pitot, e nela é definida a nomenclatura para as variáveis utilizadas. Calcule a velocidade nas condições indicadas.

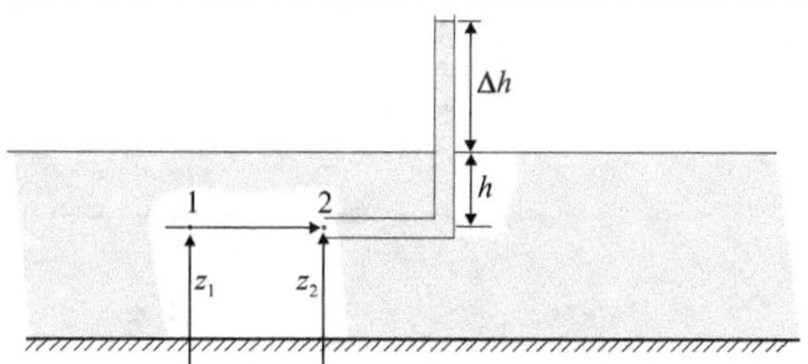

Figura 5.5 Medida de velocidade com tubo de Pitot.

Solução:

O ponto 1, escolhido a certa distância da entrada do Pitot, não tem a velocidade perturbada pela presença do instrumento. O ponto 2, na entrada do tubo de Pitot, tem o escoamento totalmente desacelerado e a velocidade no ponto é nula. Esse ponto em que a linha de corrente termina e que tem velocidade nula é denominado "ponto de estagnação".

Aplicando a equação de Bernoulli entre o ponto 1 e o ponto 2, pode-se escrever:

$$p_1 + \rho\,g\,z_1 + \frac{1}{2}\rho V_1^2 = p_2 + \rho\,g\,z_2 + \frac{1}{2}\rho V_2^2$$

Como os pontos 1 e 2 estão na mesma horizontal, $z_1 = z_2$ e, como o ponto 2 é um ponto de estagnação, a velocidade V_2 é nula. Então:

$$p_1 + \frac{1}{2}\rho V_1^2 = p_2$$

ou

$$V_1 = \sqrt{\frac{2.\left(p_2 - p_1\right)}{\rho}}$$

Nesse caso, a pressão p_2 é medida por um piezômetro, que fornece a medida da pressão em relação a p_1, fornecendo a diferença $p_2 - p_1$, portanto, a resposta é dada por:

$$V_1 = \sqrt{2 \cdot g \cdot \Delta h}$$

Exemplo 5.4

Uma aplicação importante da equação de Bernoulli, também na área de medidas, prende-se aos medidores de vazão em tubulações circulares. Nesses medidores, a presença de uma restrição ao escoamento de fluido, na forma de um orifício concêntrico ao tubo, provoca variação da pressão, cuja medida, aliada ao princípio de conservação da massa, fornece excelente quantificação da vazão. Na Figura 5.6 é apresentado o esquema de um medidor de vazão do tipo de orifício denominado "diafragma". Com os dados apresentados na figura, determine a vazão teórica Q em função do desnível do manômetro ΔH. Observe que nesse caso há contração da veia líquida após a passagem pelo orifício do medidor, e a relação entre a área contraída e a área do orifício é denominada coeficiente de contração

$$C_c = \frac{A_2}{A_0}.$$

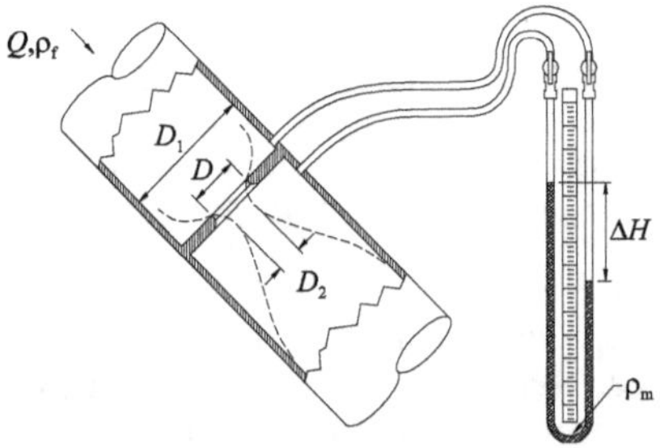

Figura 5.6   Medidor de vazão do tipo "diafragma".

Solução:

Observa-se que o escoamento vem da seção normal e é obrigado a passar pelo orifício de dimensões menores que o tubo. Pela equação da continuidade, vê-se que, para que passe a mesma vazão na seção contraída, a velocidade tem de ser maior e, de acordo com a equação de Bernoulli, quando a velocidade cresce a pressão diminui, portanto, haverá diferença de pressão entre as seções normal e a contraída, como indicado no desenho. A diferença de pressão é medida por um manômetro de tubo em U, cuja indicação ΔH é uma medida da vazão.

Aplicando a equação de Bernoulli entre um ponto 1 na seção normal do tubo e um ponto 2 na seção contraída logo após o orifício, vem:

$$p_1 + \rho\, g\, z_1 + \frac{1}{2}\rho V_1^{\,2} = p_2 + \rho\, g\, z_2 + \frac{1}{2}\rho V_2^{\,2}$$

Por outro lado, a aplicação da equação da continuidade entre a área do tubo no ponto 1 e a área do escoamento na seção contraída traz:

$$V_1 \cdot \frac{\pi D_1^2}{4} = V_2 \cdot \frac{\pi D_2^2}{4}$$

ou

$$V_1 = V_2 \cdot \frac{D_2^2}{D_1^2}$$

Considerando que um medidor de pressão de tubo em U mede a pressão em um ponto somada à posição do ponto, medindo, portanto, $p^* = p + \rho g z$, denominada pressão generalizada, obtém-se:

$$p_1^* - p_2^* = \frac{1}{2}\rho V_2^2 - \frac{1}{2}\rho V_1^2$$

ou

$$p_1^* - p_2^* = \frac{1}{2}\rho V_2^2 \left(1 - \frac{V_1^2}{V_2^2}\right)$$

ou, ainda:

$$p_1^* - p_2^* = \frac{1}{2}\rho V_2^2 \left(1 - \frac{D_2^4}{D_1^4}\right)$$

Introduzindo o conceito de contração da veia líquida, fenômeno conhecido como *"vena contracta"*, o diâmetro da seção contraída D_2 pode ser escrito em função do diâmetro do orifício D e do Coeficiente de Contração, Cc, obtendo:

$$p_1^* - p_2^* = \frac{1}{2}\rho V_2^2 \left(1 - Cc^2 \frac{D^4}{D_1^4}\right)$$

A velocidade V_2 pode ser explicitada, fornecendo:

$$V_2 = \sqrt{2\frac{p_1^* - p_2^*}{\rho} \cdot \frac{1}{\left(1 - Cc^2 \dfrac{D^4}{D_1^4}\right)}}$$

Essa é a velocidade teórica do escoamento na seção contraída, portanto, a vazão teórica é obtida multiplicando a velocidade obtida pela área da seção contraída:

$$Q_t = \frac{Cc \cdot \pi \cdot D^2}{4} \cdot \frac{1}{\sqrt{\left(1 - Cc^2 \dfrac{D^4}{D_1^4}\right)}} \sqrt{2\frac{p_1^* - p_2^*}{\rho}}$$

Substituindo a diferença de pressão generalizada pela medida feita pelo manômetro, vem, finalmente:

$$Q_t = \frac{Cc \cdot \pi \cdot D^2}{4} \cdot \frac{1}{\sqrt{\left(1 - Cc^2 \dfrac{D^4}{D_1^4}\right)}} \sqrt{2\frac{(\rho_m - \rho)g\Delta H}{\rho}}$$

A vazão teórica é transformada em vazão real multiplicando a equação por um coeficiente de velocidade Cv. Denominando a relação de áreas entre o orifício e o tubo de m e definindo um coeficiente de vazão C_Q como:

$$C_Q = \frac{Cv \cdot Cc}{\sqrt{\left(1 - Cc^2 \cdot m^2\right)}}$$

a equação do medidor de vazão pode ser escrita como:

$$Q = C_Q \frac{\pi \cdot D^2}{4} \sqrt{2\frac{(\rho_m - \rho)g\Delta H}{\rho}}$$

5.1.3 EQUAÇÕES DE NAVIER-STOKES

A aplicação da 2ª lei de Newton a um elemento de volume de um fluido real leva a um equacionamento mais geral para solução de problemas envolvendo escoamentos. O equacionamento para descrever um fluido real foi iniciado no início do século XIX por Navier, tendo recebido a contribuição de outros pesquisadores ao longo dos anos, destacando-se a apresentada por Saint-Venant, de grande aplicação na Hidráulica, completada pela introdução da lei da viscosidade, por Stokes. A forma final do equacionamento recebeu o nome de "equações de Navier-Stokes", em homenagem ao primeiro e ao último pesquisador a ele ligados.

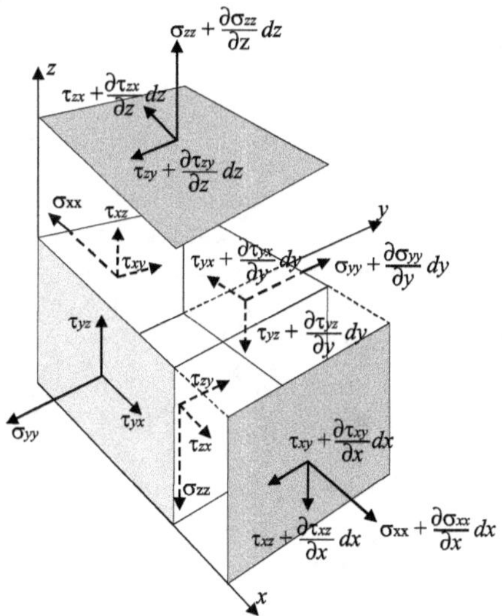

Figura 5.7   Tensões tangenciais e normais agindo sobre um elemento de fluido "real".

As equações de Navier-Stokes representam um modelo válido para qualquer tipo de escoamento envolvendo vários tipos de fluidos. Como exemplo podem ser citados a água e o ar. Entretanto, freqüentemente levam a um equacionamento muito complexo para o conhecimento matemático atual, só apresentando solução das equações para alguns poucos exemplos de geometrias elementares.

O desenvolvimento usualmente apresentado nos textos de Mecânica dos Fluidos é uma aplicação da 2ª lei de Newton a um elemento de fluido, no qual são considerados os esforços aplicados sobre um elemento de volume no sistema cartesiano de coordenadas. Esses esforços são reconhecidos como provenientes das forças de contato e das forças de ação a distância. Na primeira classe encontram-se as forças de pressão e as dos efeitos viscosos e, na segunda, as forças em razão de campos externos, como o campo gravitacional (ou campo eletromagnético). Na Figura 5.7 é mostrado o esquema de um elemento de fluido sobre o qual atuam as tensões viscosas (ou tangenciais), bem como as tensões normais. Observa-se sobre cada face do elemento a presença de três componentes da tensão: duas tangenciais e uma normal.

O desenvolvimento da equação inicia-se pela aplicação da 2ª lei de Newton ao elemento de volume, obtendo:

$$\sum \vec{F} = m\left(V_x \frac{\partial \vec{V}}{\partial x} + V_y \frac{\partial \vec{V}}{\partial y} + V_z \frac{\partial \vec{V}}{\partial z} + \frac{\partial \vec{V}}{\partial t} \right) \tag{5.8}$$

Novamente, o uso de operadores do cálculo vetorial permite obter uma forma mais compacta para a equação 5.8.

$$\sum \vec{F} = m \cdot \left[\left(\vec{V} \cdot \vec{\nabla} \right) \vec{V} + \frac{\partial \vec{V}}{\partial t} \right] \tag{5.9}$$

A força resultante pode ser obtida pela somatória das forças de contato e campo. Sendo equação vetorial é composta por três equações escalares, uma para cada direção coordenada. Será desenvolvida aqui a equação da componente na direção do eixo x e as demais componentes serão obtidas por semelhança. A componente em x da resultante das forças em razão da tensão normal pode ser escrita como:

$$F_{\text{tensão normal}} = \frac{\partial \sigma_{xx}}{\partial x} dx\, dy\, dz \tag{5.10}$$

Já a componente em x das forças em razão da tensão tangencial é apresentada como:

$$F_{\text{tensão tangencial}} = \frac{\partial \tau_{zx}}{\partial z} dx\, dy\, dz + \frac{\partial \tau_{yx}}{\partial y} dx\, dy\, dz \tag{5.11}$$

As forças de ação a distância que podem aparecer no elemento de volume devem-se à ação de um campo qualquer, por exemplo, o campo gravitacional ou eletromagnético. Dessa forma, a força de campo será representada por uma força por unidade de massa genérica, indicada pela letra B. A força total em razão da ação do campo no elemento de volume pode, então, ser expressa, para a direção x, como:

$$F_{\text{campo}} = \rho\, B_x\, dx\, dy\, dz \tag{5.12}$$

em que B_x é a componente do campo considerado na direção x. Portanto, a componente em x da equação 5.9 pode ser escrita como:

$$\frac{\partial \sigma_{xx}}{\partial x} + \frac{\partial \tau_{yx}}{\partial y} + \frac{\partial \tau_{zx}}{\partial z} + \rho B_x = \frac{m}{dx\, dy\, dz}\left(V_x \frac{\partial V_x}{\partial x} + V_y \frac{\partial V_x}{\partial y} + V_z \frac{\partial V_x}{\partial z} + \frac{\partial V_x}{\partial t} \right) \tag{5.13}$$

ou:

$$\frac{\partial \sigma_{xx}}{\partial x} + \frac{\partial \tau_{yx}}{\partial y} + \frac{\partial \tau_{zx}}{\partial z} + \rho B_x = \rho\left(V_x \frac{\partial V_x}{\partial x} + V_y \frac{\partial V_x}{\partial y} + V_z \frac{\partial V_x}{\partial z} + \frac{\partial V_x}{\partial t} \right) \tag{5.14}$$

O mesmo desenvolvimento vale para as direções y e z, resultando nas equações:

$$\frac{\partial \tau_{xy}}{\partial x} + \frac{\partial \sigma_{yy}}{\partial y} + \frac{\partial \tau_{zy}}{\partial z} + \rho\, B_y = \rho \left(V_x \frac{\partial V_y}{\partial x} + V_y \frac{\partial V_y}{\partial y} + V_z \frac{\partial V_y}{\partial z} + \frac{\partial V_y}{\partial t} \right) \qquad (5.15)$$

$$\frac{\partial \tau_{xz}}{\partial x} + \frac{\partial \tau_{yz}}{\partial y} + \frac{\partial \sigma_{zz}}{\partial z} + \rho\, B_z = \rho \left(V_x \frac{\partial V_z}{\partial x} + V_y \frac{\partial V_z}{\partial y} + V_z \frac{\partial V_z}{\partial z} + \frac{\partial V_z}{\partial t} \right) \qquad (5.16)$$

Ou, utilizando operadores:

$$\left(\frac{\partial}{\partial x}\sigma_{xx} + \frac{\partial}{\partial y}\tau_{yx} + \frac{\partial}{\partial z}\tau_{zx} + \rho\, B_x \right) = \frac{\partial}{\partial t}\rho\, Vx + \left(\vec{V} . \vec{\nabla} \right)\rho\, Vx$$

$$\left(\frac{\partial}{\partial x}\tau_{xy} + \frac{\partial}{\partial y}\sigma_{yy} + \frac{\partial}{\partial z}\tau_{zy} + \rho\, B_y \right) = \frac{\partial}{\partial t}\rho\, Vy + \left(\vec{V} . \vec{\nabla} \right)\rho\, Vy \qquad (5.17)$$

$$\left(\frac{\partial}{\partial x}\tau_{xz} + \frac{\partial}{\partial y}\tau_{yz} + \frac{\partial}{\partial z}\sigma_{zz} + \rho\, B_z \right) = \frac{\partial}{\partial t}\rho\, Vz + \left(\vec{V} . \vec{\nabla} \right)\rho\, Vz$$

Verifica-se que o membro esquerdo envolve as tensões tangenciais e normais atuantes no elemento de fluido escolhido, que são funções do campo de velocidades. Para obter as equações nas quais a velocidade é a variável principal, devem ser desenvolvidas algumas considerações sobre tensão e taxa de deformação de um elemento de fluido em relação à velocidade.

O cálculo das tensões tangenciais e normais das equações 5.17 foi elaborado por Stokes, por meio da lei de Stokes para a viscosidade. Considerando um elemento de fluido, em escoamento laminar, visto em corte no plano xy, como é mostrado na Figura 5.8, vê-se que o elemento está sujeito à deformação angular provocada pelas tensões tangenciais τ_{yx} e τ_{xy}.

De acordo com a hipótese de Stokes, a tensão tangencial é proporcional à taxa de deformação, sendo a viscosidade μ a constante de proporcionalidade. Como a taxa de deformação no tempo é igual à soma das velocidades angulares, tem-se:

$$\frac{\partial}{\partial t}\tau_{xy} = \dot{\theta}_2 - \dot{\theta}_1 \qquad (5.18)$$

ou

$$\frac{\partial}{\partial t}\tau_{xy} = \frac{\partial V_x}{\partial y} + \frac{\partial V_y}{\partial x} \qquad (5.19)$$

Analogamente, desenvolvem-se as demais componentes tangenciais das tensões.

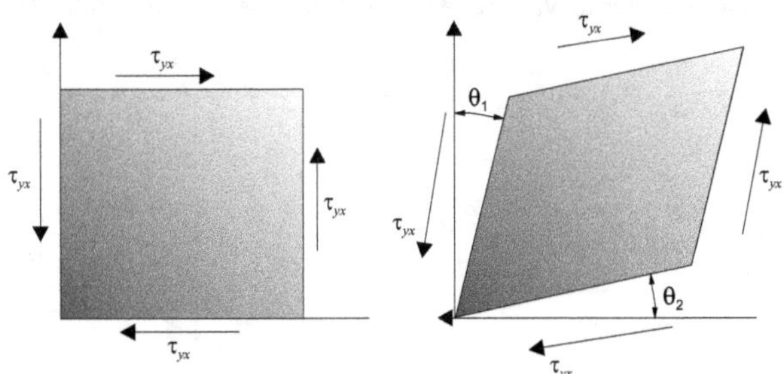

Figura 5.8 Deformação em elemento de fluido para cálculo das tensões tangenciais.

$$\tau_{xy} = \mu\left(\frac{\partial V_x}{\partial y} + \frac{\partial V_y}{\partial x}\right) \tag{5.20}$$

$$\tau_{yz} = \mu\left(\frac{\partial V_y}{\partial z} + \frac{\partial V_z}{\partial y}\right) \tag{5.21}$$

$$\tau_{zx} = \mu\left(\frac{\partial V_z}{\partial x} + \frac{\partial V_x}{\partial z}\right) \tag{5.22}$$

As tensões normais são calculadas de forma similar à lei de Hooke da deformação, sendo apresentadas como:

$$\sigma_{xx} = -2\mu\frac{\partial}{\partial x}V_x + \lambda\vec{\nabla}.\vec{V} - \overline{\sigma} \tag{5.23}$$

$$\sigma_{yy} = -2\mu\frac{\partial}{\partial y}V_y + \lambda\vec{\nabla}.\vec{V} - \overline{\sigma} \tag{5.24}$$

$$\sigma_{zz} = -2\mu\frac{\partial}{\partial z}V_z + \lambda\vec{\nabla}.\vec{V} - \overline{\sigma} \tag{5.25}$$

Como a tensão normal média, numericamente igual à pressão p, é dada pela média aritmética das três tensões normais das equações 5.23 a 5.25, resulta:

$$\lambda = \frac{2}{3}\mu \tag{5.26}$$

As tensões normais são, então:

$$\sigma_{xx} = \mu\left(2\frac{\partial}{\partial x}V_x - \frac{2}{3}\vec{\nabla}.\vec{V}\right) - p \tag{5.27}$$

$$\sigma_{yy} = \mu\left(2\frac{\partial}{\partial y}V_y - \frac{2}{3}\vec{\nabla}.\vec{V}\right) - p \tag{5.28}$$

$$\sigma_{zz} = \mu\left(2\frac{\partial}{\partial z}V_z - \frac{2}{3}\vec{\nabla}.\vec{V}\right) - p \tag{5.29}$$

Substituindo as definições desenvolvidas nas equações 5.17, após manipulação algébrica, obtém-se a forma final das equações de Navier-Stokes:

$$\rho\frac{\partial \vec{V}}{\partial t} + \rho\left(\vec{V}.\vec{\nabla}\right)\vec{V} = \rho B.\vec{e}_B - \vec{\nabla}p + \frac{\mu}{3}\vec{\nabla}\left(\vec{\nabla}.\vec{V}\right) + \mu\vec{\nabla}^2\vec{V} \tag{5.30}$$

A equação 5.30 é uma equação geral para descrição do movimento dos fluidos, válida para fluido Stokeniano, isto é, para os fluidos que seguem a lei da viscosidade de Stokes. Para representar os escoamentos incompressíveis, a equação 5.30 pode ser restringida com o auxílio da equação da continuidade, que impõe o divergente da velocidade ser nulo nessas condições, o que conduz à equação 5.31.

$$\rho\frac{\partial \vec{V}}{\partial t} + \rho\left(\vec{V}.\vec{\nabla}\right)\vec{V} = \rho B.\vec{e}_B - \vec{\nabla}p + \mu\vec{\nabla}^2\vec{V} \tag{5.31}$$

Para a situação de regime permanente, as derivadas temporais são nulas e a derivada substancial da velocidade, que aparece no primeiro membro da equação 5.31, é reduzida apenas à aceleração convectiva; esta equação torna-se, então:

$$\rho\left(\vec{V}.\vec{\nabla}\right)\vec{V} = \rho B.\vec{e}_B - \vec{\nabla}p + \mu\vec{\nabla}^2\vec{V} \tag{5.32}$$

As equações de Navier-Stokes são, portanto, válidas para os fluidos Stokenianos e aplicáveis a qualquer escoamento desses fluidos. Como estão escritas na forma de operadores vetoriais valem em qualquer sistema de coordenadas.

Em coordenadas cilíndricas (r, θ, z) as equações de Navier-Stokes assumem a forma:

$$\rho\left(\frac{\partial}{\partial t}V_r + V_r\frac{\partial}{\partial r}V_r + \frac{V_\theta}{r}\frac{\partial}{\partial \theta}V_r + V_z\frac{\partial}{\partial z}V_r - \frac{V_\theta^2}{r}\right) =$$

$$= -\frac{\partial}{\partial r}p + \rho B_r + \mu\left(\nabla^2 V_r - \frac{V_r}{r^2} - \frac{2}{r^2}\frac{\partial}{\partial \theta}V_\theta\right) \tag{5.33a}$$

$$\rho\left(\frac{\partial}{\partial t}V_\theta + V_r\frac{\partial}{\partial r}V_\theta + \frac{V_\theta}{r}\frac{\partial}{\partial\theta}V_\theta + V_z\frac{\partial}{\partial z}V_\theta - \frac{V_r V_\theta}{r}\right) =$$

$$= -\frac{1}{r}\frac{\partial}{\partial\theta}p + \rho B_\theta + \mu\left(\nabla^2 V_r - \frac{V_\theta}{r^2} + \frac{2}{r^2}\frac{\partial}{\partial\theta}V_r\right) \qquad (5.33b)$$

$$\rho\left(\frac{\partial}{\partial t}V_z + V_r\frac{\partial}{\partial r}V_z + \frac{V_\theta}{r}\frac{\partial}{\partial\theta}V_z + V_z\frac{\partial}{\partial z}V_z\right) = -\frac{\partial}{\partial z}p + \rho B_z + \mu\left(\nabla^2 V_z\right) \qquad (5.33c)$$

em que

$$\nabla^2 = \frac{\partial^2}{\partial r^2} + \frac{1}{r}\frac{\partial}{\partial r} + \frac{1}{r^2}\frac{\partial^2}{\partial\theta^2} + \frac{\partial^2}{\partial z^2}$$

EXEMPLO 5.5

Determine o perfil de velocidade que se estabelece em um duto circular de raio R, no escoamento de um fluido Stokeniano, de massa específica ρ constante e viscosidade μ, sujeito a um gradiente de pressão constante na direção contrária ao escoamento.

Solução:

Como se trata de um escoamento em um duto cilíndrico, a adoção do sistema de coordenadas cilíndrico torna o problema mais simples de resolver. Como o escoamento tem simetria axial, a velocidade pode ser considerada como função apenas do raio r, tornando-se, portanto, um problema unidimensional. A velocidade ocorre na direção z, portanto, $V_z = V_z(r)$ e $V_r = V_\theta = 0$.

Das equações 5.33, apenas a equação 5.33c não se anula, portanto:

$$\rho\left(\frac{\partial}{\partial t}V_z + V_r\frac{\partial}{\partial r}V_z + \frac{V_\theta}{r}\frac{\partial}{\partial\theta}V_z + V_z\frac{\partial}{\partial z}V_z\right) = -\frac{\partial}{\partial z}p + \rho B_z + \mu\left(\nabla^2 V_z\right)$$

como é regime permanente e $V_r = V_\theta = 0$, vem:

$$-\frac{\partial}{\partial z}p + \mu\left(\nabla^2 V_z\right) = 0$$

No Laplaciano, como V_z é só função de r, vem:

$$-\frac{\partial}{\partial z}p + \mu\left(\frac{\partial^2}{\partial r^2}V_z + \frac{1}{r}\frac{\partial}{\partial r}V_z\right) = 0 \qquad \text{ou} \qquad \frac{d_p}{d_z} = \mu\left(\frac{1}{r}\frac{d}{dr}r\frac{d}{dr}V_z\right)$$

Separando variáveis e integrando a primeira vez, obtém-se:

$$\left(\frac{d}{dr}V_z\right) = +\frac{1}{2\mu}\frac{\partial p}{\partial z}r + \frac{C_1}{r}, \text{ em que } C_1 \text{ é uma constante de integração.}$$

Integrando a segunda vez, vem:

$$V_z = +\frac{1}{\mu}\frac{\partial p}{\partial z}\frac{r^2}{4} + C_1 \ln r + C_2,$$ em que C_2 é uma nova constante de integração.

A primeira condição de contorno, que diz que a velocidade passa por um máximo em $r = 0$, quando aplicada na equação obtida, mostra que o $\ln r$ vai a infinito, portanto a constante C_1 deve ser nula para manter a velocidade finita.

Utilizando a segunda condição de contorno, que afirma que na parede a velocidade é nula, traz:

Para o raio $r = R$ (parede do tubo), a velocidade é nula, portanto, $V_z = 0$.

Substituindo na equação, obtém-se:

$$C_2 = -\frac{1}{\mu}\frac{\partial p}{\partial z}\frac{R^2}{4}$$

Então vem:

$$V_z = +\frac{1}{\mu}\frac{\partial p}{\partial z}\frac{r^2}{4} - \frac{1}{\mu}\frac{\partial p}{\partial z}\frac{R^2}{4}$$

ou

$$V_z = -\frac{1}{\mu}\frac{dp}{dz}\frac{R^2}{4}\left(1 - \frac{r^2}{R^2}\right)$$

Para $r = 0$ obtém-se a velocidade máxima, portanto:

$$V_{max} = -\frac{1}{\mu}\frac{\partial p}{\partial z}\frac{R^2}{4}$$

e a equação pode ser escrita como:

$$V_z = V_{max}\left(1 - \frac{r^2}{R^2}\right)$$

Essa solução foi obtida por Poiseuille, e os escoamentos que seguem o perfil parabólico são denominados escoamentos de Poiseuille.

EXEMPLO 5.6

No escoamento de Poiseuille, determine a diferença de pressão necessária para escoar uma vazão Q de um fluido Stokeniano, de massa específica ρ e viscosidade μ, através de uma canalização de diâmetro D e comprimento L.

Solução:

Utilizando o resultado do exemplo anterior:

$$V_{max} = -\frac{1}{\mu}\frac{\partial p}{\partial z}\frac{R^2}{4}$$

$$V_z = V_{max}\left(1 - \frac{r^2}{R^2}\right)$$

Calculando a velocidade média V_{med}, obtém-se:

$V_{med} = V_{max}/2$ e como a vazão é calculada pelo produto da velocidade média pela área, vem:

$$Q = V_{med} \cdot \frac{\pi D^2}{4} = \frac{V_{max}}{2} \cdot \frac{\pi D^2}{4}$$

Substituindo o valor de V_{max}:

$$Q = -\frac{1}{\mu}\frac{\partial p}{\partial z}\frac{D^2}{16}\frac{\pi D^2}{8}$$

como p é só função de z, o gradiente pode ser escrito em derivadas totais e a equação pode ser integrada em z, para o comprimento L do tubo, portanto:

$$\Delta p = 128\frac{\mu Q L}{\pi D^4}$$

Essa equação foi determinada experimentalmente por Hagen e desenvolvida teoricamente por Poiseuille, sendo conhecida na literatura como equação de Hagen-Poiseuille.

5.2 Equação de Conservação de Energia Térmica

A energia térmica é uma propriedade que se associa ao fluido em escoamento, ou em repouso, e é representada pela temperatura em cada ponto do fluido. A equação de conservação da energia térmica é obtida por um balanço de energia efetuado sobre um elemento de fluido. O balanço é feito segundo o esquema representado na Figura 5.9, que afirma que a variação da energia no elemento é igual à diferença de energia que entra e sai do elemento somada à energia nele gerada ou consumida.

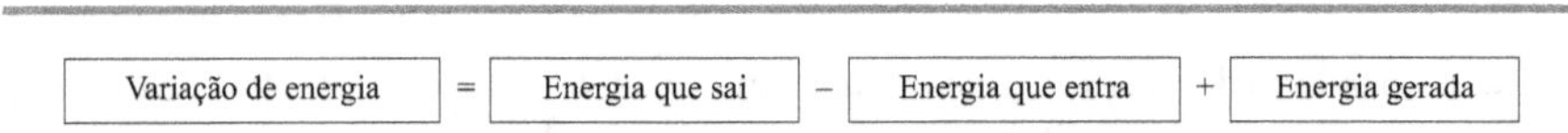

Figura 5.9   Esquema geral do princípio da conservação de energia.

A energia gerada ou consumida (gerada por fusão nuclear, por exemplo) é representada por $\dot{Q}_g$, taxa de geração de energia por unidade de tempo, a qual será escrita como $\dot{Q}_g = \dot{q}_g \, dvol$, em que $\dot{q}_g$ é a geração de energia por unidade de tempo e volume.

A diferença entre a energia que sai e a energia que entra no elemento de volume é obtida pelo esquema do balanço de energia em um volume elementar, apresentado na Figura 5.10. O elemento de volume está à temperatura T.

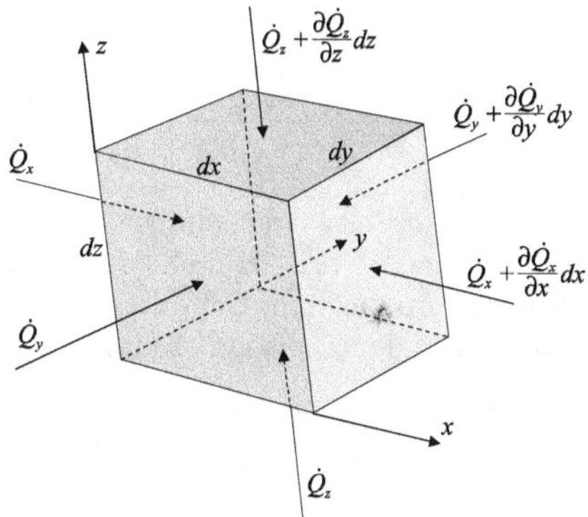

Figura 5.10   Balanço de energia no volume considerado,
no intervalo de tempo *dt,* associada à temperatura *T* do elemento.

Das representações matemáticas definidas na Figura 5.10, pode-se avaliar a diferença entre a energia que entra e a que sai do elemento de volume por unidade de tempo. Essa diferença, somada à energia gerada, ou consumida, deve ser igual à taxa de variação total de energia que ocorre no volume *dxdydz,* também por unidade de tempo. Pode-se, então, escrever a equação 5.34.

$$\frac{\partial}{\partial x}\dot{q}_x dxdydz + \frac{\partial}{\partial y}\dot{q}_y dxdydz + \frac{\partial}{\partial z}\dot{q}_z dxdydz + \dot{q}_g dvol =$$

$$= \frac{d}{dt}(\text{energia no elemento de volume})$$

$$(5.34)$$

em que $\dot{q}_g$ é a energia, por unidade de volume, gerada ou consumida no elemento de volume.

A variação da energia no elemento de volume é representada pela derivada substancial da energia interna, dada por $\rho c T$, em que ρ é a massa específica, c é o calor específico à pressão constante e T, a temperatura do elemento. Portanto, considerando *dvol = dxdydz,* a equação 5.34 pode ser escrita como:

$$\left(\frac{\partial}{\partial x}\dot{q}_x dvol + \frac{\partial}{\partial y}\dot{q}_y dvol + \frac{\partial}{\partial z}\dot{q}_z dvol + \dot{q}_g\, dvol \right) =$$

$$= V_x \frac{\partial\, \rho c T}{\partial x} dvol + V_y \frac{\partial \rho c\, T}{\partial y} dvol + V_z \frac{\partial \rho c T}{\partial z} dvol + \frac{\partial \rho c T}{\partial t} dvol \qquad (5.35)$$

Como o elemento de volume *dxdydz* é genérico e diferente de zero, independendo do sistema de coordenadas adotado, pode ser simplificado da equação 5.35 dividindo-a por *dvol*. A massa específica ρ e o calor específico à pressão constante c são considerados constantes, fornecendo:

$$\frac{\partial T}{\partial t} + V_x \frac{\partial T}{\partial x} + V_y \frac{\partial T}{\partial y} + V_z \frac{\partial T}{\partial z} = \frac{1}{\rho c}\left(\frac{\partial \dot{q}_x}{\partial x} + \frac{\partial \dot{q}_y}{\partial y} + \frac{\partial \dot{q}_z}{\partial z} + \dot{q}_g \right) \qquad (5.36)$$

As componentes do fluxo de calor (ou energia térmica) nas três direções coordenadas são grandezas que podem ser expressas pela lei de Fourier em termos de temperatura, que já aparece explícita no primeiro membro. Considerando o meio isotrópico, isto é, as condutividades térmicas nas três direções coordenadas sendo iguais, obtém-se:

$$\frac{\partial T}{\partial t} + V_x \frac{\partial T}{\partial x} + V_y \frac{\partial T}{\partial y} + V_z \frac{\partial T}{\partial z} = \frac{K}{\rho c}\left(\frac{\partial^2 T}{\partial x^2} + \frac{\partial^2 T}{\partial y^2} + \frac{\partial^2 T}{\partial z^2} \right) + \frac{\dot{q}_g}{\rho c} \qquad (5.37)$$

Essa equação diferencial representa o princípio de conservação de energia térmica. A primeira parcela do primeiro membro refere-se à variação temporal da temperatura em um ponto, semelhante à aceleração local, e as três demais parcelas referem-se à variação espacial em razão do movimento do fluido, semelhante à aceleração convectiva. No segundo membro, as três parcelas entre parênteses, multiplicadas por um coeficiente, representam a difusão molecular do calor e o coeficiente $K/(\rho.c)$ recebe o nome de "difusividade térmica", sendo, na literatura, representado pela letra α. Já a última parcela representa a taxa de produção de energia térmica.

Algumas simplificações podem ser implementadas nessa formulação geral pela adoção de hipóteses a partir de conceitos físicos para casos particulares; por exemplo, para fluidos em repouso, as velocidades são nulas e só há fluxo de calor por difusão. A parcela de transporte de energia por efeitos convectivos se anula e a equação 5.37 reduz-se a:

$$\frac{\partial T}{\partial t} = \frac{K}{\rho c}\left(\frac{\partial^2 T}{\partial x^2} + \frac{\partial^2 T}{\partial y^2} + \frac{\partial^2 T}{\partial z^2} \right) + \frac{\dot{q}_g}{\rho c} \qquad (5.38)$$

Outro caso particular, de situação física bastante coerente, é a ausência de geração ou consumo de energia térmica e, nesse caso, $\dot{q}_g$ é nulo e a equação fica ainda mais simples:

$$\frac{\partial T}{\partial t} = \frac{K}{\rho c}\left(\frac{\partial^2 T}{\partial x^2} + \frac{\partial^2 T}{\partial y^2} + \frac{\partial^2 T}{\partial z^2} \right) \qquad (5.39)$$

Finalmente, se o processo ocorre em regime permanente, não há variação temporal das grandezas envolvidas e obtém-se a equação:

$$\left(\frac{\partial^2 T}{\partial x^2} + \frac{\partial^2 T}{\partial y^2} + \frac{\partial^2 T}{\partial z^2} \right) = 0 \tag{5.40}$$

Essa equação é denominada equação de Laplace, aqui aplicada à temperatura, e é uma equação de uso generalizado em diversos campos do conhecimento. Ela aparece freqüentemente escrita em notação vetorial, como apresentado na equação 5.41, utilizando o operador Laplaciano ∇^2.

$$\nabla^2 T = 0 \tag{5.41}$$

EXEMPLO 5.7

Um condutor elétrico de raio R conduz uma corrente elétrica e, em razão da resistência elétrica do fio, consome potência elétrica que se traduz para o fio como geração de calor distribuída no volume. Considerando uma geração de calor $\dot{w}$, por unidade de volume, o fenômeno em regime permanente e a temperatura externa do fio igual a $T_e\,^{\circ}C$, determine o perfil de temperaturas no condutor elétrico e a máxima temperatura obtida.

Solução:

Tratando-se de um condutor cilíndrico, a adoção do sistema cilíndrico de coordenadas torna o problema unidimensional, pois a simetria faz com que a temperatura seja função apenas do raio r. O regime permanente garante que as variações de temperatura sejam nulas, então, as derivadas no tempo são nulas. Como ocorre em um sólido, as velocidades de fluxo também são nulas, então, a equação reduz-se a:

$$\nabla^2 T = -\frac{\dot{q}}{K}$$

Utilizando o Laplaciano em coordenadas cilíndricas, como a temperatura é só função de r, vem:

$$\left(\frac{d^2}{dr^2} T + \frac{1}{r} \frac{d}{dr} T \right) = -\frac{\dot{w}}{K}$$

Para integração dessa equação é conveniente uma substituição de variáveis, fazendo $X = \frac{dT}{dr}$, então, tem-se:

$$\left(\frac{d}{dr} X + \frac{1}{r} X \right) = -\frac{\dot{w}}{K}$$

A solução dessa equação diferencial de 1ª ordem é obtida pela soma da solução da homogênea com a solução particular da equação completa. A equação homogênea é obtida igualando-se o primeiro membro a zero. Então, obtém-se:

$$\frac{d}{dr}X + \frac{1}{r}X = 0$$

Que é facilmente resolvida por integração direta após separação das variáveis:

$$\frac{dX}{X} = -\frac{dr}{r}$$

integrando:

$$\ln X = -\ln r + \ln C_1$$

ou

$$X = \frac{C_1}{r} \text{, que é a solução da homogênea.}$$

A solução particular pode ser facilmente encontrada por inspeção da equação completa. Como o termo de não homogeneidade é constante, a solução será uma constante a determinar multiplicada por r, então, a solução particular é:

$$Xp = C_2 \cdot r$$

Substituindo na equação completa, vem:

$$\left(\frac{d}{dr}C_2 r + \frac{1}{r}C_2 r \right) = -\frac{\dot{w}}{K}$$

Operando, obtém-se:

$$C_2 = -\frac{\dot{w}}{2K}$$

portanto, a solução particular é

$$Xp = -\frac{\dot{w}r}{2K}$$

Então, desfazendo a mudança de variáveis:

$$\frac{dT}{dr} = \frac{C_1}{r} - \frac{\dot{w}r}{2K}$$

e, integrando novamente:

$$T = C_1 \ln r - \frac{\dot{w}r}{4K} + C_3$$

Como no ponto $r = 0$ o logaritmo tende a infinito, a constante C_1 deve ser nula para que a equação tenha significado físico coerente. A outra condição de contorno ocorre na parede, para $r = R$, em que a temperatura é conhecida e vale T_e, então:

$$T_e = -\frac{\dot{w}R^2}{4K} + C_3$$

portanto,

$$C_3 = T_e + \frac{\dot{w}R^2}{4K}$$

e, substituindo na equação da temperatura, vem:

$$T = -\frac{\dot{w}r^2}{4K} + T_e + \frac{\dot{w}R^2}{4K}$$

agrupando, vem:

$$T = T_e + \frac{\dot{w}}{4K}\left(R^2 - r^2\right)$$

Esse é um perfil parabólico, portanto, a temperatura passa por um máximo no ponto $r = 0$, fornecendo:

$$T_{max} = T_e + \frac{\dot{w}}{4K}\left(R^2\right)$$

5.3 Equação de Conservação da Massa

A conservação da massa do fluido, enquanto escoa, gera uma equação que recebe o nome de "equação da continuidade". A equação da continuidade para fluidos já foi apresentada no Capítulo 3 e é de grande utilidade, em conjunto com as demais equações, na solução de problemas de escoamento. A conservação da massa tem aplicação importante no estudo do transporte de massa de um soluto em um solvente, fornecendo uma equação para o estudo da evolução da concentração do soluto, de grande importância nos estudos de dispersão de poluentes na atmosfera e/ou nos corpos d'água.

No estudo da difusão de um soluto em um solvente é necessária uma grandeza para quantificar a presença do soluto. A grandeza utilizada no estudo dos Fenômenos de Transporte, que mede a quantidade de soluto em um solvente, é a concentração.

A concentração C utilizada neste texto já foi definida no Capítulo 4, Seção 4.1.3, como a massa de soluto por unidade de volume de solvente. Alguns autores utilizam uma definição diferente de concentração, trabalhando com o volume do soluto por volume de solvente ou a massa de soluto por volume de solvente, em ambos os casos resultando em uma grandeza adimensional.

Com base na definição de concentração utilizada, sua unidade é expressa pela razão entre a unidade de massa do soluto por unidade de volume de solvente, ou:

$$[C] = \frac{\text{kg}}{\text{m}^3}$$

A equação da conservação de massa para uma substância diluída em um escoamento de fluido é obtida seguindo os mesmos passos usados para obter a equação da continuidade, com o cuidado de acrescentar um termo para geração de massa no interior do elemento de volume, ou Volume de Controle. Seguindo o princípio de conservação da massa, pode-se afirmar que a variação da massa de uma substância em um elemento de volume será igual à diferença entre a massa da substância que sai e aquela que entra no elemento, mais a massa gerada no elemento, como apresentado na Figura 5.11 em forma de diagrama de blocos.

$$\frac{\text{Variação da massa}}{\text{Unidade de tempo}} = \frac{\text{Massa que entra}}{\text{Unidade de tempo}} - \frac{\text{Massa que sai}}{\text{Unidade de tempo}} + \frac{\text{Massa gerada}}{\text{Unidade de tempo}}$$

Figura 5.11   Equação representando o princípio da conservação de massa.

A equação da Figura 5.11 pode ser escrita matematicamente substituindo cada membro por um equacionamento que o represente. O primeiro membro representa a variação da massa m do composto no elemento de volume, podendo ser escrito em função da concentração C:

$$\frac{\text{Variação da massa}}{\text{Unidade de tempo}} = \frac{dm}{dt} = \frac{d}{dt}(C \cdot dvol) \tag{5.42}$$

Como a concentração é função do espaço (x, y, z) e do tempo (t), a derivada total deve ser calculada em todas as dimensões, como apresentado na equação 5.43.

$$\frac{d}{dt}C \cdot dvol = V_x \frac{\partial}{\partial x}C \cdot dvol + V_y \frac{\partial}{\partial y}C \cdot dvol + V_z \frac{\partial}{\partial z}C \cdot dvol + \frac{\partial}{\partial t}C \cdot dvol \tag{5.43}$$

Como o $dvol$ é constante, pode ser simplificado, fornecendo a equação 5.44, ou seja, a variação temporal da concentração no volume de controle, portanto, uma medida da variação temporal da massa.

$$\frac{dC}{dt} = V_x \frac{\partial C}{\partial x} + V_y \frac{\partial C}{\partial y} + V_z \frac{\partial C}{\partial z} + \frac{\partial C}{\partial t} \tag{5.44}$$

No segundo membro da equação da Figura 5.11, o primeiro termo pode ser representado pela descarga que entra no elemento e o segundo, pela descarga que sai do elemento. Sua diferença pode ser calculada pelo conceito de diferencial aplicado entre faces opostas no elemento de volume, seguindo a nomenclatura expressa no esquema da Figura 5.12.

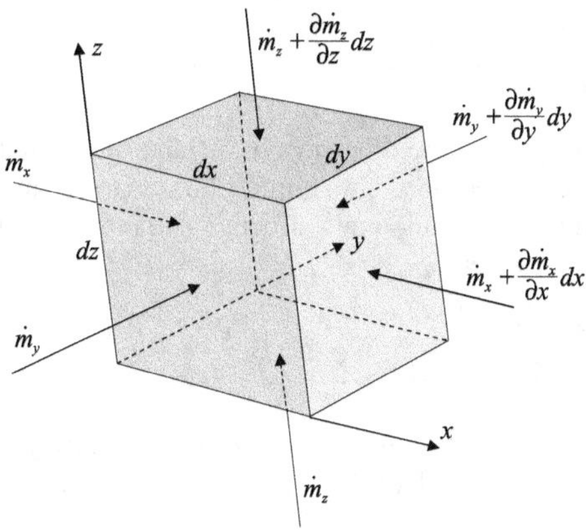

Figura 5.12   Transporte de massa de um composto em um elemento de volume.

De acordo com a Figura 5.12, a diferença entre a massa que entra e a massa que sai do elemento de volume, por unidade de tempo, pode ser escrita como:

$$\frac{massa_{\text{entra}} - massa_{\text{sai}}}{\Delta t} = -\frac{\partial}{\partial x} \dot{m}_x dx - \frac{\partial}{\partial y} \dot{m}_y dy - \frac{\partial}{\partial z} \dot{m}_z dz \tag{5.45}$$

Utilizando a equação de Fick para calcular o fluxo de massa, tem-se:

$$\frac{massa_{\text{entra}} - massa_{\text{sai}}}{\Delta t} = -\frac{\partial}{\partial x}\left(-D\frac{\partial C}{\partial x}dydz\right)dx - \frac{\partial}{\partial y}\left(-D\frac{\partial C}{\partial y}dxdz\right)dy - \frac{\partial}{\partial z}\left(-D\frac{\partial C}{\partial z}dxdy\right)dz$$

ou

$$\frac{massa_{\text{entra}} - massa_{\text{sai}}}{\Delta t} = D\frac{\partial^2 C}{\partial x^2}dxdydz + D\frac{\partial^2 C}{\partial y^2}dxdydz + D\frac{\partial^2 C}{\partial z^2}dxdydz \tag{5.46}$$

O terceiro termo indica a massa gerada ou consumida, por exemplo, por meio de reação química, e será representada por uma geração (ou consumo) por unidade de volume $\dot{g}$.

Lembrando-se da notação com um ponto sobre a letra para indicar a variação temporal, a massa gerada ou consumida pode ser expressa por:

$$\frac{massa\ gerada}{\Delta t} = \dot{g}\,dxdydz \tag{5.47}$$

Obtidas as formulações para cada termo da equação genérica da Figura 5.11, eles podem ser substituídos, fornecendo:

$$V_x \frac{\partial C}{\partial x}dvol + V_y \frac{\partial C}{\partial y}dvol + V_z \frac{\partial C}{\partial z}dvol + \frac{\partial C}{\partial t}dvol =$$

$$= D\frac{\partial^2 C}{\partial x^2}dvol + D\frac{\partial^2 C}{\partial y^2}dvol + D\frac{\partial^2 C}{\partial z^2}dvol \tag{5.48}$$

Como a variável *dvol*, o volume do elemento de controle adotado de forma arbitrária no sistema cartesiano de coordenadas por simplicidade, aparece em todos os termos, pode ser simplificada, e, ainda, assumindo que a difusividade molecular D apresenta o mesmo valor em todas as direções, vem:

$$V_x \frac{\partial C}{\partial x} + V_y \frac{\partial C}{\partial y} + V_z \frac{\partial C}{\partial z} + \frac{\partial C}{\partial t} = D\left(\frac{\partial^2 C}{\partial x^2} + \frac{\partial^2 C}{\partial y^2} + \frac{\partial^2 C}{\partial z^2}\right) \tag{5.49}$$

que é a equação da conservação da massa, em formulação diferencial, para um sistema no qual o soluto apresenta, em relação ao coeficiente de difusão, comportamento igual em todas as direções.

A equação pode ser simplificada para casos particulares. Por exemplo, se o fluido está em repouso, as velocidades são nulas e a equação resultante, equação 5.50, descreve o fluxo de massa que ocorre por efeitos difusivos.

$$\frac{\partial C}{\partial t} = D\left(\frac{\partial^2 C}{\partial x^2} + \frac{\partial^2 C}{\partial y^2} + \frac{\partial^2 C}{\partial z^2}\right) + \dot{g} \tag{5.50}$$

Se não há geração ou consumo de massa e o processo ocorre em regime permanente, obtém-se uma forma da equação de Laplace aplicada à variação da concentração, apresentada na equação 5.51.

$$\nabla^2 C = 0 \tag{5.51}$$

Exercícios

1. Água (massa específica $\rho_a = 1000$ kg/m³) escoa através do duto mostrado no esquema da figura. O líquido manométrico é óleo de massa específica ρ igual a 80% da massa específica da água. Determine a velocidade no centro do duto.

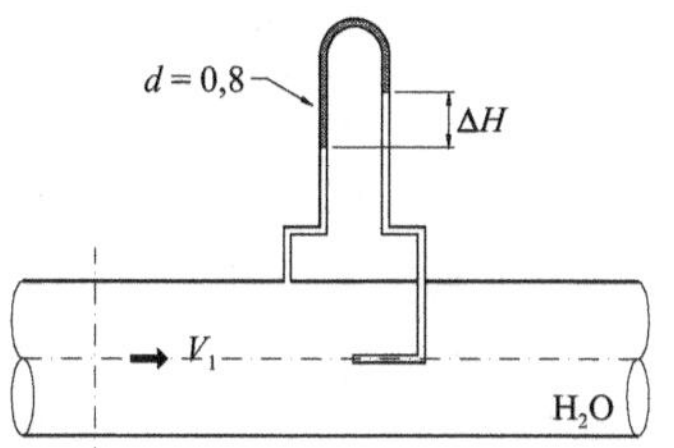

2. Calcule a vazão de água através do tubo de 25 mm de diâmetro mostrado na figura anterior, usando a leitura, $\Delta H = 1$ m, do manômetro diferencial que contém óleo como fluido manométrico e admitindo perfil uniforme de velocidades. Dado: densidade relativa do óleo manométrico = 0,8.

3. Na figura é mostrado o esquema de um sifão. Desprezando-se totalmente as perdas, qual será a velocidade da água que sai pela extremidade C como jato livre? Quais são as pressões exercidas pela água no tubo, nos pontos A e B?

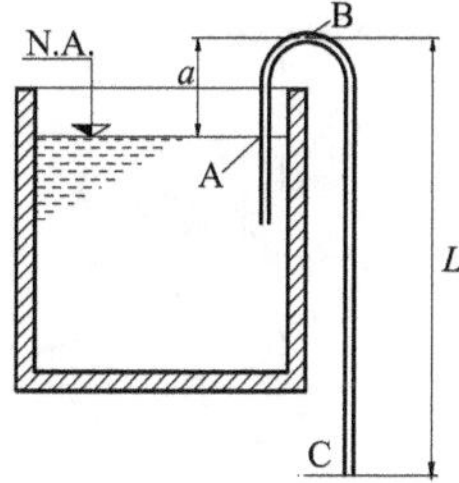

4. A entrada E de uma tubulação situa-se 1,0 m abaixo da superfície livre de um reservatório, de grandes dimensões, que contém água. A saída S da canalização situa-se 3,0 m abaixo da mesma superfície livre. A tubulação tem um diâmetro de 8 cm e termina na extremidade S por uma contração cujo diâmetro é 4 cm.

a) Qual o valor da velocidade V_t na saída da tubulação?

b) Qual a vazão da água que escoa?

c) Qual é, na tubulação, o valor da pressão estática no ponto E?

Admita $g = 10$ m/s² e $\rho = 1000$ kg/m³ e suponha que o escoamento se efetue sem perdas.

5. Na figura é indicado o escoamento de água em um canal de largura b. Desprezando todas as perdas de energia, determine as possíveis profundidades do escoamento na seção B.

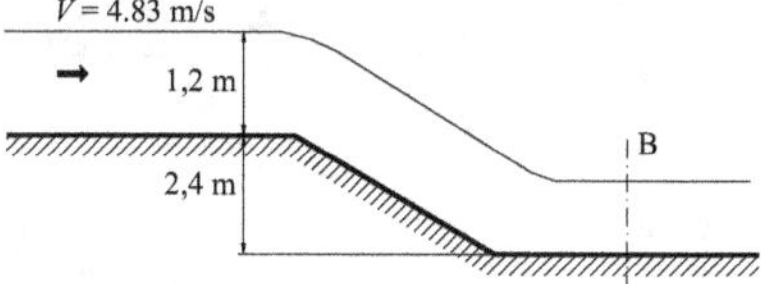

6. A cavitação é um fenômeno que ocorre no seio de um líquido quando a pressão em um de seus pontos atinge a pressão de vapor do líquido. Então, naquele ponto, o líquido começa a vaporizar, causando descontinuidade do escoamento. Se a profundidade da água dentro do tanque, esquematizado na figura, é igual a 0,90 m, qual o máximo valor de L que pode ser utilizado sem que se produza a cavitação no ponto A? Admita que a pressão de vapor seja igual a 3240 N/m² e a pressão atmosférica seja igual a 101.240 N/m².

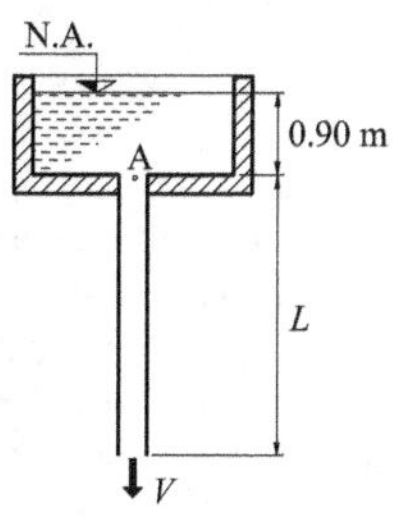

7. Se a pressão de vapor da água a 25°C é 0,33 m_{H2O}, a que altura, abaixo da superfície livre, pode estar o ponto C do Exercício 3 antes que o sifão falhe por cavitação? A leitura barométrica local vale 730 mm_{Hg}.

8. Na instalação esquematizada na figura, para $h > 0,61$ m, são observados fenômenos de cavitação na seção contraída de 5 cm de diâmetro. Se a tubulação é horizontal e a seção se mantém cheia, determine a pressão de vapor da água. A leitura barométrica local é de 700 mm_{Hg}.

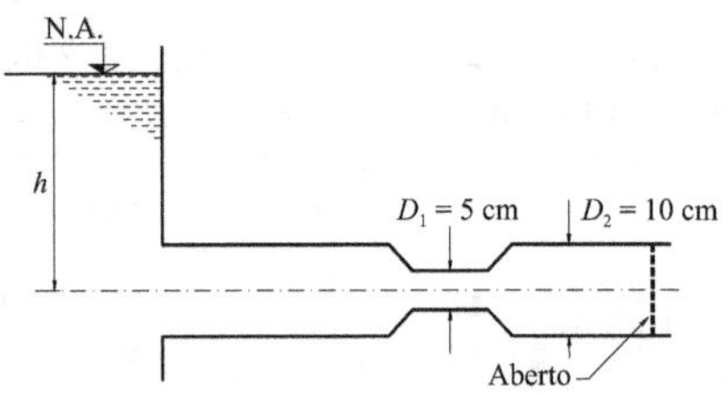

9. Na figura é apresentado o esquema de um medidor de vazão, que funciona com base na variação da pressão pela variação da área do escoamento, denominado medidor tipo Venturi. Com os dados apresentados na figura, determine a vazão teórica Q em função do desnível do manômetro ΔH.

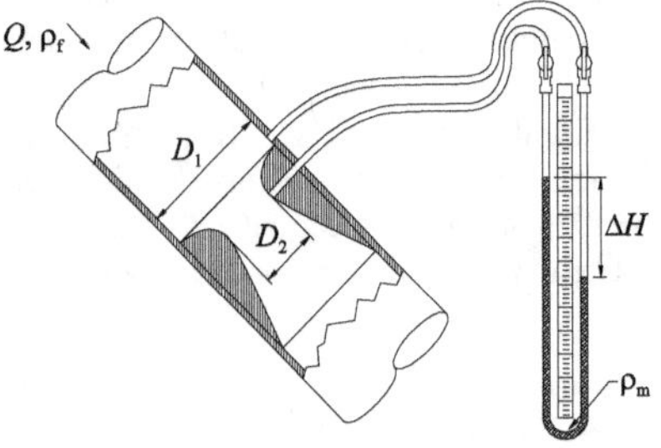

10. Na figura é mostrado o esquema de um medidor de vazão, que funciona com base na variação da pressão em decorrência da variação da área do escoamento provocada por um orifício, denominado medidor tipo diafragma. Com

os dados apresentados na figura, determine a vazão teórica Q em função do desnível do manômetro ΔH. Observe que nesse caso há contração da veia líquida após a passagem pelo orifício do medidor e a relação entre a área contraída e a área do orifício é denominada coeficiente de contração.

$$C_c = \frac{A_2}{A_0}$$

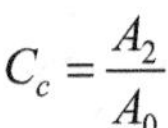

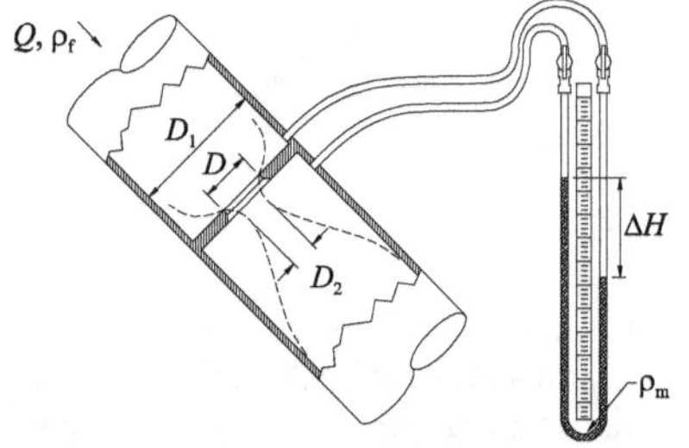

11. A água sai de um recipiente aberto, de grandes dimensões, através de um tubo com contração gradual até o diâmetro D_1 e depois um alargamento gradual até o diâmetro D_2. Desprezando as perdas de energia, determine a pressão absoluta na seção contraída 1, sendo a relação dos diâmetros $D_2/D_1 = \sqrt{2}$. Determine a carga crítica para a qual a pressão absoluta na seção 1 é igual a zero.

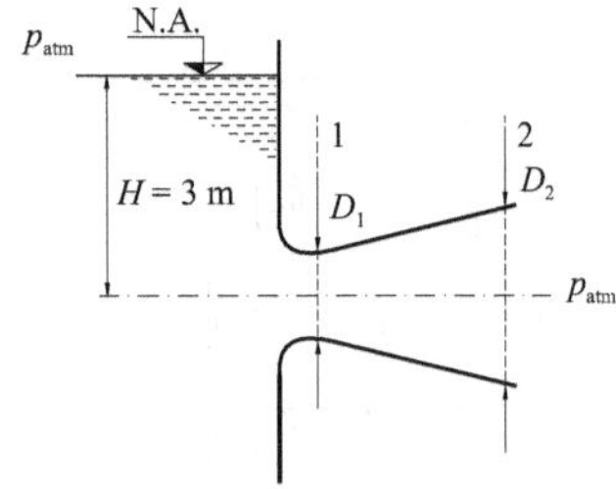

12. Deseja-se misturar continuamente uma solução concentrada A com água. Para isso, utiliza-se um dispositivo, como mostrado na figura. Sabendo-se que:

$Q = 23,6$ L/s

$D_1 = 10,0$ cm

$D_2 = 5$ cm

$D_3 = 0,5$ cm

$\rho_A = 1.080$ kg/m³

$p_1 = 1,2 \times 10^5$ N/m² (abs)

a) Determine a vazão da solução em função da altura h.

b) Determine a máxima altura h admissível para que o dispositivo ainda funcione.

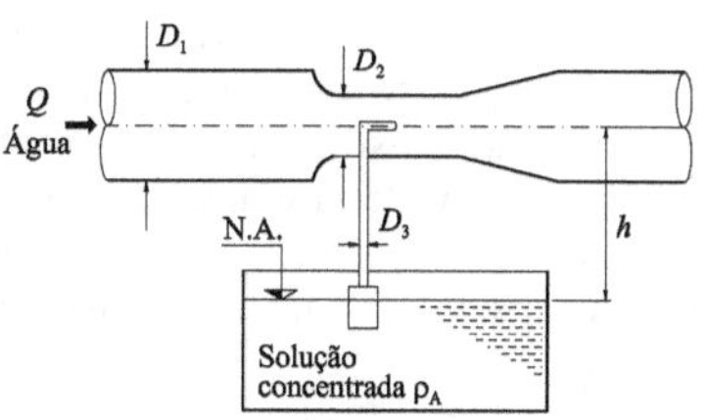

13. A água está fluindo entre dois reservatórios abertos. Qual o máximo valor de H para que não ocorra cavitação na seção contraída de diâmetro igual a 10 cm? A leitura barométrica é 730 mm$_{Hg}$ e a pressão de vapor da água, a 22°C, vale 0,30 m$_{H2O}$.

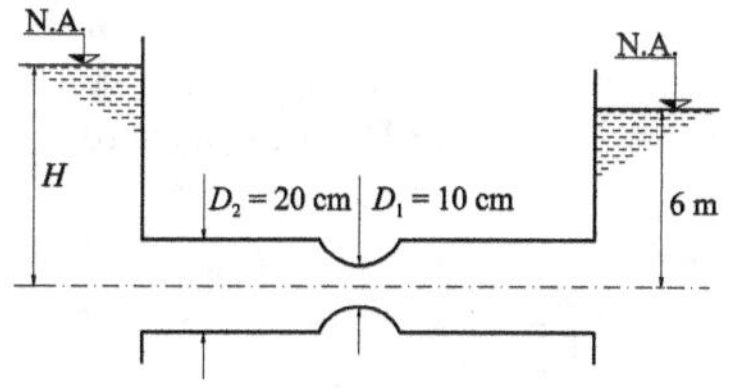

14. Um medidor Venturi, cuja seção contraída tem diâmetro de 5 cm, é instalado em uma tubulação vertical de 10 cm de diâmetro, como mostrado na figura. Desprezando as perdas, calcule a vazão de água que passa pela tubulação,

utilizando os dados da figura. O fato de o medidor estar na vertical ou na horizontal afeta a solução deste problema?

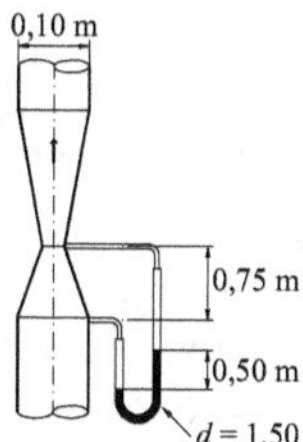

15. Determine a pressão indicada no manômetro M em m$_{H2O}$. O fluido manométrico é o mercúrio e sua densidade relativa é igual a 13,6.

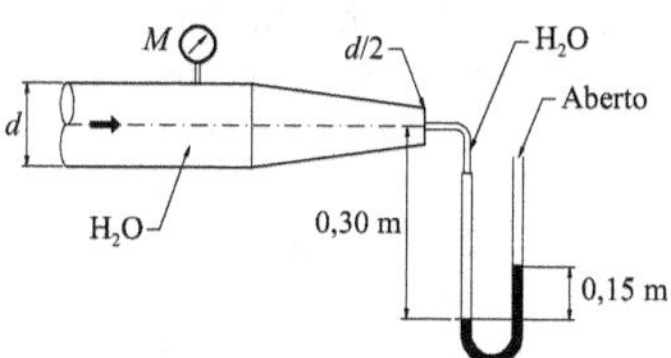

16. De uma tubulação cujo diâmetro é D sai um jato d'água através de um bocal cujo diâmetro é d. A saída está a metros acima da linha de centro da tubulação. Um manômetro colocado na seção 1 mede uma pressão p. Conhecendo a velocidade V da água no ponto mais alto da trajetória, determine a cota H desse ponto. Despreze as perdas.

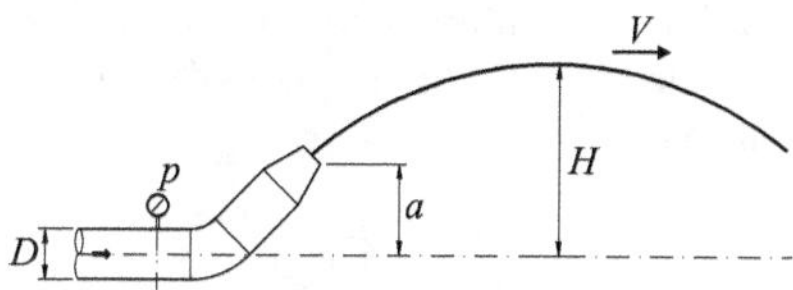

17. Dado o dispositivo da figura, calcule a vazão de água pelo conduto. Dados: $p_2 = 20.000$ N/m²; $A_1 = 10^{-2}$ m²; $g = 10$ m/s².

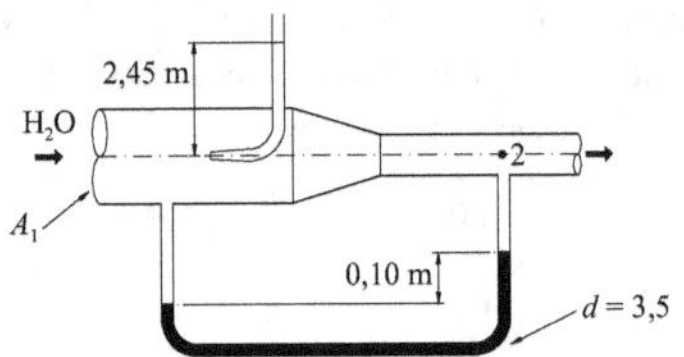

18. Pelo conduto da figura escoa um fluido incompressível em regime permanente. Entre as seções (1) e (2) colocou-se um tubo de Prandtl associado a dois manômetros diferenciais, cujo líquido manométrico é mercúrio. Sendo a relação das áreas $\dfrac{A_2}{A_1} = m$, determine $\dfrac{h_2}{h_1}$.

Observação: Tubo de Prandtl é um instrumento que contém um tubo de Pitot e a medida da pressão estática no mesmo corpo.

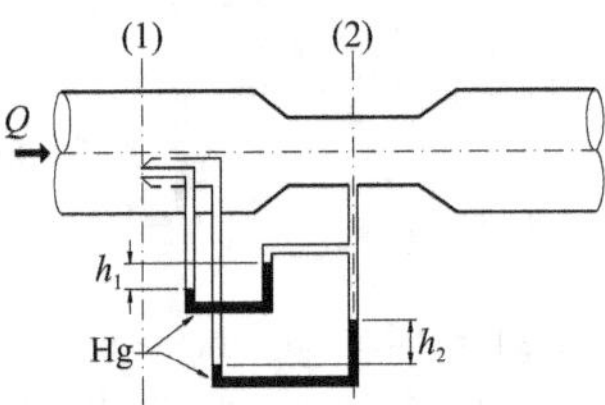

19. No tubo convergente/divergente mostrado na figura ocorre cavitação. O lado direito do manômetro diferencial está conectado à zona de cavitação e a água no tubo manométrico foi toda evaporada, ficando somente vapor. Assumindo um escoamento de água a 20°C, sem perdas, calcule a vazão e a leitura p no manômetro em N/m², se a leitura barométrica local for 714,6 mm$_{Hg}$. Densidade relativa do mercúrio = 13,6.

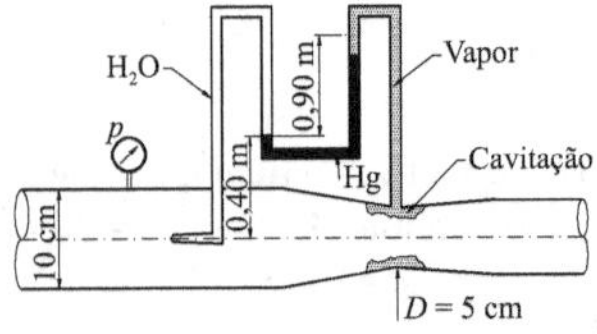

20. Pela tubulação de seção circular escoa água. Se as velocidades das linhas de corrente que passam por 1 e 2 são, respectivamente, $V_1 = 3,0$ m/s e $V_2 = 0,5$ m/s, determine o desnível h no manômetro conectado a tubos de Pitot. Densidade relativa do mercúrio 13,6.

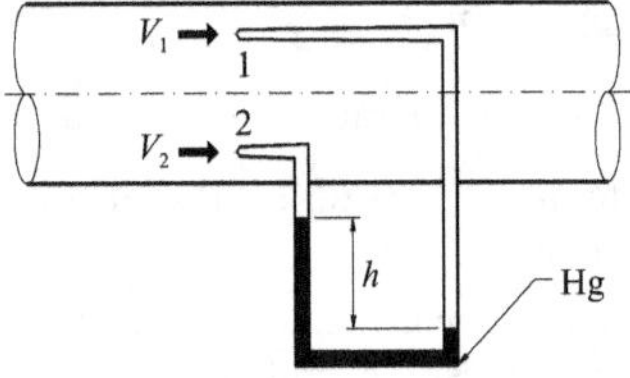

21. No final de um canal há uma estrutura bidimensional que serve para descarregar a água, dirigindo-a para baixo como um jato livre, conforme a figura. Desprezando as perdas de carga, calcule a vazão por metro linear da estrutura e a pressão, em m$_{H2O}$, no fundo do canal junto à estrutura.

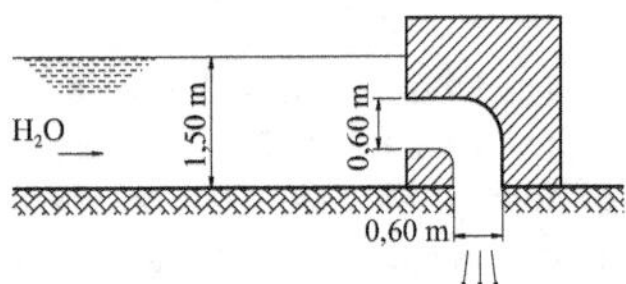

22. Pelas tubulações, representadas na figura, escoa água a 20°C. Se a pressão barométrica é 679,8 mmHg, qual a máxima vazão obtida pela abertura da válvula? Despreze as perdas.

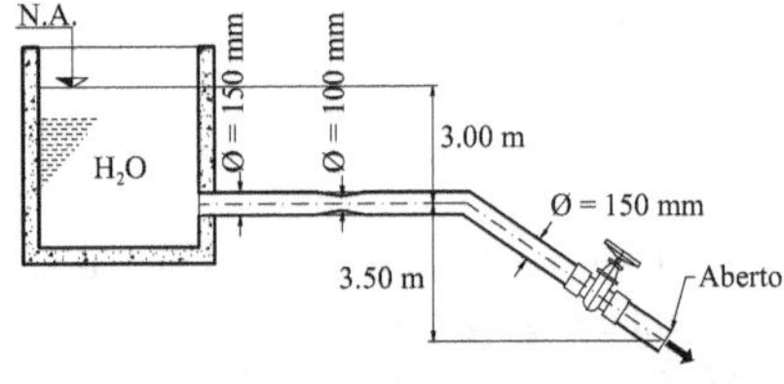

23. Determine a vazão de água através da tubulação mostrada na figura. Despreze as perdas de carga. Densidade relativa do mercúrio = 13,6.

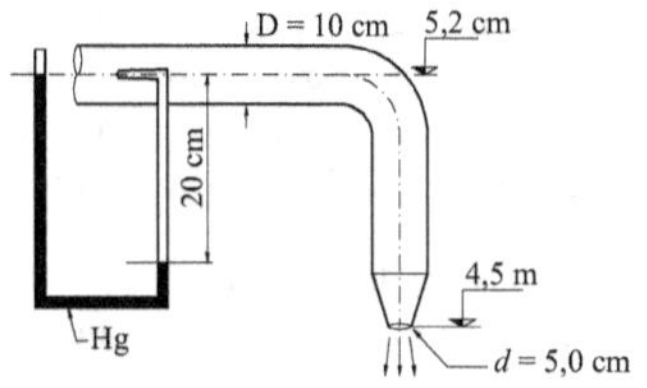

24. A estrutura representada na figura tem largura igual a 1,2 m. Desprezando a perda de carga, calcule a vazão.

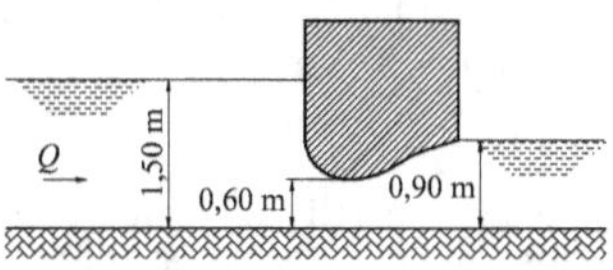

25. Para um escoamento de água a 24°C, determine a leitura no manômetro, em [Pa], colocado no reservatório mantido em nível constante, tal que provoque uma cavitação incipiente no estrangulamento de diâmetro d. Leitura barométrica local = 685,4 mmHg.

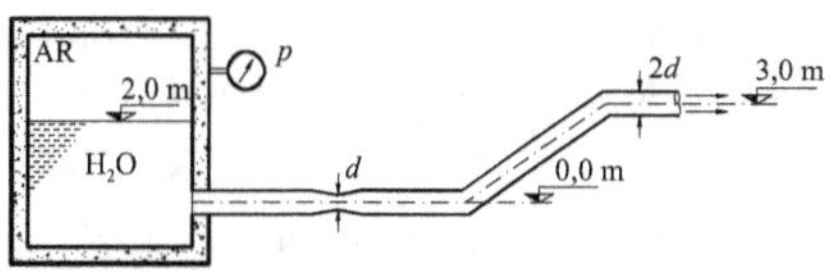

26. Um líquido de densidade relativa igual a 1,2 escoa de um reservatório, mantido a nível constante, para a atmosfera, através de um bocal. Se a perda de carga no bocal for 10% da carga H, qual a relação entre o desnível manométrico R e a carga H?

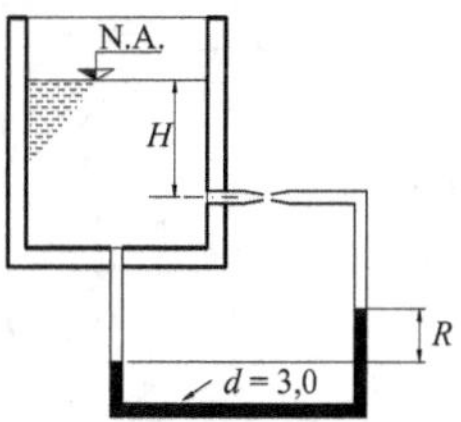

27. Determine a vazão Q para a instalação da figura. Despreze as perdas.

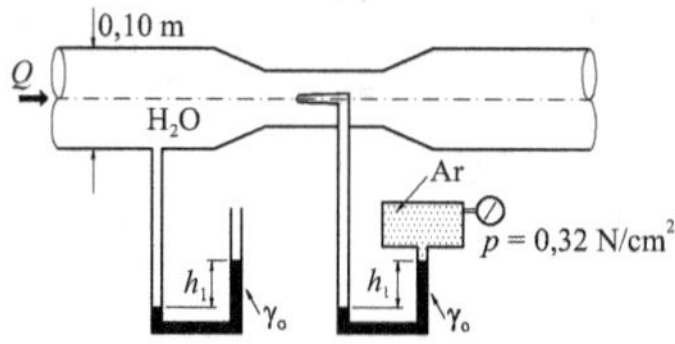

28. Calcule a vazão de água através do bocal apresentado na figura. A densidade relativa do mercúrio é igual a 13,6.

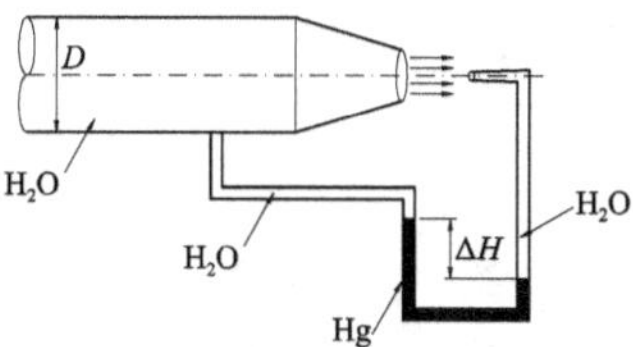

29. O tanque da figura contém um fluido ideal de massa específica $\rho = 800$ kg/m³ . Determine a vazão através do orifício O sabendo que o nível mantém-se constante, em decorrência das dimensões do tanque. Dados: $p = 5.000$ N/m², $d = 60$ mm e $h = 1,2$ m.

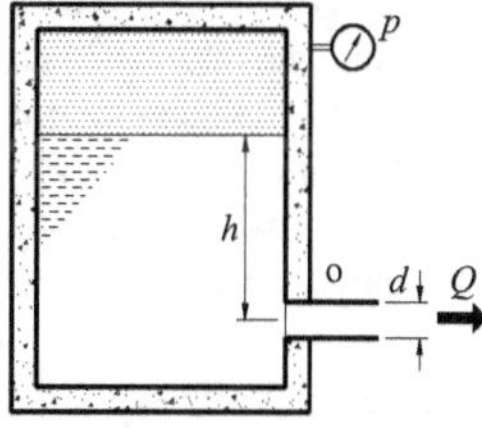

30. Tem-se o escoamento de um fluido ideal incompressível em regime permanente através de um duto, como mostra a figura. Conhecendo a vazão Q, as áreas A_1 e A_2 e a massa específica do fluido, calcule as alturas h_1 e h_2 alcançadas nos tubos (1) e (2), sabendo que o nível no tubo (0) é dado pela altura h_0.

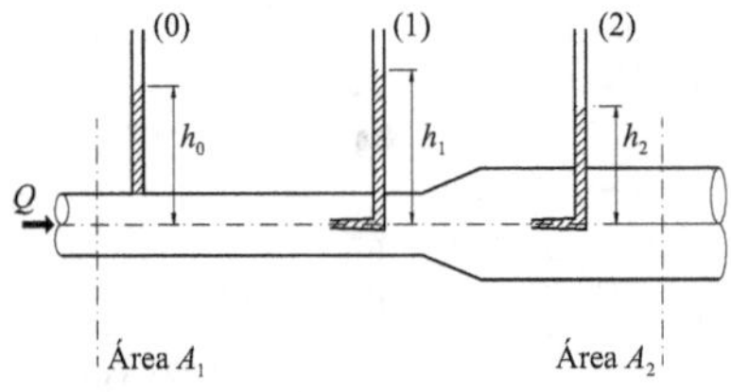

31. Tem-se um reservatório de água sendo esvaziado através de um orifício a uma vazão Q (variável no tempo, porém constante dentro de determinados intervalos), conforme indicado no gráfico. Apresente o gráfico da variação do nível do reservatório em função do tempo. São dados $d = 0,564$ m, $D = 4,37$ m, $H = 3$ m.

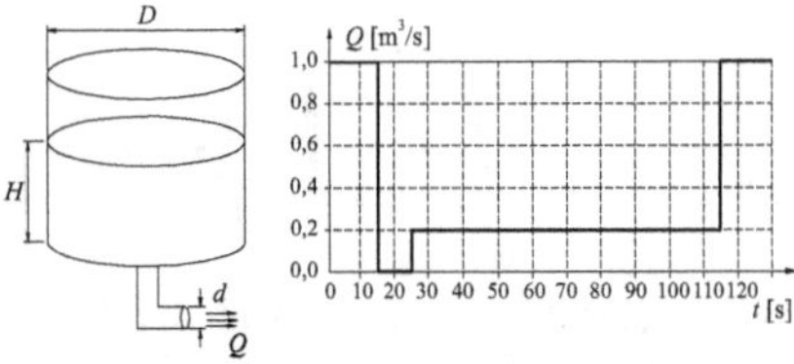

32. Em um reator químico, um cilindro oco, com comprimento muito maior do que o diâmetro, é utilizado para aquecer os reagentes. Determine o perfil de temperatura na parede do cilindro, sabendo que há geração uniforme de calor $\dot{w}$ por unidade de volume, no interior de suas paredes e que as temperaturas nas faces interna e externa são mantidas constantes e iguais a T_0. O cilindro é fabricado com um material de condutividade térmica k e difusividade α.

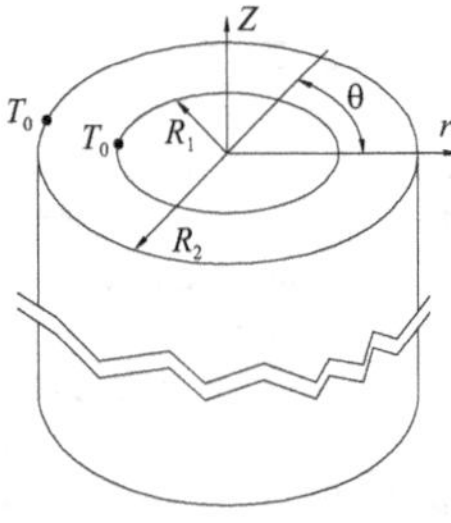

33. Dada uma esfera oca com raio interno $R_1 = 0,01$ m e raio externo $R_2 = 0,03$ m, pede-se a

temperatura na superfície externa ($r = R_2$) sabendo que há geração de calor $\dot{w}_1 = 10^5$ W/m³, $k = 50$ W/(m.K), $T_1 = 10$ºC, e que não há fluxo de calor para o vazio interno da calota.

34. Dado um cilindro oco de 1 m de comprimento, raio interno $r_1 = 10$ cm e raio externo $r_2 = 50$ cm, construído com material de condutividade térmica $k = 50$ W/(m.K) com geração de calor $\dot{w} = 4.10^4$ W/m², por metro linear de cilindro. Determine o perfil de temperaturas na parede e a temperatura na superfície externa. Na superfície interna a temperatura é $T_1 = 50$ºC e todo o calor é dissipado através da parede do cilindro.

35. Forneça o perfil de temperatura e a temperatura máxima em um cabo elétrico que veicula corrente i e possui resistência de ρ Ω/m. A condutividade térmica é k e a temperatura da parede externa é T_e.

36. Em uma esfera oca de parede dupla quer-se conhecer a temperatura na interface entre as paredes. São dados os raios $R_1 = 2$ cm, $R_2 = 4$ cm e $R_3 = 6$ cm, as temperaturas nas faces interna $T_1 = 200$ºC e externa $T_3 = 20$ºC, e as condutividades térmicas dos dois materiais $k_1 = 40$ W/(m.K) e $k_2 = 60$ W/(m.K).

37. Dada a geometria que aparece na figura, que consiste em dois tubos concêntricos em cuja interface foi colocada uma resistência, determine o perfil de temperatura que é estabelecido entre a superfície interior e a superfície exterior e a descarga térmica da resistência. São dados conhecidos as temperaturas T_1, T_2 e T_3 os raios R_1, R_2 e R_3 e as condutividades térmicas k_1 e k_2.

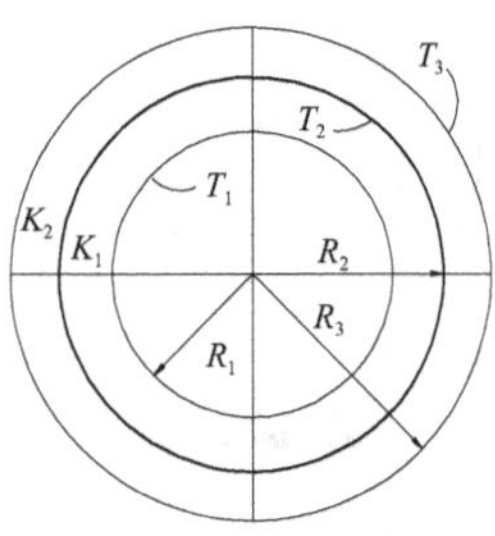

38. A partir do esquema representado na figura, calcule a variação da altura do reservatório em função do tempo e desenhe um gráfico dessa variação. Aplique os seguintes valores: $h_{inicial} = h_0 = 1,3$ m; $g = 9,81$ m/s²; $d_2 = 2,5$ cm; $d_1 = 5,0$ cm; $D = 1,0$ m; e $V_1 = 0,6$ m/s.

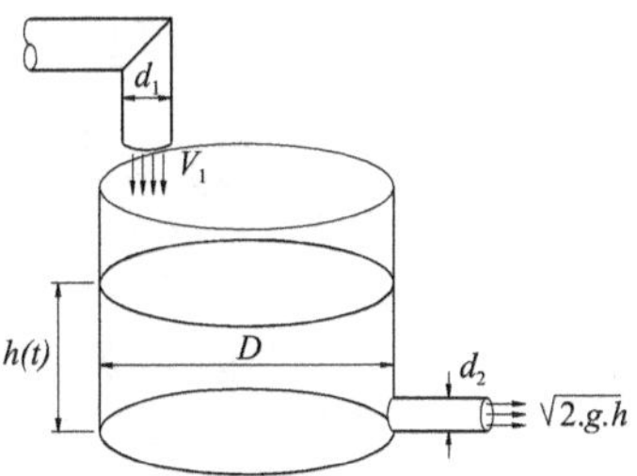

39. Quer-se que toda a energia térmica gerada na placa plana (3) seja transferida para o meio externo no sentido positivo do eixo x. Uma parede composta por um material isolante (2) não foi suficiente para eliminar toda a transferência no sentido inverso, por isso, resolveu-se colocar outra placa condutora com geração interna de energia (1) na outra face do isolante (2), conforme esquematizado na figura. Calcule o valor de T_{s2} e o valor de $\dot{w}_1$ para que a placa 3 descarregue toda a sua energia para o meio externo, conforme desejado. Os dados numéricos para aplicação são: $e_1 = e_3 = 0,01$ m, $e_2 = 0,03$ m, $\dot{w}_3 = 9 . 10^4$ W/m³, e considere que o ar está a 20°C e movimenta-se paralelamente à placa com velocidade de 2,4 m/s, fornecendo um coeficiente de convecção $h = 30$ W/m².°C.

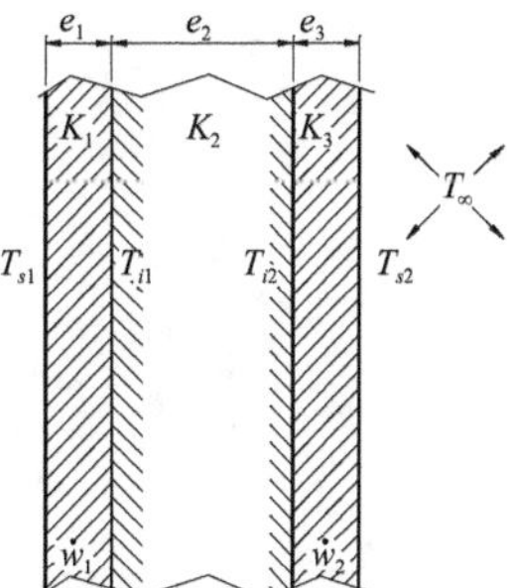

40. Dispõe-se de um cabo elétrico de 1,0 cm de diâmetro e condutividade $k_1 = 95$ W/m . K, revestido por um isolante com espessura de 0,5 cm e condutividade $k_2 = 0,1$ W/m.K. Uma corrente elétrica estabelecida no cabo gera energia térmica $\dot{w} = 10^6$ W/m³. Dadas as condições de contorno e o esquema definido na figura, determine a equação do perfil de temperaturas nos dois materiais e as temperaturas em $r = R_1$ e $r = 0$. Condições de contorno:

a) Temperatura da superfície externa $T_e = 20$°C.

b) O perfil de temperaturas passa por um máximo em $r = 0$.

c) A descarga térmica na interface entre os dois materiais ($r = R_1$) é a mesma calculada por qualquer dos lados (em qualquer dos materiais), isto é: $\dot{Q}_{chega} = \dot{Q}_{sai}$, ou:

$$AK_1\left(\frac{\partial T}{\partial r}\right)_{\text{Perfil interno}} = AK_2\left(\frac{\partial T}{\partial r}\right)_{\text{Perfil externo}}$$

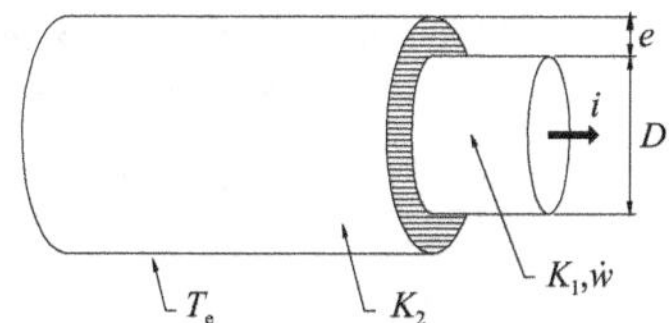

41. Em um reator nuclear de leito fluidizado são utilizadas esferas de material radioativo de 40 mm de diâmetro, com $k = 1,0$ W/m°C, que geram calor internamente, de forma homogênea, a uma taxa por unidade de volume $\dot{w} = 6,0.10^6$ W/m³. Em regime permanente, a temperatura superficial externa T_s das esferas pode ser considerada constante e igual a 600°C. Qual a descarga térmica total liberada por cada esfera e qual a temperatura interna máxima atingida? Forneça o perfil de temperatura como função do raio da esfera.

42. Um tubo de paredes porosas é utilizado para conduzir gás e permitir que o mesmo difunda, através de suas paredes, do ambiente exterior para o interior (dosador de material gasoso). Sabendo que a concentração de gás na superfície interna deste tubo é C_i, que na superfície externa é C_E, e que $C_E = 3\,C_i$, calcule o perfil de concentração de gás na parede do tubo e a descarga mássica do material para o interior do tubo. O regime é permanente. São conhecidos o raio interno R_i, o raio externo R_e, o comprimento L, a massa específica ρ e o coeficiente de difusão D_{gas}.

43. Um dosador de gás de material poroso tem a forma esférica. Pede-se o perfil de concentração do gás na parede e a descarga de massa para o exterior em regime permanente. Os dados numéricos são:

$$C_i = 5\,C_e$$
$$R_e = 1,25\,R_i$$

$D = 0,20\ \text{m}^2/\text{s}$

C_i = Concentração interna

C_e = Concentração externa

R_i = Raio interno

R_e = Raio externo

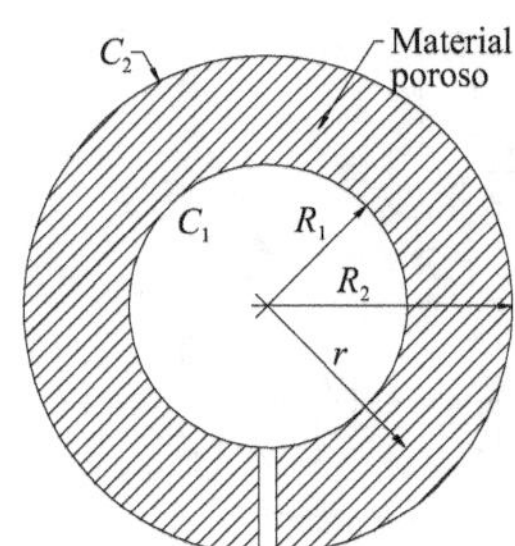

REFERÊNCIAS

BENNET, C. O.; MYERS J. E. *Fenômenos de transporte*: quantidade de movimento, calor e massa. São Paulo: McGraw-Hill. 1978.

MYERS, J. E. *Analytical methods in conduction heat transfer.* New York: McGraw-Hill. 1971.

STREETER, V. L. *Fluid mechanics.* New York: McGraw-Hill. 1966.

KREITH, F. *Princípios da transmissão do calor.* São Paulo: Edgard Blucher. 1977.

CAPÍTULO 6

EQUACIONAMENTO INTEGRAL PARA VOLUME DE CONTROLE

No capítulo anterior foi utilizado, em diversos problemas da área de Fenômenos de Transporte, o conceito de formulação diferencial, fornecendo diversas equações importantes na descrição dos fenômenos de interesse. Como o equacionamento é muito complexo, freqüentemente não é possível obter soluções práticas das equações diferenciais.

Muitos problemas na Engenharia não necessitam de descrição detalhada dos perfis da grandeza envolvida, fornecendo resultados de excelente qualidade por intermédio do uso de grandezas médias, principalmente no caso de escoamentos turbulentos. O uso das equações de conservação de uma grandeza extensiva fornece resultados de boa qualidade e valem para qualquer tipo de escoamento, já que trabalham com valores médios agindo nos limites de um volume de controle.

O uso do volume de controle traz alguma complicação à aplicação das leis físicas, pela constituição molecular dos fluidos que escoam através do volume de controle. As leis físicas foram elaboradas para aplicação em sistemas com massa constante e individualizada, sendo, portanto, de fácil aplicação quando se usa o método de Lagrange, no qual cada partícula do sistema é tratada individualmente. A aplicação das leis físicas em volumes de controle utiliza uma transformação que permite aplicá-las em um sistema que coincide, em um determinado instante, com um volume de controle. Essa transformação é conhecida como transformação de Reynolds e será desenvolvida neste capítulo juntamente com exemplos de aplicação prática sobre a conservação da quantidade de movimento e da energia.

6.1 Equação de Transformação de Reynolds

Na Figura 6.1 é representado um escoamento genérico por meio de linhas de corrente. Para facilitar o entendimento das grandezas estudadas, o escoamento é imaginado como interno a um tubo cilíndrico.

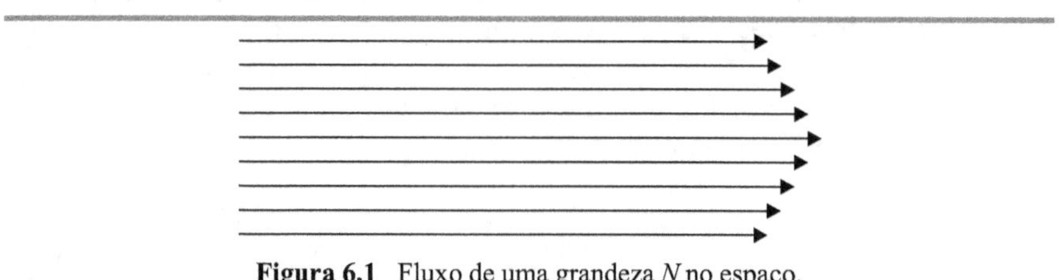

Figura 6.1 Fluxo de uma grandeza N no espaço.

No escoamento interno ao tubo é demarcado um volume no espaço, com a forma do tubo, como indicado na Figura 6.2, que constitui o Volume de Controle, VC, a ser utilizado no estudo de conservação de uma grandeza extensiva qualquer N.

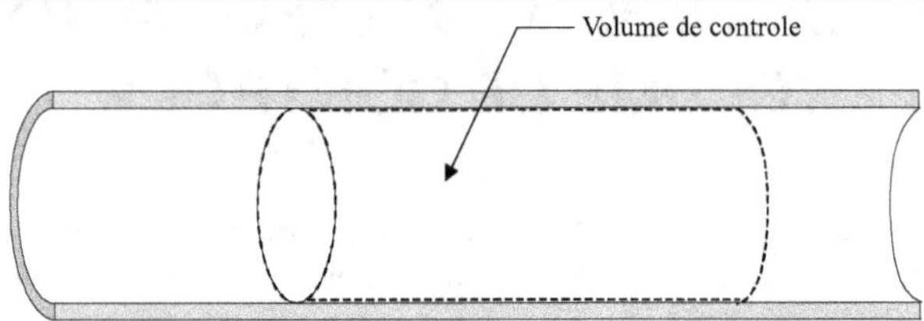

Figura 6.2 Volume de controle adotado, interno ao tubo.

No instante inicial t, a quantidade de matéria que se encontra dentro do VC é individualizada para constituir o sistema de estudo, como indicado no esquema da Figura 6.3.

No instante seguinte, $t + \Delta t$, uma vez que o sistema se localiza em um escoamento, ele é deslocado à medida que o fluido escoa. Nesse novo instante observa-se, auxiliado pelo esquema da Figura 6.4, que o sistema está deslocado em relação ao volume de controle considerado.

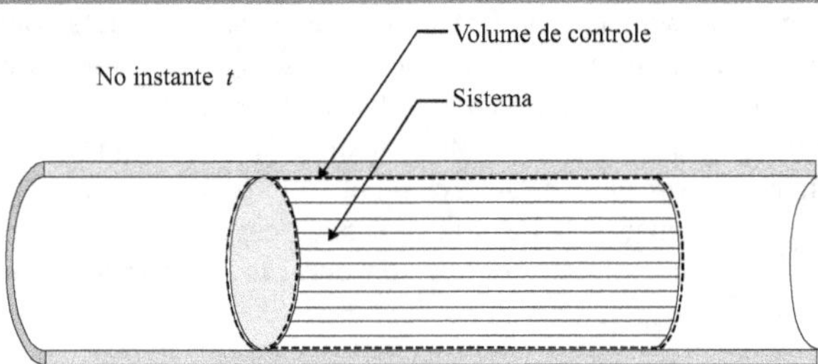

Figura 6.3 Individualização da matéria dentro do VC para constituir um sistema.

Na Figura 6.4 foram marcadas três regiões com características diferentes: a região 1, definida pelo espaço do volume de controle, que ficou sem partículas do sistema; a região 2, caracterizada pela parte do sistema que ainda se encontra dentro do $VC;$ e a região 3, constituída pelos elementos do sistema que saíram do VC.

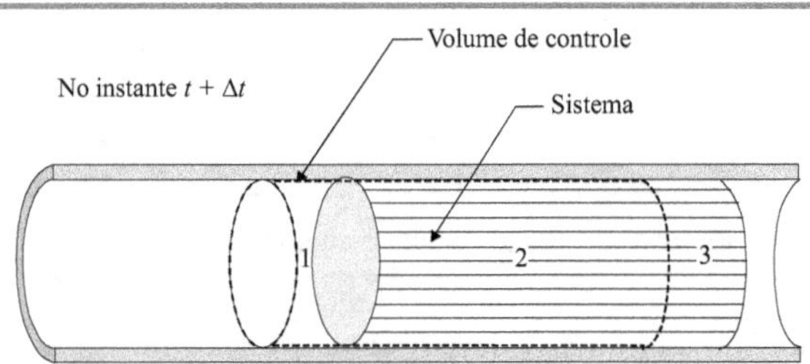

Figura 6.4 Deslocamento do sistema em razão do escoamento.
Observe as três regiões citadas no texto.

A variação da grandeza N em relação ao tempo t, que ocorre no sistema, é dada pela derivada da grandeza em relação ao tempo. Utilizando a definição de derivada, tem-se:

$$\left.\frac{dN}{dt}\right|_{\text{Sistema}} = \lim_{\Delta t \to 0} \frac{N_{t+\Delta t} - N_t}{\Delta t} \tag{6.1}$$

Como interessa calcular a variação de N no sistema a partir de um volume de controle, as quantidades de $N_{t+\Delta t}$ e N_t podem ser expressas em função do Volume de Controle. A quantidade de N_t pode ser vista como a quantidade de N na região 1 somada à quantidade de N da região 2, tomadas no instante t, como explicitado na equação 6.2. De forma análoga, a quantidade de $N_{t+\Delta t}$ é calculada como a quantidade de N em 2, mais a quantidade de N em 3, tomadas no instante $t+\Delta t$, como apresentado na equação 6.3.

$$N_t = N_{1_t} + N_{2_t} \tag{6.2}$$

$$N_{t+\Delta t} = N_{2_{t+\Delta t}} + N_{3_{t+\Delta t}} \tag{6.3}$$

Substituindo as relações das equações 6.2 e 6.3 na equação 6.1, e rearranjando a ordem dos termos, ela pode ser escrita como:

$$\left.\frac{dN}{dt}\right|_{\text{Sistema}} = \lim_{\Delta t \to 0} \frac{N_{1_t}}{\Delta t} + \lim_{\Delta t \to 0} \frac{N_{3_{t+\Delta t}}}{\Delta t} + \lim_{\Delta t \to 0} \frac{N_{2_{t+\Delta t}} - N_{2_t}}{\Delta t} \tag{6.4}$$

O primeiro termo do segundo membro da equação 6.4 é ligado à quantidade de N existente na região 1, indicada na Figura 6.4, e representa quanto de N foi introduzido no VC durante o intervalo de tempo Δt, atravessando a área de entrada do VC, A_{ent}. Esse é o conceito de descarga da grandeza N visto no Capítulo 1, portanto, pode ser escrito como:

$$\lim_{\Delta t \to 0} \frac{N_{1_t}}{\Delta t} = \iint_{A_{\text{ent}}} n\rho \vec{V} \cdot d\vec{A} \tag{6.5}$$

Continuando, o segundo termo é ligado à quantidade de N existente na região 3, indicada na Figura 4, e representa o quanto de N foi retirado do VC durante o intervalo de tempo Δt, atravessando a área de saída do VC, A_{sai}. Novamente percebe-se o conceito de descarga da grandeza N por meio da área de saída, e pode ser escrito como:

$$\lim_{\Delta t \to 0} \frac{N_{3_{t+\Delta t}}}{\Delta t} = \iint_{A_{\text{sai}}} n\rho \vec{V} \cdot d\vec{A} \tag{6.6}$$

Finalmente, o terceiro termo caracteriza a definição de derivada da quantidade de N na região 2. Quando Δt tende a zero, a região 2 tende ao VC, portanto, o termo representa a derivada parcial da quantidade de N no VC, que pode ser obtida em função da grandeza intensiva correspondente por intermédio da integração de um elemento de volume no VC.

$$\lim_{\Delta t \to 0} \frac{N_{2_{t+\Delta t}} - N_{2_t}}{\Delta t} = \frac{\partial}{\partial t} \iiint_{VC} \eta\rho \, dvol \tag{6.7}$$

Substituindo-se os três termos dados pelas equações 6.5, 6.6 e 6.7 na equação 6.4 obtém-se:

$$\left.\frac{dN}{dt}\right|_{Sistema} = \frac{\partial}{\partial t}\iiint_{VC} n\rho\, dvol + \iint_{A_{ent}} n\rho\, \vec{V}\cdot d\vec{A} + \iint_{A_{sai}} n\rho\, \vec{V}\cdot d\vec{A} \qquad (6.8)$$

A equação 6.8 pode ser compactada um pouco mais, observando que as duas integrações nas áreas de entrada e saída têm o mesmo integrando e, portanto, podem ser agrupadas sob o mesmo sinal de integral, somando-se os limites de integração. Assim como a soma das áreas de entrada e saída, mais as áreas que não são atravessadas por escoamento (portanto, com integral nula), compõe a superfície total do volume de controle, *SC*, a equação 6.8 reduz-se a:

$$\left.\frac{dN}{dt}\right|_{Sistema} = \frac{\partial}{\partial t}\iiint_{VC} n\rho\, dvol + \iint_{SC} n\rho\, \vec{V}\cdot d\vec{A} \qquad (6.9)$$

A equação 6.9 representa uma forma de calcular a taxa de variação de uma grandeza extensiva em um sistema por meio de formulação para um Volume de Controle, *VC*. Essa equação geralmente é apresentada sob o nome de *Transformação de Reynolds*.

6.2 Conservação de Massa

A equação da conservação de massa, em formulação integral, já foi desenvolvida e aplicada na solução de alguns problemas no Capítulo 3. Sendo uma equação já conhecida, pode ser aqui utilizada para demonstrar a força da equação de Transformação de Reynolds, que permite obter, por substituição direta da grandeza genérica extensiva, grandezas a serem utilizadas no estudo dos Fenômenos de Transporte.

Como a massa *m* é uma grandeza extensiva, sua correspondente grandeza intensiva é obtida dividindo-a pela massa, portanto $n = 1$. Então, como um sistema tem massa constante e individualizada, a aplicação da Transformação de Reynolds para a massa *m* fornece:

$$\frac{\partial}{\partial t}\iiint_{VC} \rho\, dvol + \iint_{SC} \rho\, \vec{V}\cdot d\vec{A} = 0 \qquad (6.10)$$

A equação 6.10 obtida é a mesma desenvolvida no Capítulo 1 para a conservação da massa de um fluido em escoamento. Ela é conhecida como equação da continuidade e é muito útil como ferramenta auxiliar na solução de diversos problemas de Engenharia; por exemplo, é importante na solução dos problemas de medidores de vazão, nos quais é usada juntamente com a equação de Bernoulli.

6.3 Conservação de Quantidade de Movimento

Demonstrada a facilidade de obter a equação de conservação de uma grandeza extensiva, a equação de Transformação de Reynolds pode ser utilizada para gerar outras equações. A conservação da quantidade de movimento é particularmente importante no cálculo das forças envolvidas nos escoamentos, tendo excelente campo de aplicação na Engenharia.

A quantidade de movimento é uma grandeza extensiva e sua correspondente grandeza intensiva, obtida pela derivação em relação à massa, fornece a quantidade de movimento específica. Elas são apresentadas pelas relações da equação 6.11.

$$N = m\vec{V} \quad \therefore \quad n = \frac{\mathrm{d}m\vec{V}}{\mathrm{d}m} = \vec{V} \tag{6.11}$$

A conservação da quantidade de movimento permite relacionar o escoamento através de estruturas físicas com as forças exercidas sobre elas. De forma geral, trata-se da aplicação da 2ª lei de Newton a um sistema fluido, que coincide, naquele instante, com um volume de controle. A lei de Newton permite escrever para o sistema:

$$\sum_{\text{Sistema}} \vec{F} = \frac{\mathrm{d}}{\mathrm{d}t} m\vec{V}\Big|_{\text{Sistema}} \tag{6.12}$$

Aplicando a equação de transformação de Reynolds para calcular a variação da quantidade de movimento no sistema, tem-se:

$$\frac{\mathrm{d}m\vec{V}}{\mathrm{d}t}\Big|_{\text{Sistema}} = \frac{\partial}{\partial t}\iiint_{VC} \rho\vec{V}\,\mathrm{d}vol + \iint_{SC} \rho\vec{V}\left(\vec{V}.\,\mathrm{d}\vec{A}\right) \tag{6.13}$$

Como no instante do cálculo o *VC* coincide com o sistema, pode-se afirmar que a somatória de forças sobre o sistema é a mesma somatória de forças sobre o *VC*, portanto, a equação de conservação da quantidade de movimento pode ser escrita totalmente válida para um volume de controle.

$$\sum_{VC} \vec{F} = \frac{\partial}{\partial t}\iiint_{VC} \rho\vec{V}\,\mathrm{d}vol + \iint_{SC} \rho\vec{V}\left(\vec{V}.\,\mathrm{d}\vec{A}\right) \tag{6.14}$$

A equação 6.14 é uma equação vetorial e sua aplicação aos problemas de Engenharia deve ser feita seguindo os princípios que regem as equações vetoriais. É muito comum aplicar a equação 6.14 por meio de suas componentes nas direções dos eixos coordenados, cuja escolha depende da geometria do problema. Para o sistema cartesiano de coordenadas, a equação 6.14 fornece três equações escalares, que podem ser escritas como:

$$\sum_{VC} F_x = \frac{\partial}{\partial t}\iiint_{VC} \rho V_x\,\mathrm{d}vol + \iint_{SC} \rho V_x\left(\vec{V}.\,\mathrm{d}\vec{A}\right) \tag{6.15}$$

$$\sum_{VC} F_y = \frac{\partial}{\partial t}\iiint_{VC} \rho V_y\,\mathrm{d}vol + \iint_{SC} \rho V_y\left(\vec{V}.\,\mathrm{d}\vec{A}\right) \tag{6.16}$$

$$\sum_{VC} F_z = \frac{\partial}{\partial t}\iiint_{VC} \rho V_z\,\mathrm{d}vol + \iint_{SC} \rho V_z\left(\vec{V}.\,\mathrm{d}\vec{A}\right) \tag{6.17}$$

Os índices indicam a direção considerada para o cálculo. O produto escalar $\vec{V} \cdot d\vec{A}$ já é um resultado escalar, portanto, não possui componentes.

O uso dessa equação é melhor entendido por meio de exemplos clássicos, que permitem aprendizado mais rápido dos conceitos envolvidos.

Exemplo 6.1

Determine a força que o escoamento em regime permanente, interno a uma tubulação, exerce sobre a curva com redução de diâmetro mostrada na Figura 6.5. O diâmetro da tubulação na seção a jusante da curva é d, o diâmetro na seção a montante é D e o ângulo da curva, em relação ao eixo da tubulação a montante, é representado por β. A vazão transportada pela tubulação é Q e o fluido escoando tem massa específica ρ constante.

Solução:

O primeiro passo na solução de um problema por formulação integral é a escolha do volume de controle. As superfícies do VC devem conter as áreas de entrada e saída do escoamento nas quais ocorre o fluxo da grandeza. Para problemas envolvendo a quantidade de movimento, devem conter também as áreas nas quais atuam as forças que agem sobre o volume de controle. Neste exemplo, o interesse é a força sobre a curva, então, o volume de controle deve ser limitado pelas áreas de entrada e saída da curva indicada e deve permitir localizar a força a ser calculada.

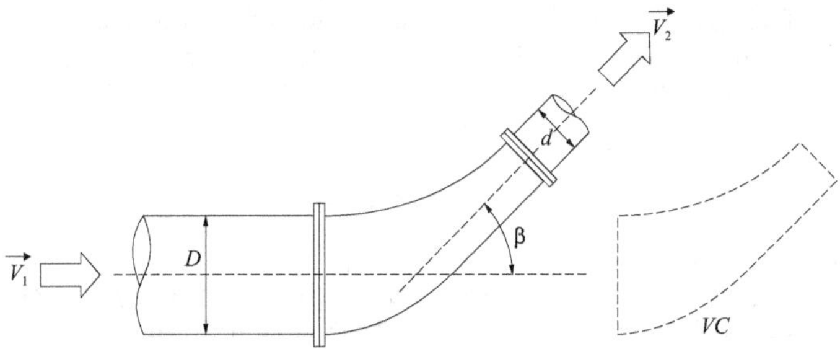

Figura 6.5 Dados do problema e o volume de controle sugerido para sua solução.

O volume de controle escolhido é mostrado na figura em linha tracejada. Escolhido o VC, ele deve ser isolado para, em seguida, aplicar a equação da quantidade de movimento para o cálculo das forças, descrita a seguir:

$$\sum_{VC} \vec{F} = \frac{\partial}{\partial t} \iiint_{VC} \rho \vec{V} dvol + \iint_{SC} \rho \vec{V} \left(\vec{V} \cdot d\vec{A} \right)$$

Como mencionado, essa equação é vetorial e deve ser tratada utilizando um sistema de coordenadas para sua correta aplicação. No caso, será usado o sistema cartesiano, no plano (x, y).

Isolado o volume de controle e aplicadas as forças que atuam sobre ele, como é apresentado no esquema da Figura 6.6, pode-se aplicar a equação da variação da quantidade de movimento .

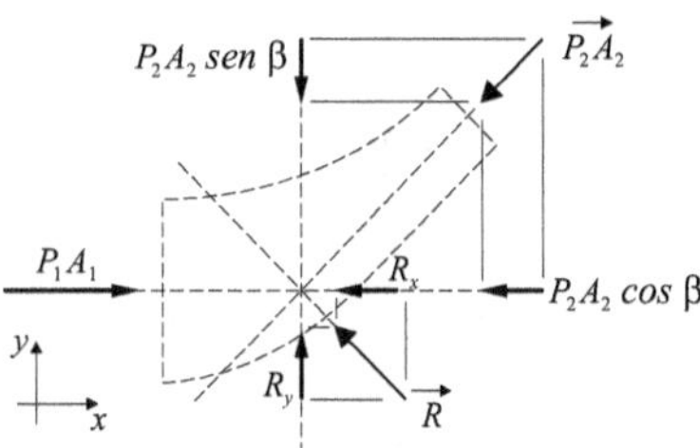

Figura 6.6   Volume de controle isolado.

Observa-se que sobre o volume de controle aparecem forças decorrentes das pressões e a força de reação da curva, $\vec{R}$, sobre o escoamento. As áreas de entrada e saída estão indicadas pelos índices 1 e 2, respectivamente. O somatório de forças é dado por:

$$\sum \vec{F} = (P_1 A_1 - P_2 A_2 cos\beta - R_x)\vec{e}_x - (P_2 A_2 sen\beta - R_y)\vec{e}_y$$

Observa-se que a força peso não foi levada em conta, pois a curva ocorre em um plano horizontal, portanto, a força peso age na direção do eixo z, sem interesse para a solução deste problema. As áreas relevantes para o cálculo da variação de quantidade de movimento são as áreas A_1 e A_2. As forças de pressão são as que agem nas áreas A_1 e A_2 do escoamento e são medidas em relação à pressão atmosférica (pressão relativa).

Como o regime é permanente, a variação temporal é nula e o segundo membro da equação reduz-se à integral na superfície do VC, portanto, obtém-se:

$$\iint_{SC} \rho \vec{V}(\vec{V}.\ d\vec{A}) = \left(-\rho V_1 V_1\ A_1 + \rho(V_2 cos\beta)\ V_2 A_2\right)\vec{e}_x + \left(\rho(V_2 sen\beta)\ V_2 A_2\right)\vec{e}_y$$

Como não há escoamento na área lateral do VC, não há componente da quantidade de movimento.

As duas equações obtidas para a somatória das forças e para a quantidade de movimento são vetoriais e iguais, portanto, suas componentes devem ser iguais, de onde vem:

$$P_1 A_1 - P_2 A_2\ cos\ \beta - R_x = -\rho V_1^2 A_1 + \rho V_2^2 A_2\ cos\ \beta$$

$$P_2 A_2\ sen\ \beta - R_y = -\rho V^2 A_2\ sen\ \beta$$

Portanto, a componente R_x pode ser obtida das equações anteriores:

$$R_x = \rho V_1^2 A_1 - \rho V_2^2 A_2\ cos\ \beta + P_1 A_1 - P_2 A_2\ cos\ \beta$$

A equação da continuidade permite diminuir o número de variáveis que aparece no segundo membro dessa equação. Como o regime é permanente, a equação da continuidade resume-se a:

$$0 = \int_{SC} \rho \vec{V} \cdot d\vec{A}$$

Considerando a massa específica constante e as velocidades adotadas, obtém-se:

$$A_1 V_1 = A_2 V_2$$

Substituindo V_1 na componente R_x:

$$R_x = \rho \, V_2^2 \frac{A_2^2}{A_1} - \rho \, V_2^2 A_2 cos \, \beta + P_1 A_1 - P_2 A_2 cos \, \beta$$

ou:

$$R_x = \rho \, V_2^2 A_2 \left(\frac{A_2}{A_1} - cos \, \beta \right) + P_1 A_1 - P_2 A_2 cos \, \beta$$

Da componente y, usando o mesmo procedimento de cálculo, vem:

$$R_y = \rho \, V_2^2 A_2 \, sen \, \beta + P_2 A_2 \, sen \, \beta$$

O módulo da resultante das forças é dado por:

$$R = \sqrt{R_x^2 + R_y^2}$$

E o ângulo de inclinação α da força é calculado por:

$$tg \, \alpha = \frac{R_y}{R_x}$$

A força sobre a curva é obtida pelo conceito de ação e reação, portanto, a força procurada tem o mesmo módulo e direção, mas sentido contrário. As forças que agem sobre acessórios de canalização e promovem a mudança de direção do escoamento, como a apresentada neste exemplo, podem ser muito grandes e, freqüentemente, exigem a construção de blocos de concreto para mantê-las estáticas. Esses blocos de concreto são denominados *blocos de ancoragem* e seu tamanho e peso são determinados pela força horizontal e pelo coeficiente de atrito com o solo.

EXEMPLO 6.2

O jato livre da Figura 6.7, de diâmetro D_j e velocidade V_j, incide perpendicularmente sobre uma superfície plana e é defletido radialmente sobre a superfície. Se a massa específica do fluido é ρ, determine a força do jato sobre a placa. O regime de escoamento é permanente.

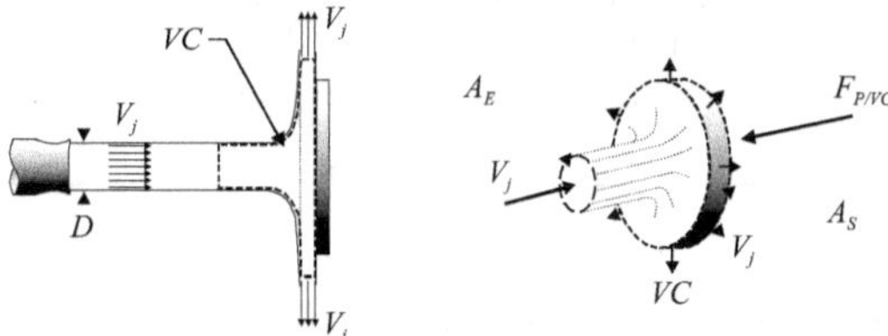

Figura 6.7   Esquema e dados do Exemplo 6.2 e o Volume de Controle, isolado.

Solução:

Neste caso, o volume de controle é escolhido de forma a conter uma seção do jato não deformado e sua seção de saída e permitir localizar a força que a placa faz sobre o fluido; a força de reação será igual à força aplicada, mas de sentido contrário. Na figura também é apresentado o volume de controle isolado.

Escolhido o volume de controle, ele deve ser isolado para, em seguida, aplicar a equação para o cálculo das forças, escrita assim:

$$\sum_{VC} \vec{F} = \frac{\partial}{\partial t} \iiint_{VC} \rho \vec{V} \mathrm{d}vol + \iint_{SC} \rho \vec{V} \left(\vec{V} . \mathrm{d}\vec{A} \right)$$

Considerando a forma circular é conveniente utilizar o sistema cilíndrico de coordenadas. Em razão do regime permanente, a variação temporal é nula e, como a pressão envolvida é atmosférica e age em torno de todo o *VC*, as forças de pressão se anulam, portanto, o somatório de forças sobre o *VC* passa a ser:

$$\sum \vec{F} = - R_z \vec{e}_z + R_r \vec{e}_r$$

Considerando que a superfície da placa não tem atrito e a simetria é axial, a componente em *r* deve ser nula e a força sobre a placa é só na direção *z*. Nessas condições, a força peso que age na direção paralela à placa não interfere na força sobre a placa e não é, portanto, relevante para o exemplo.

Assim, a equação da variação da quantidade de movimento se resume a:

$$-R_z \vec{e}_z = \iint_{SC} \rho V_z \vec{e}_z \left(\vec{V} . \mathrm{d}\vec{A} \right)$$

Considerando que a velocidade é constante sobre a área do jato, resulta:

$$R_z = \rho V_j^2 A_j$$

Ou, substituindo a área por uma expressão envolvendo o diâmetro fornecido, *D*, tem-se, finalmente:

$$R_z = \frac{\pi \rho D^2 V_j^2}{4}$$

A resposta obtida mostra que a força do jato sobre a placa aparece em razão da variação na quantidade de movimento; como a velocidade é defletida de 90°, toda a quantidade de movimento do jato é transferida para a placa defletora.

Exemplo 6.3

Uma aplicação muito importante da equação de conservação da quantidade de movimento é no estudo dos propulsores aeronáuticos e navais. Na Figura 6.8 é apresentada simulação de uma turbina a jato, constituída por um ventilador axial montado internamente a um tubo circular e com um bocal na saída para acentuar o valor da velocidade do fluxo. Conhecidos o diâmetro de entrada no tubo D_E, o diâmetro do bocal D e a velocidade V_j do ar na saída do bocal, calcule a força de propulsão gerada pelo simulador em regime permanente.

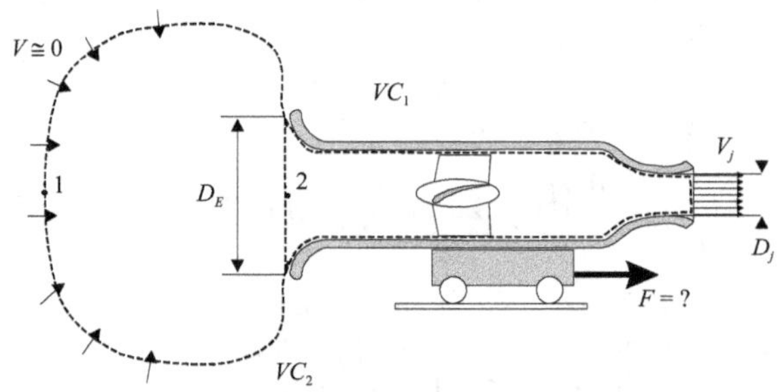

Figura 6.8 Simulador de turbina a jato.

Solução:

Este exercício é um bom exemplo da escolha do VC para simplificar a solução. Nesse sentido, o problema será resolvido utilizando dois exemplos de VC.

O primeiro, VC_1, contém o simulador e sua área de saída coincide com a área de saída do jato. A área de entrada coincide com a área de entrada do simulador e é indicada por 2 na Figura 6.8. A aplicação da equação da quantidade de movimento ao VC_1 para a componente horizontal permite escrever:

$$F_x + P_E A_E = \iint_{AE} \rho V_E \left(\vec{V} \cdot d\vec{A} \right) + \iint_{AS} \rho V_s \left(\vec{V} \cdot d\vec{A} \right)$$

Aqui a pressão na área de entrada é P_E, menor que a pressão atmosférica, necessária para acelerar o fluido até a velocidade V_E.

Novamente trabalhando com valores médios nas áreas transversais:

$$F_x + P_E A_E = \rho V_E(-Q) + \rho V_j(Q)$$

Para determinar o valor de P_E é necessário utilizar novamente a equação da quantidade de movimento agora para o VC_2, que é escolhido para conter a área 2 de saída e a área

1, incluindo os pontos na atmosfera, suficientemente longe da área de entrada para não sofrer sua influência, que contribuem para o escoamento na área de entrada. A somatória das forças no VC_2 restringe-se à força de pressão na área 2, então:

$$-P_E A_E = -\rho V_1 Q + \rho V_E Q$$

Como o VC foi escolhido suficientemente grande para que $V_1 \cong 0$, então:

$$-P_E A_E = \rho V_E Q$$

ou

$$P_E A_E + \rho V_E Q = 0$$

Então, a força F_x é obtida como:

$$F_x = \rho V_j^2 A_j$$

ou, utilizando o diâmetro do jato, que é o valor fornecido:

$$F_x = \frac{\pi}{4} \rho V_j^2 D_j^2$$

A segunda forma de resolver o problema é escolher um VC que seja a soma do VC_1 e do VC_2 anteriores. Com o novo VC, a equação da quantidade de movimento é reescrita como:

$$F_x = \iint_{A1} \rho V_1 \left(\vec{V} \cdot d\vec{A} \right) + \iint_{AS} \rho V_s \left(\vec{V} \cdot d\vec{A} \right)$$

Como o VC foi escolhido suficientemente grande para que $V_1 \cong 0$, então:

$$F_x = \rho V_j (Q)$$

ou

$$F_x = \frac{\pi}{4} \rho V_j^2 D_j^2$$

A ação de uma hélice de avião é provocar alteração na quantidade de movimento do ar, gerando uma força de propulsão. Como a hélice está viajando a uma velocidade V_1 e o ar ao longe está em repouso em relação à hélice, é como se o ar tivesse velocidade V_1. Na Figura 6.9 aparece uma hélice com suas linhas de corrente e os perfis de velocidade antes e depois dela. O VC é tomado com uma área de entrada a uma distância definida a montante da hélice e a área de saída a uma distância a jusante. A ligação entre as duas áreas é feita pelas linhas de corrente que limitam o escoamento provocado pela hélice. O fluido é assumido sem atrito e incompressível. Calcule a potência desenvolvida pela hélice e sua eficiência teórica.

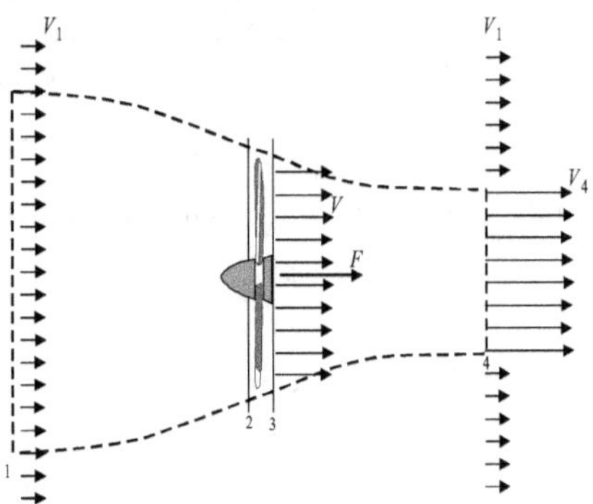

Figura 6.9   Escoamento de fluido através de uma hélice.

Consideradas as condições fornecidas deve-se acrescentar que a velocidade na seção 2 é igual à velocidade na seção 3, isto é, ao cruzar a hélice a velocidade não se altera, apenas é aumentada a pressão. A equação da conservação da quantidade de movimento pode ser aplicada ao Volume de Controle indicado na figura, que tem a pressão atmosférica em toda a sua volta.

A única força que aparece é a força axial exercida pela hélice sobre o fluido, que pode ser calculada em função da diferença de pressões imposta pela hélice, então:

$$F = (p_3 - p_2) \cdot A$$

em que A é a área varrida pela hélice.

Da conservação da quantidade de movimento vem:

$$F = \rho Q (V_4 - V_1)$$

ou

$$(p_3 - p_2) \cdot A = \rho Q (V_4 - V_1)$$

E aplicando a equação da continuidade e simplificando vem:

$$p_3 - p_2 = \rho V (V_4 - V_1)$$

Aplicando a equação de Bernoulli para a linha de corrente central entre 1 e 2 e entre 3 e 4, obtém-se:

$$p_3 - p_2 = \frac{1}{2} \rho \left(V_4^4 - V_1^2 \right)$$

Combinando as duas equações anteriores vem:

$$V = \frac{1}{2} (V_1 + V_4)$$

mostrando que a velocidade através da hélice é a média das velocidade a jusante e a montante dela. A potência desenvolvida pela hélice é obtida multiplicando-se a força pela velocidade, portanto:

$$\dot{W} = F \cdot V_1 = \rho Q (V_4 - V_1) V_1$$

Para calcular a eficiência da hélice é necessário calcular a potência de entrada, que é a potência requerida para aumentar a velocidade do fluido de V_1 para V_4, ou melhor, a potência útil somada à potência que sobra em razão da energia cinética a jusante, isto é:

$$\dot{W}_{entra} = \rho Q (V_4 - V_1) V_1 + \rho Q \frac{1}{2} (V_4 - V_1)^2$$

A eficiência teórica da hélice, ou rendimento teórico, η_t, é dada pela relação entre a potência útil e a potência de entrada, portanto:

$$\eta_t = \frac{2 V_1}{V_1 + V_4}$$

A eficiência de hélices utilizadas na aeronáutica apresentam valores próximos do valor teórico, chegando a 85%. Já as hélices navais apresentam eficiência menor, perto de 60%, em razão do menor diâmetro.

6.4 Conservação de Energia

A equação da conservação de energia é a aplicação da 1ª lei da Termodinâmica a um sistema e sua utilização por meio de um volume de controle *VC*. A 1ª lei da Termodinâmica para um sistema é escrita como apresentado na equação 6.18.

$$\dot{Q} - \dot{W} = \frac{dE}{dt} \tag{6.18}$$

em que:

- $\dot{Q}$ é o calor trocado entre o sistema e o meio, sendo positivo quando introduzido no sistema.

- $\dot{W}$ é o trabalho trocado entre o sistema e o meio, sendo positivo quando retirado do sistema.

- E é a energia do sistema.

A energia E é a soma das energias existentes no sistema e, para o caso de escoamentos fluidos, serão consideradas as energias cinética, potencial e interna, de acordo com a equação 6.19. A energia E é uma grandeza extensiva e sua correspondente grandeza intensiva é a energia específica e, mostrada na equação 6.20, na qual u é a energia interna específica.

$$E = \frac{mV^2}{2} + mgz + U \tag{6.19}$$

$$e = \frac{V^2}{2} + gz + u \tag{6.20}$$

Com auxílio da equação de Transformação de Reynolds, a 1ª lei da Termodinâmica pode ser calculada para um *VC*, fornecendo:

$$\dot{Q} - \dot{W} = \frac{\partial}{\partial t} \iiint_{VC} \rho \left(\frac{1}{2} V^2 + gz + u \right) dvol + \iint_{SC} \rho \left(\frac{1}{2} V^2 + gz + u \right) \left(\vec{V} . \, d\vec{A} \right) \tag{6.21}$$

A taxa de trabalho realizada através da fronteira do volume de controle pode ser caracterizada como composta por duas parcelas, uma representando a taxa de trabalho em decorrência da pressão na fronteira do *VC* e outra representando todo o trabalho mecânico que pode ocorrer entre o sistema e o meio. Tem-se, então:

$$\dot{Q} - \left(\dot{W}_p + \dot{W}_{mec} \right) = \frac{\partial}{\partial t} \iiint_{VC} \rho \left(\frac{1}{2} V^2 + gz + u \right) dvol + \iint_{SC} \rho \left(\frac{1}{2} V^2 + gz + u \right) \left(\vec{V} . \, d\vec{A} \right) \tag{6.22}$$

em que:

- $\dot{W}_{mec}$ = trabalho mecânico por unidade de tempo ou potência mecânica produzida ou consumida pelo sistema que coincide com o volume de controle.

- $\dot{W}_p$ = trabalho por unidade de tempo ou potência produzida em decorrência da ação das tensões normais (pressões) na fronteira do volume de controle.

O trabalho das forças de pressão pode ser calculado pela equação 6.23, resultante da integração das forças de pressão sobre toda a superfície do volume de controle.

$$\dot{W}_p = \iint_{SC} p \left(\vec{V} . \, d\vec{A} \right) \tag{6.23}$$

Substituída na equação 6.22, vem:

$$\dot{Q} - \dot{W}_{mec} - \iint_{SC} p \, \vec{V} . \, d\vec{A} = \frac{\partial}{\partial t} \iiint_{VC} \left(\frac{1}{2} V^2 + gz + u \right) \rho \, dvol +$$

$$+ \iint_{SC} \left(\frac{1}{2} V^2 + gz + u \right) \rho \, \vec{V} . \, d\vec{A} \tag{6.24}$$

A integral que calcula a potência das forças de pressão é similar à integração na área da superfície de controle, portanto, podem ser agrupadas pela soma dos integrandos. Então, a equação 6.24 pode ser escrita como:

$$\dot{Q} - \dot{W}_{mec} = \frac{\partial}{\partial t} \iiint_{VC} \left(\frac{1}{2} \rho V^2 + \rho gz + \rho u \right) dvol +$$

$$+ \iint_{SC} \left(\frac{1}{2} \rho V^2 + \rho gz + \rho u + p \right) \vec{V} . \, d\vec{A} \tag{6.25}$$

A parcela *p*, somada aos termos de energia, não é referente a um tipo de energia, mas ao trabalho das forças de pressão, por isso, aparece apenas na integral dupla. Como no caso da quantidade de movimento, exemplos de aplicação da equação da energia reforçam o aprendizado e trazem conhecimentos para aplicações mais generalizadas da equação. Os exemplos serão apresentados após o conceito de perda de energia.

6.4.1 Segunda lei da Termodinâmica

A 2ª lei da Termodinâmica tem grande importância, pois estabelece que a condição de perda de energia é ligada ao conceito de irreversibilidade de um processo e introduz o conceito de entropia, S, uma propriedade do fluido.

A 2ª lei estabelece que, para um processo reversível cíclico, têm-se:

$$\oint_{\text{reversível}} \frac{dQ}{T} = 0 \tag{6.26}$$

em que T é a temperatura absoluta e Q é o calor trocado com o meio.

A Figura 6.10 contém um esquema que apresenta um ciclo termodinâmico no plano (p, v), constituído por dois caminhos: o caminho **a**, que leva o sistema por meio de um processo reversível, de um ponto 1 para um ponto 2, e o caminho **b,** que leva o sistema de volta ao ponto 1 por um novo caminho reversível, fechando o ciclo. Aplicando a equação 6.26 ao ciclo, têm-se:

$$\int_{1\,a}^{2} \frac{dQ}{T} + \int_{2\,b}^{1} \frac{dQ}{T} = 0 \tag{6.27}$$

ou, com os limites de integração da segunda equação invertidos:

$$\int_{1\,a}^{2} \frac{dQ}{T} = \int_{1\,b}^{2} \frac{dQ}{T} \tag{6.28}$$

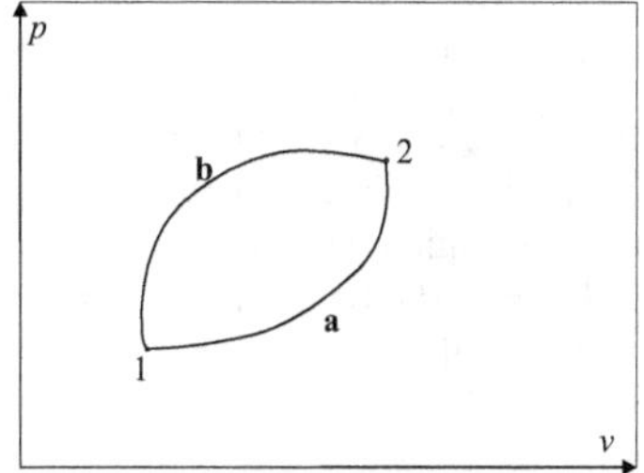

Figura 6.10 Ciclo reversível composto por dois caminhos: **a** e **b**.

6.4.2 Conceito de entropia

A equação 6.28 mostra que qualquer caminho reversível adotado para calcular a integral entre os dois pontos leva ao mesmo resultado, portanto, o valor da integral só depende dos dois pontos e não do caminho seguido entre eles. Assim, é possível associar ao estado da substância no ponto uma propriedade cuja diferença entre os dois pontos 1 e 2 represente a integral $\int dQ/T$. Isto é:

$$\int_{1}^{2} \frac{dQ}{T}\bigg|_{\text{reversível}} = S_2 - S_1 \tag{6.29}$$

A propriedade S representa a **entropia** da substância, uma propriedade definida pela aplicação da 2ª lei da Termodinâmica a um processo reversível, isto é, sem perdas de energia. A diferença de entropia $\Delta S = S_2 - S_1$ é a grandeza que está relacionada à troca de calor, não sendo importante, nesse caso, os valores absolutos da entropia.

Considerando um processo irreversível, Clausius estabeleceu a inequação 6.30, denominada desigualdade de Clausius.

$$\int_1^2 \frac{dQ}{T} \leq S_2 - S_1 \tag{6.30}$$

em que T é a temperatura absoluta.

A equação 6.30 pode ser modificada para:

$$\frac{dQ}{T} \leq dS \tag{6.31}$$

ou

$$dQ \leq TdS \tag{6.32}$$

então,

$$TdS - dQ \geq 0 \tag{6.33}$$

O limite inferior representado pelo sinal de igual é aplicado a processos reversíveis e, para processos irreversíveis, a desigualdade pode ser transformada em igualdade introduzindo o conceito de *perdas*, que pode ser identificado com o primeiro termo da equação 6.33, conforme a equação 6.34.

$$TdS - dQ \equiv d(\text{perdas}) \tag{6.34}$$

Note que as perdas são sempre positivas para os escoamentos irreversíveis, como afirmado pela equação 6.33, e no limite seriam nulas para escoamentos reversíveis, o que só existe para fluidos ideais. Assim, qualquer escoamento de fluidos reais está associado a uma perda de energia, usualmente identificada pela diferença de pressão, já que esta é a única variável da equação da energia que não é restringida pelos limites do escoamento ou por sua posição geométrica.

Exemplo 6.5

Considere o escoamento de um fluido real, em regime permanente, interno a um tubo de diâmetro D, com velocidade média V_1. Sabendo que o fluido real sofre o atrito das paredes, dissipando energia, quantifique a energia perdida no escoamento.

Solução:

Tomando-se um volume de controle com a área de entrada coincidindo com a seção inicial da tubulação, (1) na Figura 6.11; a área de saída coincidindo com a seção final do tubo, (2) na Figura 6.11; e a área lateral acompanhando o tubo em toda a sua extensão, comprimento L na figura, pode-se efetuar a análise do escoamento. A figura mostra o duto e o volume de controle considerados.

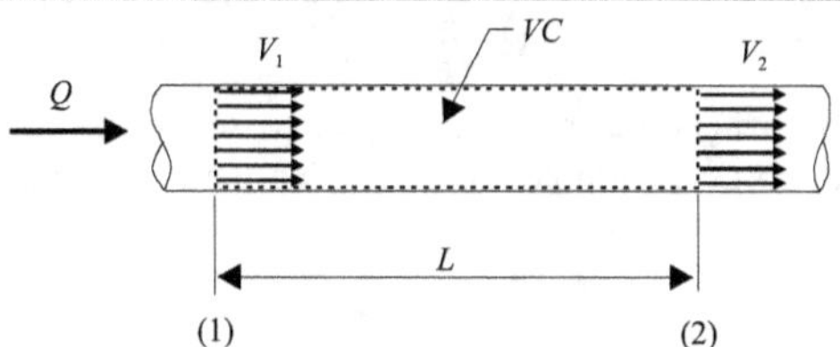

Figura 6.11   Estudo do escoamento em um tubo por meio de um volume de controle.

A equação da conservação da energia em regime permanente torna-se:

$$\dot{Q} - \dot{W}_{mec} = \iint_{SC} \left(\frac{1}{2}\rho V^2 + \rho gz + \rho u + P \right) \vec{V} \cdot d\vec{A}$$

Como o produto escalar não se anula apenas nas superfícies de entrada e saída do volume de controle, vem:

$$\dot{Q} - \dot{W}_{mec} = \iint_{A_E} \left(\frac{1}{2}V^2 + gz + u + \frac{p}{\rho} \right) \rho \vec{V} \cdot d\vec{A} + \iint_{A_S} \left(\frac{1}{2}V^2 + gz + u + \frac{p}{\rho} \right) \rho \vec{V} \cdot d\vec{A}$$

Trabalhando com grandezas médias, nas seções transversais do tubo, as grandezas V, u, z e p são consideradas constantes nas áreas de entrada e saída do volume de controle, sendo, portanto, constante a soma dessas grandezas, a qual aparece entre parênteses na equação. Essa soma pode ser colocada em evidência na operação de integral, resultando:

$$\dot{Q} - \dot{W}_{mec} = \left(\frac{1}{2}V_1^2 + gz_1 + u_1 + \frac{p_1}{\rho} \right) \iint_{A_E} \rho \vec{V} \cdot d\vec{A} + \left(\frac{1}{2}V_2^2 + gz_2 + u_2 + \frac{p_2}{\rho} \right) \iint_{A_S} \rho \vec{V} \cdot d\vec{A}$$

As integrais representam a descarga nas áreas de entrada e saída e fornecem, para ρ constante:

$$\iint_{A_E} \rho \vec{V} \cdot d\vec{A} = -\rho.Q$$

porque a velocidade e o elemento de área têm sentidos opostos na área de entrada, e:

$$\iint_{A_S} \rho \vec{V} \cdot d\vec{A} = \rho.Q$$

pois na saída do VC a velocidade e o elemento de área têm mesmo sentido.

Substituídas na equação anterior fornecem:

$$\dot{Q} - \dot{W}_{mec} = -\left(\frac{1}{2}\rho V_1^2 + \rho gz_1 + \rho u_1 + p_1 \right)Q + \left(\frac{1}{2}\rho V_2^2 + \rho gz_2 + \rho u_2 + p_2 \right)Q$$

Com foco no exemplo, verifica-se que não há troca de calor entre o volume de controle e o meio, caracterizando um escoamento que na Termodinâmica é denominado *adiabático*, indicando que o transporte de calor é nulo, isto é:

$$\dot{Q} = 0$$

Também não há realização de trabalho mecânico sendo introduzido ou retirado do volume de controle e, portanto, a potência mecânica também é nula, isto é:

$$\dot{W}_{mec} = 0$$

Considerando essa duas expressões e a igualdade das vazões na entrada e na saída do tubo, a equação pode ser simplificada para:

$$p_1 + \frac{1}{2}\rho V_1^2 + \rho g z_1 + \rho u_1 = p_2 + \frac{1}{2}\rho V_2^2 + \rho g z_2 + \rho u_2$$

que é a equação da energia aplicada ao escoamento interno a uma tubulação. Observa-se que a equação obtida é semelhante à equação de Bernoulli, só diferindo em razão da presença dos termos referentes à energia interna. É usual agrupar os termos de energia interna e associar sua diferença a um sentido físico do processo. Assim, a equação obtida fica:

$$p_1 + \frac{1}{2}\rho V_1^2 + \rho g z_1 = p_2 + \frac{1}{2}\rho V_2^2 + \rho g z_2 + \rho(u_2 - u_1)$$

No caso do escoamento interno a uma tubulação, o termo $\rho(u_2 - u_1)$ representa a variação de energia introduzida no fluido em razão de processos de atrito com a parede e pela dissipação viscosa. Como a energia interna específica pode ser quantificada pelo produto do calor específico c pela temperatura T, o termo representaria a variação de temperatura causada pelo escoamento. Uma vez que o processo de atrito tem eficiência muito baixa no aquecimento do fluido, o termo é considerado perda de energia. Levando em conta que as energias cinética e potencial são governadas pelas condições geométricas do escoamento e, no caso, são iguais na entrada e na saída do tubo, a perda pode ser quantificada em termos da diferença da pressão, portanto, é indicada por Δp. Então, a equação pode ser reescrita como:

$$p_1 - p_2 = \Delta p$$

Portanto, a perda de energia provocada pelo escoamento em um tubo horizontal de seção constante é igual à diferença de pressão entre as seções de entrada e saída. A parcela Δp da equação é denominada "perda de carga" e seu cálculo será visto em capítulo futuro. Em um escoamento genérico com variação da altitude e da área do tubo, a perda de carga é calculada utilizando todas as parcelas da equação obtida.

Este exemplo demonstrou que a aplicação da equação da energia a escoamentos conduz a uma equação semelhante à equação de Bernoulli. Alguns autores se referem a essa equação como "equação de Bernoulli generalizada". Deve-se notar que a equação de Bernoulli foi derivada de um princípio diferente e, portanto, é uma equação independente, podendo ser utilizada, nos casos em que seja válida, em conjunto com a equação da energia.

Exemplo 6.6

Determine a potência necessária para transportar água de um reservatório para outro reservatório localizado a uma maior altitude, com vazão constante Q. A diferença de nível entre os reservatórios é Hg e a perda de carga na tubulação pode ser considerada $\Delta p = k.Q^2$. Na Figura 6.12 é apresentado um esquema do sistema de bombeamento.

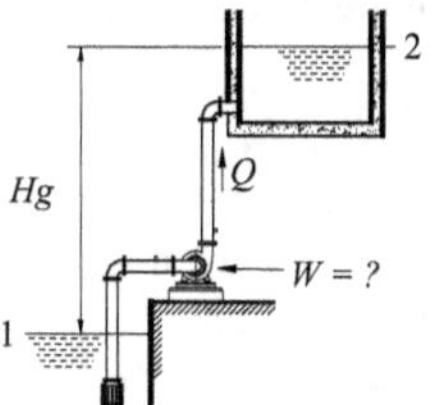

Figura 6.12 Sistema de bombeamento.

Solução:

O volume de controle mais adequado para resolver este exemplo deve ter a área de entrada coincidindo com a superfície do reservatório inferior, com base no princípio de que todas as linhas de corrente se iniciam na superfície livre. Analogamente, a área de saída coincide com o nível da água no reservatório superior. A área lateral do *VC* acompanha a tubulação e envolve a bomba d'água.

Para este *VC,* a equação da conservação da energia, para regime permanente e sem troca de calor com o meio, pode ser escrita como:

$$-\dot{W}_{mec} = \iint_{A_E}\left(\frac{1}{2}V^2 + gz + u + \frac{p}{\rho}\right)\rho\ \vec{V}.\ \mathrm{d}\vec{A} + \iint_{A_S}\left(\frac{1}{2}V^2 + gz + u + \frac{p}{\rho}\right)\rho\ \vec{V}.\ \mathrm{d}\vec{A}$$

Novamente trabalha-se com grandezas médias nas seções transversais do tubo, portanto, a soma entre parênteses pode ser colocada em evidência na operação de integral, resultando:

$$-\dot{W}_{mec} = \left(\frac{1}{2}V_1^2 + gz_1 + u_1 + \frac{p_1}{\rho}\right)\iint_{A_E}\rho\ \vec{V}.\ \mathrm{d}\vec{A} + \left(\frac{1}{2}V_2^2 + gz_2 + u_2 + \frac{p_2}{\rho}\right)\iint_{A_S}\rho\ \vec{V}.\ \mathrm{d}\vec{A}$$

As integrais representam a descarga nas áreas de entrada e saída e fornecem:

$$\iint_{A_E}\rho\ \vec{V}.\ \mathrm{d}\vec{A} = -\rho Q$$

porque a velocidade e o elemento de área têm sentidos opostos na área de entrada, e:

$$\iint_{A_S}\rho\ \vec{V}.\ \mathrm{d}\vec{A} = \rho Q$$

pois na saída do *VC* a velocidade e o elemento de área têm mesmo sentido.

Além disso, como a área de entrada coincide com a superfície livre, $V_1 = 0$ e $p_1 = 0$, o mesmo ocorrendo para a área de saída. Assim, a equação reduz-se a:

$$-\dot{W}_{mec} = -\rho(gz_1 + u_1)Q + \rho(gz_2 + u_2)Q$$

ou

$$-\dot{W}_{mec} = \left(\rho g(z_2 - z_1) + \rho(u_2 - u_1)\right)Q$$

Como não há troca de calor, o aquecimento da água é desprezível, então, $\rho(u_2 - u_1)$ = Δp e $(z_2 - z_1) = Hg$, portanto:

$$-\dot{W}_{mec} = \left(\rho g Hg + \Delta p\right)Q$$

Essa é a potência necessária para o bombeamento de água. Note que, além da pressão correspondente ao desnível geométrico, aparece o termo de perdas Δp, que é sempre positivo e, portanto, age como se a altura a ser vencida fosse maior. Como a perda é definida, no exemplo, em função da vazão, pode ser substituída, fornecendo:

$$\dot{W}_{mec} = -\left(\rho g Hg + k \cdot Q^2\right)Q$$

A potência é representada por um número negativo, pois se trata de trabalho sendo efetuado sobre o escoamento, portanto, negativo, de acordo com a convenção adotada.

Exemplo 6.7

Determine a potência produzida pelo escoamento de água através de uma turbina, proveniente de um reservatório para outro reservatório localizado a uma altitude inferior, com vazão constante Q. A diferença de nível entre os reservatórios é Hg e a perda de carga na tubulação pode ser considerada $\Delta p = k \cdot Q^2$. Na Figura 6.13 é apresentado um esquema do sistema hidroenergético.

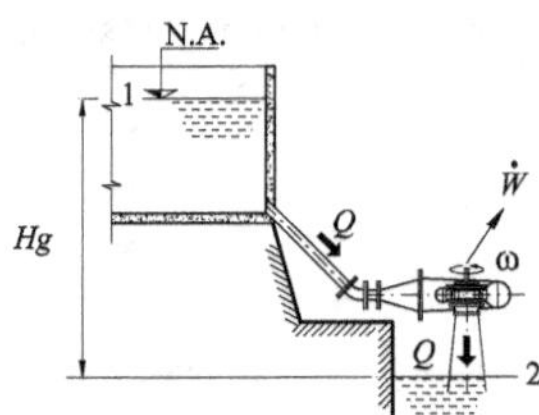

Figura 6.13   Sistema hidroenergético.

Solução:

Da mesma forma que no exemplo anterior, o volume de controle deve ter a área de entrada coincidindo com a superfície do reservatório superior e a área de saída coincidindo com o nível da água no reservatório inferior. A área lateral do *VC* acompanha a tubulação e envolve a turbina.

Para esse *VC,* a equação da conservação da energia, para regime permanente e sem troca de calor com o meio, pode ser escrita como:

$$-\dot{W}_{mec} = \iint_{A_E}\left(\frac{1}{2}V^2 + gz + u + \frac{p}{\rho}\right)\rho\ \vec{V}\cdot \mathrm{d}\vec{A} + \iint_{A_S}\left(\frac{1}{2}V^2 + gz + u + \frac{p}{\rho}\right)\rho\ \vec{V}\cdot \mathrm{d}\vec{A}$$

Novamente, trabalhando com grandezas médias nas seções transversais do tubo, a soma entre parênteses pode ser colocada em evidência na operação de integral, resultando:

$$-\dot{W}_{mec} = \left(\frac{1}{2}V_1^2 + gz_1 + u_1 + \frac{p_1}{\rho}\right)\iint_{A_E}\rho\ \vec{V}\cdot \mathrm{d}\vec{A} + \left(\frac{1}{2}V_2^2 + gz_2 + u_2 + \frac{p_2}{\rho}\right)\iint_{A_S}\rho\ \vec{V}\cdot \mathrm{d}\vec{A}$$

As integrais representam a descarga nas áreas de entrada e saída e fornecem:

$$\iint_{A_E}\rho\ \vec{V}\cdot \mathrm{d}\vec{A} = -\rho Q$$

porque a velocidade e o elemento de área têm sentidos opostos na área de entrada, e:

$$\iint_{A_S}\rho\ \vec{V}\cdot \mathrm{d}\vec{A} = \rho Q$$

pois na saída do *VC* a velocidade e o elemento de área têm mesmo sentido.

Além disso, como a área de entrada coincide com a superfície livre, $V_1 = 0$ e $p_1 = 0$, o mesmo ocorrendo para a área de saída. Assim, a equação reduz-se a:

$$-\dot{W}_{mec} = -\rho(gz_1 + u_1)Q + \rho(gz_2 + u_2)Q$$

ou

$$-\dot{W}_{mec} = \left(\rho g(z_2 - z_1) + \rho(u_2 - u_1)\right)Q$$

Como não há troca de calor, o aquecimento da água é desprezível, então, $\rho(u_2 - u_1) = \Delta p$ e $(z_2 - z_1) = -Hg$, portanto:

$$\dot{W}_{mec} = (\rho g Hg - \Delta p)Q$$

Essa é a potência produzida pela turbina. Note que, além da pressão correspondente ao desnível geométrico, aparece o termo de perdas Δp, que é sempre positivo, portanto, age como se a altura útil fosse menor. Como a perda é definida, no exemplo, em função da vazão, pode ser substituída, fornecendo:

$$\dot{W}_{mec} = (\rho g Hg - k\cdot Q^2)Q$$

A potência é representada por um número positivo, pois trata-se do trabalho efetuado pelo escoamento, portanto, positivo, de acordo com a convenção adotada.

EXEMPLO 6.8

Uma aplicação importante da equação de conservação da energia é o processo de aquecimento de um fluido por meio de um trocador de calor. Um bom exemplo é o aquecedor de água por energia solar, que pode ser aproximado por um tubo exposto ao sol, pelo qual é forçado um escoamento de água de vazão constante Q. Se a radiação solar introduz no tubo uma carga térmica $\dot{Q}$, calcule o aumento de temperatura provocado no fluido em escoamento.

Solução:

O *VC* será tomado com as áreas de entrada e saída, coincidindo com a entrada e a saída do aquecedor solar, e o volume de controle envolve todo o aquecedor. Dessa forma, a equação de conservação da energia em regime permanente e trocando calor com o meio é escrita como:

$$\dot{Q} = \iint_{A_E} \left(\frac{1}{2} V^2 + gz + u + \frac{p}{\rho} \right) \rho \, \vec{V} \cdot d\vec{A} + \iint_{A_S} \left(\frac{1}{2} V^2 + gz + u + \frac{p}{\rho} \right) \rho \, \vec{V} \cdot d\vec{A}$$

Novamente, trabalhando com grandezas médias nas seções transversais do tubo, a soma entre parênteses pode ser colocada em evidência na operação de integral, resultando:

$$\dot{Q} = \left(\frac{1}{2} V_1^2 + gz_1 + u_1 + \frac{p_1}{\rho} \right)\iint_{A_E} \rho \, \vec{V} \cdot d\vec{A} + \left(\frac{1}{2} V_2^2 + gz_2 + u_2 + \frac{p_2}{\rho} \right)\iint_{A_S} \rho \, \vec{V} \cdot d\vec{A}$$

As integrais representam a descarga nas áreas de entrada e saída e fornecem:

$$\iint_{A_E} \rho \, \vec{V} \cdot d\vec{A} = -\rho Q = -\dot{m}$$

porque a velocidade e o elemento de área têm sentidos opostos na área de entrada, e:

$$\iint_{A_S} \rho \, \vec{V} \cdot d\vec{A} = \rho Q = \dot{m}$$

pois na saída do *VC* a velocidade e o elemento de área têm mesmo sentido.

Substituindo a descarga na equação, vem:

$$\dot{Q} = \dot{m}\left(\frac{1}{2} V_2^2 - \frac{1}{2} V_1^2 + gz_2 - gz_1 + u_2 - u_1 + \frac{p_2}{\rho} - \frac{p_1}{\rho} \right)$$

Assumindo que a massa específica varia pouco com a temperatura, a tubulação está na horizontal e, ainda, que tem seção constante, vê-se que $V_1 = V_2$, $z_1 = z_2$, portanto:

$$\dot{Q} = \dot{m}\left(u_2 - u_1 + \frac{p_2}{\rho} - \frac{p_1}{\rho} \right)$$

Como $p_1 - p_2 = \Delta p$, a perda de carga entre a entrada e saída do aquecedor, é pequena e pode ser desprezada, e, ainda, como $u = c.T$, a equação reduz-se a:

$$\dot{Q} = \dot{m}c\Delta T$$

Portanto, a diferença de temperatura será:

$$\Delta T = \frac{\dot{Q}}{\rho c Q}$$

Exercícios

1. Um jato horizontal de água que sai de uma tubulação a uma velocidade média V_m, choca-se com uma placa plana que está em repouso e orientada normalmente à direção do jato. Se a seção da área de saída da tubulação é A, qual a força horizontal total que os fluidos em contato com a placa exercem sobre ela? Resolva este problema usando dois volumes de controle diferentes.

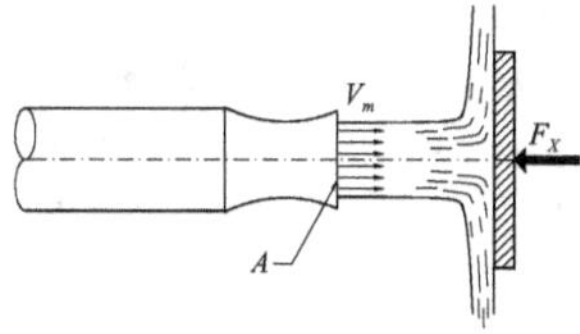

2. Um jato de líquido, permanente e unidimensional, com vazão Q e velocidade V_m incide sobre uma placa inclinada em um ângulo θ. Desprezando completamente o atrito e a perda de energia no choque, determine a força exercida pelo jato sobre a placa e, também, os valores das vazões Q_1 e Q_2.

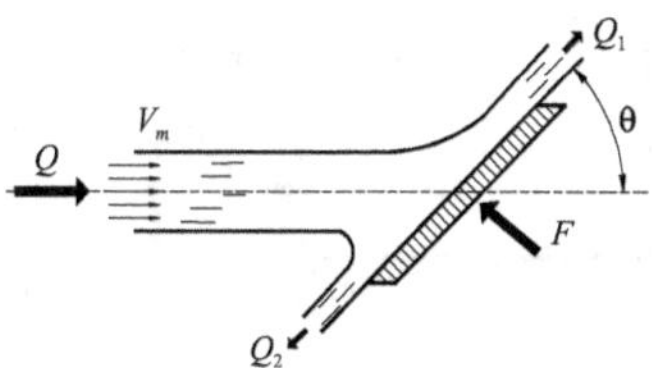

3. Um jato de água de velocidade V_0 e vazão Q_0, incide sobre uma placa e é defletido conforme indicado na figura.

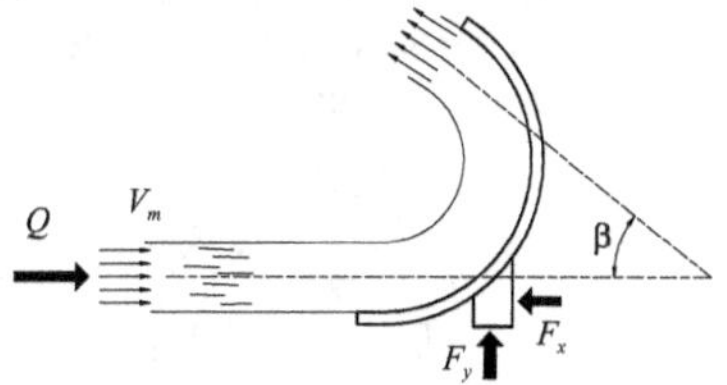

a) Se a placa está parada, calcule as componentes F_x e F_y da força em decorrência do jato sobre a placa.

b) Se a placa desloca-se para a direita com uma velocidade U, constante, na direção do jato, calcule a componente F_x, da força em decorrência do jato sobre a placa.

Faça as hipóteses necessárias à resolução do problema.

4. Tem-se um carrinho movendo-se sobre um plano horizontal sem atrito. Sobre o carrinho incide um jato de água com velocidade absoluta V_1 e sai outro jato de água com velocidade V_2, relativa ao carro. As áreas de ambos os jatos são iguais e seu valor é A. O carro movimenta-se com velocidade constante para a direita. Desprezando-se qualquer força de atrito e dados: ρ, V_1, V_2 e A, pedem-se:

a) Determine a velocidade do carro no instante t.

b) Determine a potência fornecida ao carro no instante t.

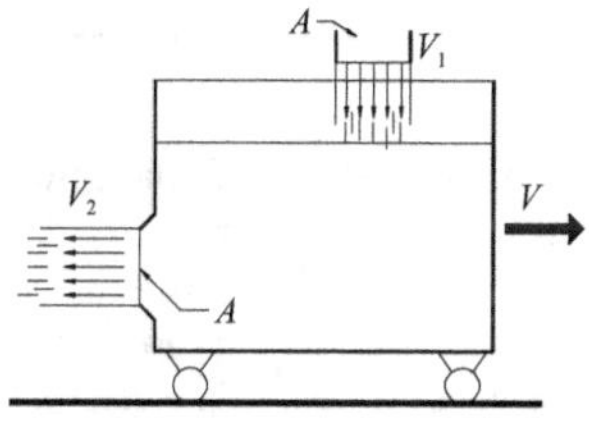

5. Um jato permanente e unidimensional de área A e velocidade V sai de um bocal na direção paralela à linha de maior declive do plano inclinado da figura. Após chocar-se com a placa recurvada, desvia-se de um ângulo θ. Nessas condições, determine a velocidade V tal que o carrinho de peso P permaneça imóvel. Discuta a solução.

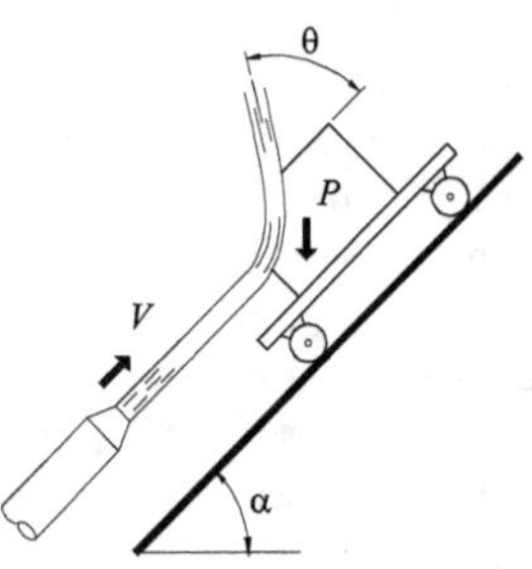

6. Determine o peso P necessário para equilibrar, na vertical, a estrutura mostrada na figura, a qual é submetida à ação de um jato incompressível, permanente e unidimensional. Considere conhecidas a área do jato, A, a velocidade uniforme do jato, V, o ângulo β e a massa específica da água, ρ.

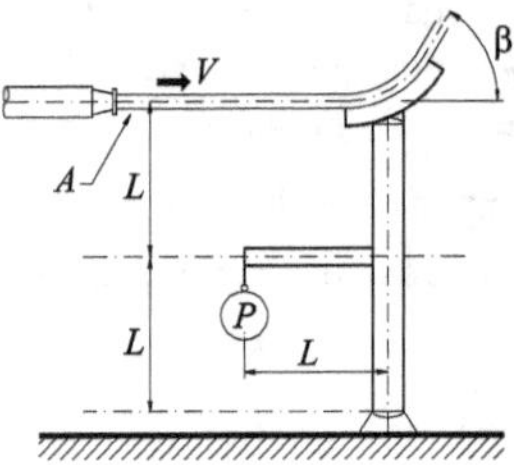

7. Tem-se um jato d'água permanente e unidimensional incidindo sobre uma placa recurvada, conforme o esquema. Sabe-se que a placa pode sofrer movimento de translação na direção do jato. Conhecendo a área A_j da seção transversal do jato e a vazão Q através do bocal, determine:

a) A força exercida pelo jato sobre a placa recurvada quando esta estiver imobilizada.

b) A força exercida pelo jato sobre a placa recurvada, quando ela se desloca com velocidade V_0, constante, no sentido do jato.

c) A potência entregue pelo jato à placa.

d) A relação entre a velocidade V_0 e a velocidade do jato, para a máxima transferência da potência entre o jato e a placa.

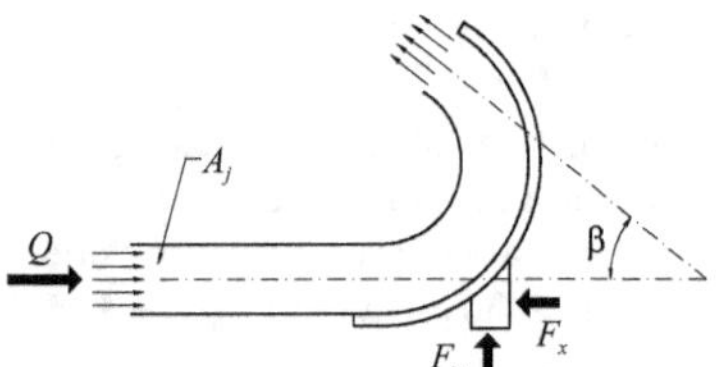

8. Desprezando as perdas de carga no orifício tipo Borda, esquematizado na figura, lembrando que a velocidade teórica de um jato através de um orifício é dada por $V = \sqrt{2gH}$, demonstre, usando a equação da conservação da quantidade de movimento, que o coeficiente de contração do orifício vale:

$$Cc = \frac{A_j}{A_o} = 0,5$$

em que A_j é a área do jato e A_o a área do orifício.

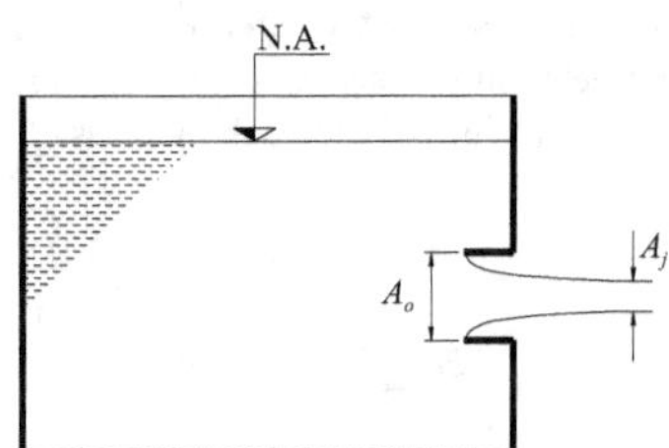

9. Uma canalização de diâmetro D, na qual está fluindo uma vazão Q, faz um "laço" em forma de circunferência situado em um plano vertical. Os ramos horizontais do "laço" estão escorados por uma barra de aço, como na figura. Calcule a força na barra de aço. Essa força é de tração ou compressão? A pressão interna na canalização é igual a p constante.

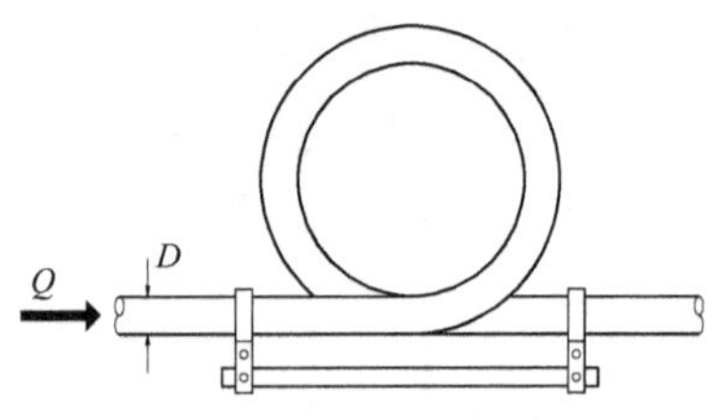

10. Determine a potência necessária para manter uma plataforma de peso *mg* pairando no ar a grande distância do solo, por efeito de uma hélice confinada no centro da plataforma, como na figura.

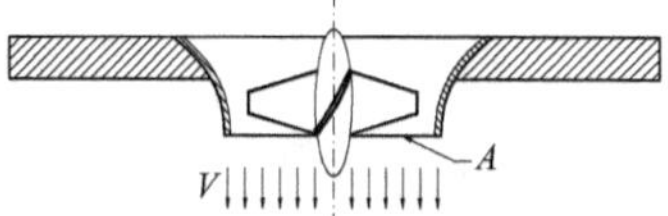

11. Ressalto hidráulico é uma elevação brusca no nível de água em um canal, quando o escoamento passa de um estágio de grande velocidade (seção 1) para outro de baixa velocidade (seção 2). Essa mudança é acompanhada por grande turbulência, redemoinhos, entrada de ar no líquido e ondulações em sua superfície. Para um canal retangular onde escoa uma vazão por unidade de largura igual a *q* (vazão por metro de comprimento na direção perpendicular ao desenho), e assumindo nas seções (1) e (2) escoamento unidimensional e distribuição de pressões hidrostática, prove que:

$$\frac{Y_2}{Y_1} = \frac{1}{2}\left[\sqrt{1 + \frac{8V_1^2}{gY_1}} - 1\right]$$

em que Y_2 e Y_1, chamadas alturas conjugadas do ressalto, são, respectivamente, as alturas d'água nas seções (2) e (1).

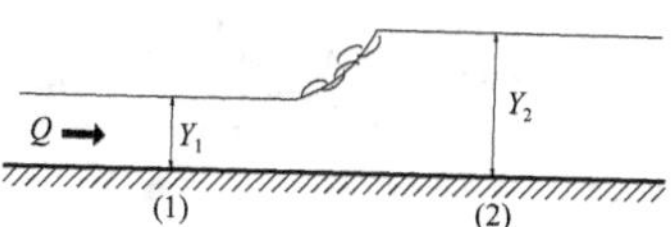

12. O carro da figura desloca-se em linha reta, sobre trilhos horizontais e sem atrito, com velocidade constante *V*. Sobre ele está agindo um jato d'água permanente e unidimensional de velocidade absoluta V_j e área *A,* o qual, após se chocar sem perdas com a placa defletora, se desvia como na figura. Determine a potência

instantânea transmitida ao carro, bem como a quantidade de massa de água por segundo que entra no volume de controle escolhido. Massa específica da água ρ.

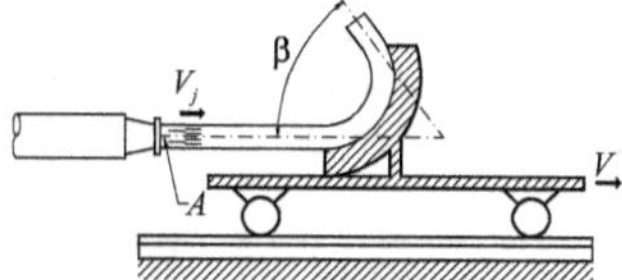

13. Considere uma turbina Pelton fictícia que possua somente algumas "canecas", de forma que apenas uma caneca mantém contato com o jato. Sendo *Q* a vazão descarregada pelo bocal, V_j a velocidade do jato, ω a velocidade angular da turbina e *R* o seu raio, determine a potência cedida pelo jato à turbina. Determine que relação deve haver entre V_j e ω R para que a potência cedida seja máxima. Despreze as perdas.

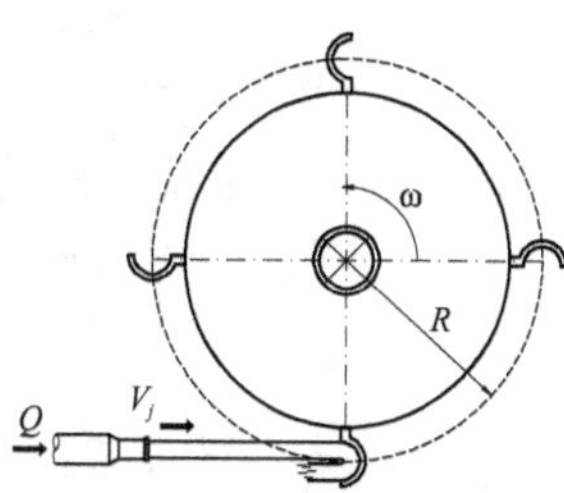

14. Resolva o problema anterior para o caso de uma turbina Pelton, ainda fictícia, com um número infinito de canecas. Demonstre que, nesse caso, a potência transmitida à turbina pelo jato é máxima quando $V_j = 2\,\omega\,R$. Despreze as perdas.

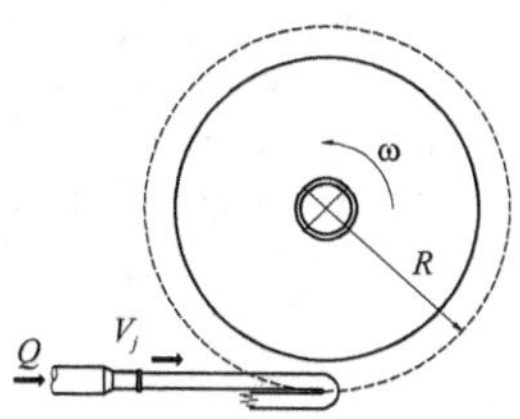

15. A água que abandona o depósito da figura tem velocidade V_j e área do jato vale A. O jato incide sobre uma placa defletora desviando-se de um ângulo β, conforme a figura. Supondo o escoamento permanente e o jato unidimensional, calcule o empuxo sobre a vagoneta, se esta se mantém fixa ao solo mediante uma corda. Resolva o problema de duas maneiras usando volumes de controle diferentes.

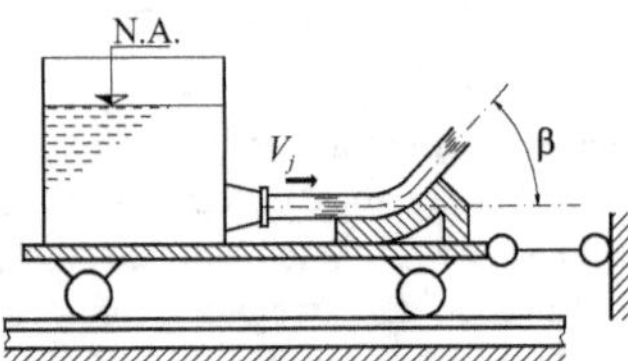

16. De um bocal sai um jato permanente e unidimensional de área A e velocidade V_j e choca-se contra o obstáculo, como representado na figura, dividindo-se em partes iguais. O obstáculo desloca-se para a direita com velocidade absoluta e constante V. Desprezando as perdas de energia no choque, determine a força horizontal que age sobre obstáculo. A massa específica do líquido é ρ.

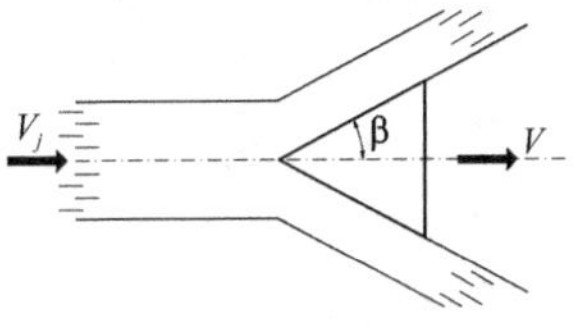

17. Como mostrado na figura, água escoa com uma altura y e uma velocidade média V em um canal retangular, fechado por uma comporta, a qual faz com que a água se encaminhe para baixo, suavemente. Calcule a elevação Δy da superfície da água a montante da comporta, usando, primeiro, o princípio da energia (equação de Bernoulli) e, depois, a equação da quantidade de movimento, levando em conta que $\dfrac{\Delta y}{y} \cong 0$.

Qual das duas respostas é a correta? Por quê?

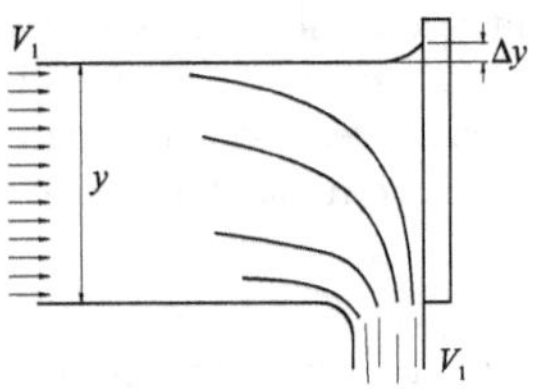

18. Um jato de ar com velocidade V_1, área A e inclinado de um ângulo α incide sobre uma esfera de peso mg e a mantém flutuando como esquematizado na figura. Desprezando as perdas e admitindo que a esfera esteja parada, determine o ângulo de deflexão do jato β e a velocidade de saída do jato V_2.

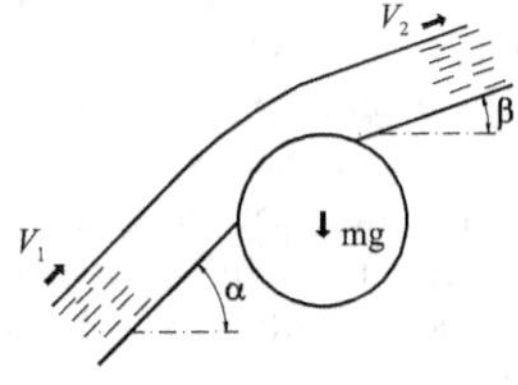

19. Desprezando o atrito com a tubulação, calcule a potência desenvolvida na turbina pela água procedente de um depósito de grandes dimensões. Despreze as perdas de carga.

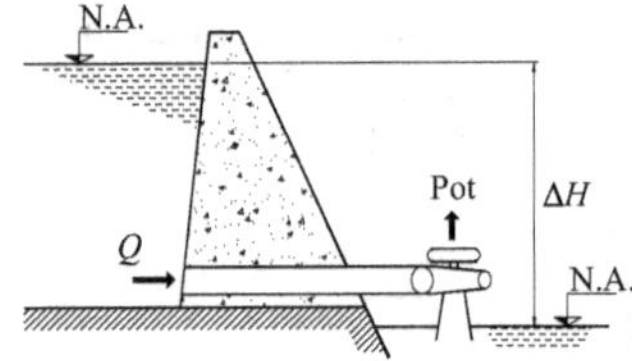

20. A água de um grande depósito, como mostra a figura, tem sua superfície livre submetida a uma pressão manométrica de $3,3$ kN/m². Segundo se mostra, a água é bombeada e expulsa em forma de jato livre mediante uma boquilha de $7,5$ cm de diâmetro. Com os dados da figura, calcule a potência da bomba, em Watts, necessária para o bombeamento. Despreze as perdas de carga.

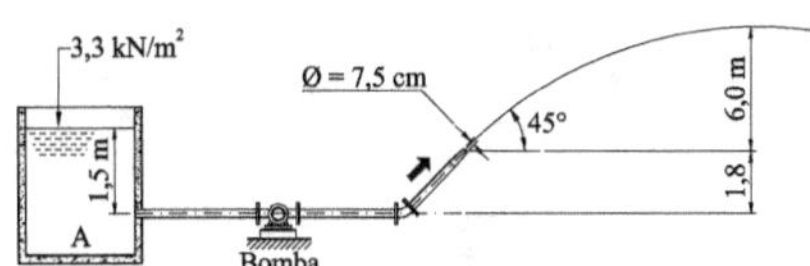

21. Uma vazão de 7,0 m³/s de água passa através de uma turbina. A pressão estática no topo da tubulação de entrada é igual a 330 kN/m² e em uma seção de 1,50 m de diâmetro na tubulação de saída ("canal de fuga") da turbina a pressão de estagnação é negativa e igual a 250 mmHg (vácuo). Para um rendimento igual a 0,95, qual a potência desenvolvida pela turbina?

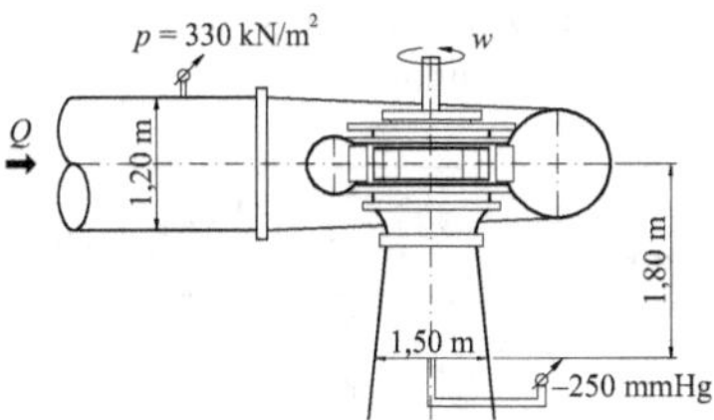

22. O equipamento esquematizado na figura foi idealizado para medir vazões na saída de uma tubulação. Forneça a expressão para o cálculo da vazão em função da variação do comprimento da mola (x) e das outras variáveis indicadas na figura. A constante da mola (K) e a massa específica do fluido (ρ) são conhecidas.

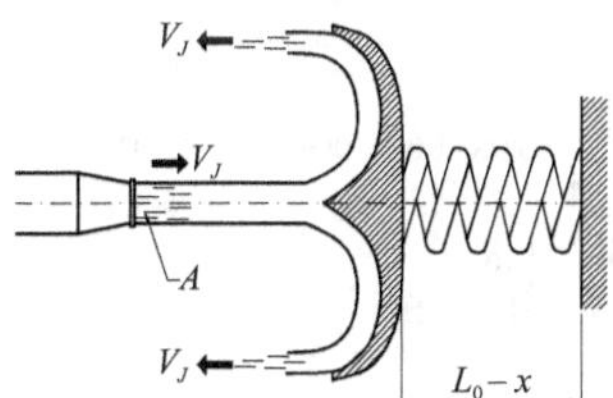

23. Em torno de um tubo, de diâmetro $D = 5$ cm, que conduz água a uma velocidade média de 5,0 m/s, é colocado um aquecedor, conforme indicado na figura. Forneça uma avaliação para a temperatura de saída da água, sabendo que a temperatura de entrada é 22°C, que a massa específica da água mantém-se constante, $\rho = 10^3$ kg/m³, e que c = 4185 J/(kg°C). A potência elétrica fornecida é 80.000 W. Nessa primeira avaliação, despreze as perdas que ocorrem no escoamento da água.

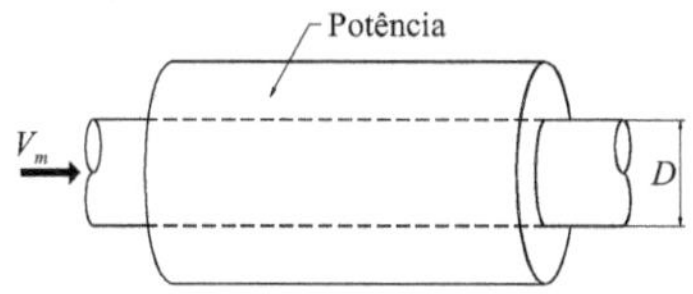

24. O esquema de ensaio de um aquecedor é apresentado na figura. O aquecedor é inserido em canalização que contém um diafragma medidor de vazão com relação de área 0,45 e coeficiente de vazão 0,67. O diâmetro do tubo é $D_T = 3,0$ cm e a pressão do diafragma é medida por um manômetro M, em U, utilizando mercúrio como fluido manométrico, $\rho_{Hg} = 13.600$ kg/m³. T_1 e T_2 são medidores de temperatura, A é o aquecedor em teste e W é Wattímetro. Durante um dos ensaios foram lidos os seguintes valores: $T_1 = 23°C$; $T_2 = 35°C$; $W_{real} = 145$ kW e $\Delta H = 0,25$ m. Para este ensaio determine:

a) A vazão de água no aquecedor

b) A diferença (ΔT) teórica de temperatura entre a entrada e saída da água no aquecedor.

c) A quantidade real de calor transmitido para a água.

d) O rendimento do aquecedor.

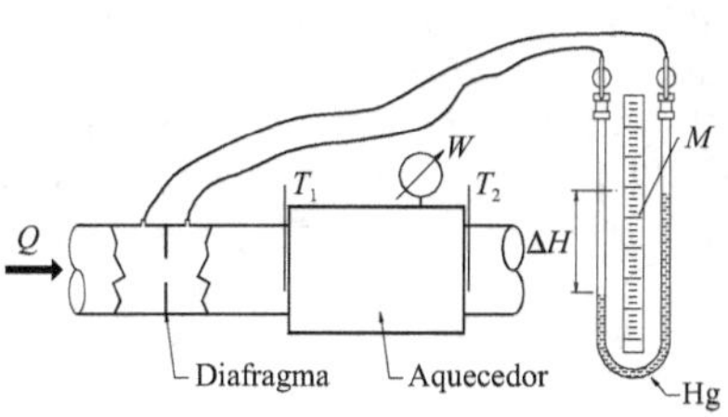

25. Dois anteparos curvos são utilizados para desviar um jato de água, conforme o esquema apresentado na figura. Considerando que as áreas

A_1, A_2 e A_3 são iguais e valem 1/3 da área A, determine:

a) Qual a força total que age sobre os anteparos curvos se $\beta = 90°$?

b) Qual deve ser o ângulo β para que a força total sobre os anteparos seja $\frac{1}{3}\rho V^2 A$?

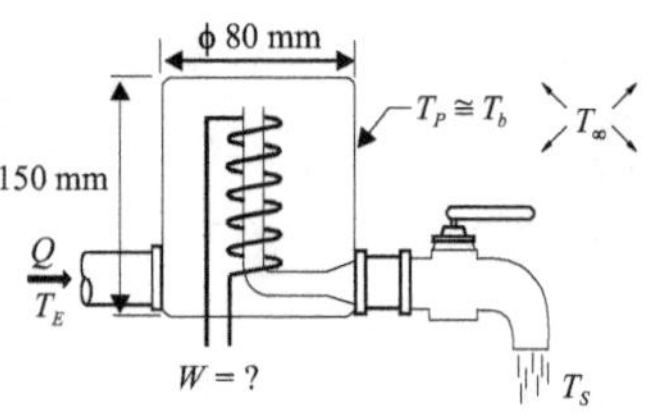

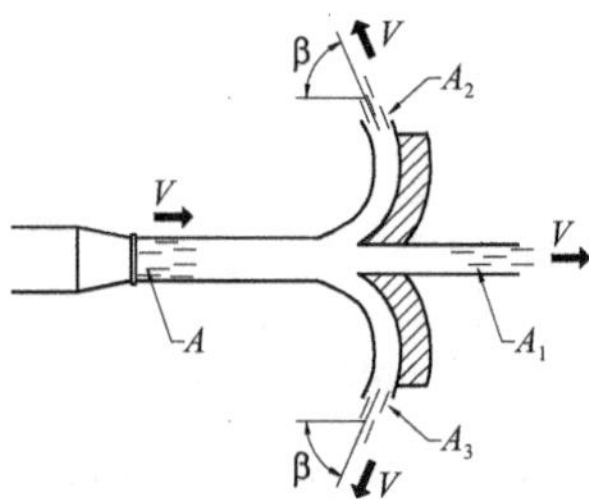

26. Uma torneira elétrica, como mostrada na figura, pode ser aproximada por um cilindro de diâmetro $D = 0,08$ m e altura $L = 0,15$ m funcionando em um ambiente onde a temperatura do ar é de 15°C. Se a potência da torneira é $\dot{W} = 4.500$ W e a água na entrada está à temperatura $T_E = 15$°C, determine a temperatura de saída T_S de uma vazão $Q = 0,1$ L/s de água, considerando que não há perda de calor para o ambiente.

27. O medidor de velocidade esquematizado na figura utiliza um cilindro sólido concêntrico ao tubo para provocar uma variação das condições do escoamento e, assim, obter a velocidade por intermédio da medida de variação da pressão. Forneça uma expressão para a velocidade na seção 1. D_1 é o diâmetro interno do tubo e D_2 é o diâmetro externo do cilindro.

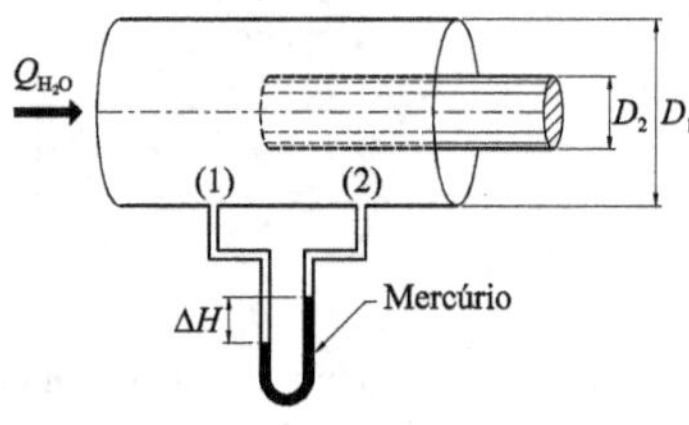

REFERÊNCIAS

ARENS, H. G.; PORTO, R. M.; ROMA, W. N. L. *Exercícios de fenômenos de transporte.* São Carlos: EESC-USP – Publicação. 1988.

KREYSZIG, E. *Matemática superior.* Rio de Janeiro: Livros Técnicos e Científicos Editora Ltda. v. 1 e 2, 1969.

SHAMES, I. *Fluid mechanics.* New York: McGraw-Hill. 1988.

STREETER, V. L. *Fluid mechanics.* New York: McGraw-Hill. 1966.

CAPÍTULO 7

ANÁLISE DIMENSIONAL E EQUACIONAMENTOS EXPERIMENTAIS

E m razão da grande complexidade dos equacionamentos diferenciais nos Fenômenos de Transporte, houve inúmeras tentativas, no passado, de explicar e equacionar os fenômenos por meio de processos experimentais. Tais tentativas geraram grande quantidade de equações empíricas com validade muito restrita, quase sempre aplicável apenas à situação estudada. Um bom exemplo dessa afirmativa foi o estudo da perda de energia nos escoamentos internos, que desafiou por décadas a engenhosidade dos pesquisadores e só teve sistematização adequada após o aparecimento da análise dimensional e das experiências de Nikuradze. Este capítulo apresenta a análise dimensional e alguns desenvolvimentos empíricos por ela beneficiados

7.1 ANÁLISE DIMENSIONAL

7.1.1 GRUPOS ADIMENSIONAIS

Os problemas em Fenômenos de Transporte envolvem muitas variáveis com diferentes sentidos físicos nas áreas de transferência de massa, energia térmica e quantidade de movimento. Cada uma dessas variáveis é definida por uma magnitude e uma unidade associada e, como já mencionado no Capítulo 1, qualquer comparação entre variáveis deve envolver a relação das magnitudes e a igualdade das unidades. As unidades são expressas utilizando apenas quatro grandezas básicas ou categorias fundamentais: massa $[M]$, comprimento $[L]$, tempo $[T]$ e temperatura $[\theta]$, e elas representam as dimensões primárias que podem ser usadas para representar qualquer outra grandeza ou grupo de grandezas físicas.

Em Fenômenos de Transporte a dimensão de uma grandeza G é expressa em função das dimensões primárias como um produto da forma:

$$[G] = M^a . L^b . T^c . \theta^d \tag{7.1}$$

em que a, b, c e d são números puros e $[G]$ indica a dimensão da grandeza G. Uma grandeza ou grupo de grandezas físicas tem uma dimensão que é representada por uma relação das grandezas primárias, e se essa relação é unitária, o grupo é denominado *adimensional*, isto é, sem dimensão. Um exemplo de grupo adimensional é o número de Reynolds, já visto no Capítulo 3, que é escrito como um grupo de grandezas, como visto na equação 7.2. O cálculo de sua dimensão é apresentado na equação 7.3.

$$Rey = \frac{\rho VD}{\mu} \tag{7.2}$$

$$[Rey] = \frac{[\rho] . [V] . [D]}{[\mu]} = \frac{ML^{-3} . LT^{-1} . L}{ML^{-1}T^{-1}} = 1 \tag{7.3}$$

Os grupos, ou números, adimensionais usados como variável ou para representar um fenômeno têm significado físico e receberam nomes que os identificam, normalmente ligados ao pesquisador que os usou ou desenvolveu.

7.1.2 CONCEITO DE ANÁLISE DIMENSIONAL

Relembrando que as equações derivadas analiticamente são corretas para qualquer sistema de unidades e que cada termo da equação deve ter a mesma representação dimensional, caracteriza-se a lei da homogeneidade dimensional.

Com base na lei da homogeneidade dimensional é facilitado o estudo de situações nas quais as variáveis envolvidas em um fenômeno físico são conhecidas, mas o fenômeno não tem tratamento matemático e, portanto, a relação entre as variáveis é desconhecida. Tais situações são tratadas experimentalmente e as formulações obtidas são denominadas *formulações empíricas*.

O uso dos grupos adimensionais facilita bastante o desenvolvimento dessas relações, pois, como os grupos adimensionais são montados pelo agrupamento de diversas variáveis, o número de grupos é consideravelmente menor que o número de variáveis físicas, trazendo como vantagem imediata a forte redução do esforço experimental para estabelecer a relação entre as variáveis dentro de determinados valores.

Um exemplo clássico para ilustrar esse comportamento é o problema da determinação da força de arrasto F sobre uma esfera lisa de diâmetro D, movendo-se vagarosamente com velocidade V através de um fluido viscoso de viscosidade μ e massa específica ρ.

A função que determina a força de arrasto pode ser explicitada pela relação funcional:

$$F = f(V, D, \rho, \mu) \tag{7.4}$$

Para definir a relação entre as variáveis é necessário considerável esforço experimental, pois deve ser pesquisada a dependência da força de arrasto para cada uma das variáveis dentro dos parênteses, resultando em um gráfico para cada uma, o que levará a um grande número de gráficos.

O esquema da Figura 7.1 apresenta um possível cenário da quantidade de gráficos necessários para descrição efetiva do processo.

Além da quantidade de gráficos necessários para definir a relação funcional, seria necessário o uso de diversas esferas e de diferentes fluidos para variar a viscosidade e a massa específica ao longo dos experimentos em uma investigação cara e que consome muito tempo.

O mesmo problema pode ser investigado utilizando a análise dimensional, que para as variáveis físicas estabelecidas gera dois grupos adimensionais, π_1 e π_2, dados por:

$$\pi_1 = \frac{F}{\rho V^2 D^2} \qquad e \qquad \pi_2 = \frac{\rho VD}{\mu} \tag{7.5}$$

A relação entre as variáveis será dada por:

$$\frac{F}{\rho V^2 D^2} = f\left(\frac{\rho VD}{\mu}\right)$$

(7.6)

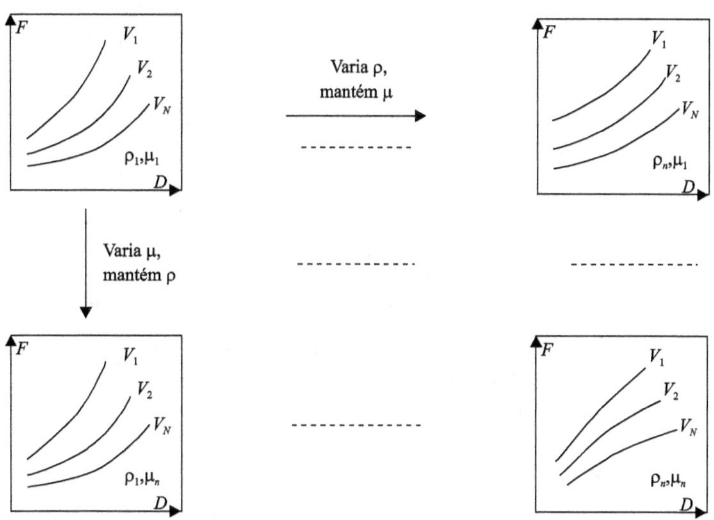

Figura 7.1 Cenário mostrando a quantidade de gráficos necessários para definir uma relação funcional entre cinco variáveis.

Agora a relação entre os dois números adimensionais é dada por uma função entre eles e, como são apenas dois, há uma única curva relacionando-os, como mostrado na Figura 7.2.

Como os pontos experimentais devem obedecer a uma única curva, os experimentos para obtenção da curva podem ser efetuados em um túnel de vento ou água, para uma única esfera e para um único fluido, variando a velocidade e medindo a força de arrasto. Desse único conjunto de medidas é produzido um único gráfico que contém as mesmas informações contidas nas dezenas de gráficos do exemplo anterior. Como os grupos adimensionais fornecem uma formulação para aproximar um fenômeno que é independente do sistema de coordenadas e das unidades de medida, da mesma forma que a natureza produz o fenômeno sem tomar conhecimento dos sistemas e unidades inventados, pode-se acreditar que os grupos adimensionais produzem melhor aproximação do fenômeno do que as próprias variáveis.

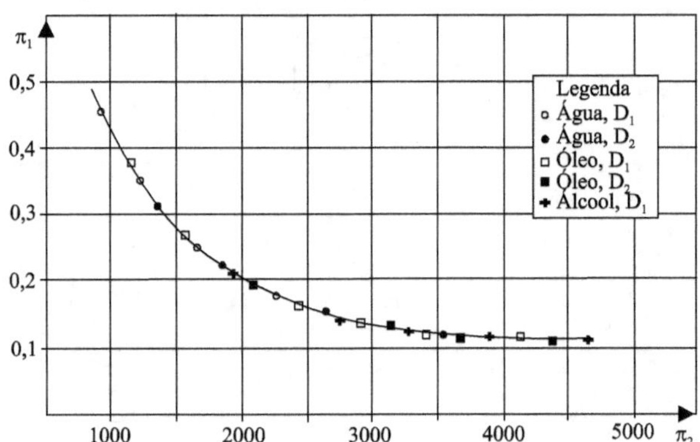

Figura 7.2   Relação entre os adimensionais π_1 e π_2.
(Gráfico qualitativo para fins didáticos.)

Sabendo que existem os adimensionais ligados às variáveis físicas, quantos e quais são os adimensionais gerados a partir de um conjunto de variáveis pertinentes a um determinado fenômeno físico?

7.1.3 Teorema dos π's, de Buckingham

A resposta solicitada no final da seção anterior é obtida do teorema de Buckingham, também conhecido como teorema dos π's:

"Seja G_1, G_2, G_3...G_n um conjunto de n grandezas e constantes físicas dimensionais e k o número total de unidades dimensionais em termos das quais se exprimem as n grandezas G_i. Se um fenômeno físico puder ser descrito por meio de uma função $F(G_1$, G_2, G_3...$G_n) = 0$, das grandezas G_i, então esse fenômeno também pode ser descrito por meio de uma função $\emptyset(\pi_1, \pi_2... \pi_{n-r}) = 0$, de $n - r$ coeficientes adimensionais π_i, independentes da forma

$$\pi = A_i G_1^{a_i} G_2^{b_i} G_3^{c_i} ... G_n^{z_i} \tag{7.7}$$

em que A_i é um número puro, π_1, π_2,..., π_{n-r} constituem um conjunto completo de coeficientes adimensionais e r é igual à característica da matriz dimensional, geralmente igual a k."

Assim, vê-se que o número de parâmetros adimensionais (p) pode ser geralmente indicado por:

$$p = n - k \tag{7.8}$$

e que a forma desses parâmetros adimensionais é dada pela equação 7.7. Entretanto, em sua definição é dito que os coeficientes π_i devem ser independentes entre si.

A independência é obtida se cada grupo adimensional envolver uma variável física diferente dos demais. O método do sistema "pro-básico", além de bastante simples, é útil pois permite uma padronização de operações que sistematizam a obtenção dos números adimensionais.

7.1.4 Método do sistema pro-básico

Uma aplicação prática de determinação dos números adimensionais feita em etapas, explicando cada fase, dará sistematização ao processo de geração dos grupos adimensionais.

Essa aplicação vai analisar o fenômeno da queda de esferas em um meio fluido confinado em um duto circular, como ilustrado na Figura 7.3, introduzindo a aplicação do método do sistema pro-básico.

Esse fenômeno é de grande importância técnica, pois é o fenômeno básico utilizado na medição da viscosidade de fluidos por meio da medida da velocidade terminal de queda da esfera. Um aparelho típico para medida da viscosidade é constituído por um tubo de vidro com marcas horizontais e diversas esferas combinando diâmetro e peso para cobrir uma extensa gama de viscosidades.

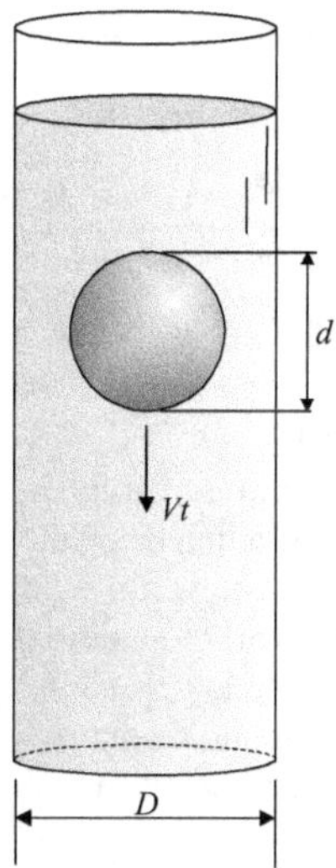

Figura 7.3   Esfera em queda em um duto circular.

As etapas para determinar os números adimensionais são:

1º Determinação das variáveis que influem no fenômeno

Este passo é crítico e depende apenas da experiência do pesquisador, pois se variáveis pertinentes forem esquecidas, a análise experimental será inútil. A inclusão de variáveis não importantes vai gerar parâmetros cuja pertinência poderá ser verificada na fase experimental. Da análise do problema obtêm-se as seguintes variáveis pertinentes ao fenômeno: o peso W e o diâmetro d da esfera; o diâmetro D do tubo; a viscosidade dinâmica μ e a massa específica ρ do fluido; a aceleração da gravidade g; e a velocidade da esfera Vt.

Definidas as variáveis, pode-se afirmar que elas obedecem a uma relação funcional do tipo:

$$F(Vt, W, d, D, \mu, \rho, g) = 0 \tag{7.9}$$

Definida a relação funcional, passa-se à segunda fase do processo.

2º Construção da matriz dimensional

A matriz dimensional é formada pelos expoentes das dimensões primárias que compõem cada variável. Neste caso, nenhuma das variáveis contém a dimensão primária temperatura, e a matriz dimensional, composta por três linhas (três dimensões primárias) e sete colunas (sete variáveis), é apresentada na Tabela 7.1. Construída a matriz dimensional, a próxima fase definirá a base do sistema.

Tabela 7.1 Matriz dimensional do exemplo de aplicação.

	Vt	W	d	D	μ	ρ	g
M	0	1	0	0	1	1	0
L	-1	1	-1	-1	-1	-3	1
T	-1	-2	0	0	-1	0	-2

3º Escolha do sistema pro-básico

O sistema pro-básico é um conjunto de variáveis independentes entre si que forma a base para a composição dos grupos adimensionais. Para constituir uma base, ela tem de ser composta por variáveis independentes, isto é, por variáveis que não podem produzir um adimensional por combinação linear. O número de grandezas, e quais são elas, que constituem o sistema pro-básico é definido pela característica da matriz dimensional, que é a ordem do maior determinante não nulo da matriz. Neste exemplo, a característica da matriz dimensional é três, pois o determinante da matriz dimensional, de ordem três, das variáveis Vt, d e ρ é igual a um.

A combinação do sistema pro-básico com cada uma das variáveis restantes vai gerar os números adimensionais que serão independentes entre si.

4º Construção dos grupos adimensionais

O teorema dos π's estabelece que devem ser construídos $n - r$ grupos adimensionais, formados pelo sistema pro-básico, acrescido de mais uma das variáveis que não o compõe elevada a uma potência qualquer. No exemplo, temos n igual a sete e r igual a três, portanto, há quatro $(n - r)$ grupos adimensionais. O expoente da variável agregada é usualmente tomado como -1, mas pode ser qualquer número diferente de zero.

$$\pi_1 = A_1 V t^{a_1} d^{b_1} \rho^{c_1} W^{-1} \tag{7.10}$$

$$\pi_2 = A_2 V t^{a_2} d^{b_2} \rho^{c_2} D^{-1} \tag{7.11}$$

$$\pi_3 = A_3 V t^{a_3} d^{b_3} \rho^{c_3} \mu^{-1} \tag{7.12}$$

$$\pi_4 = A_4 V t^{a_4} d^{b_4} \rho^{c_4} g^{-1} \tag{7.13}$$

5º Obtenção das equações dimensionais

Substituindo cada variável por sua dimensão e sabendo que o grupo adimensional deve ter dimensão unitária, obtêm-se as equações dimensionais. Assim:

$$[\pi_1] = \left(LT^{-1}\right)^{a_1} (L)^{b_1} \left(ML^{-3}\right)^{c_1} (MLT^{-2})^{-1} = M^0 L^0 T^0 \tag{7.14}$$

$$[\pi_2] = \left(LT^{-1}\right)^{a_2} (L)^{b_2} \left(ML^{-3}\right)^{c_2} (L)^{-1} = M^0 L^0 T^0 \tag{7.15}$$

$$[\pi_3] = \left(LT^{-1}\right)^{a_3} (L)^{b_3} \left(ML^{-3}\right)^{c_3} (MLT^{-1})^{-1} = M^0 L^0 T^0 \tag{7.16}$$

$$[\pi_4] = \left(LT^{-1}\right)^{a_4} (L)^{b_4} \left(ML^{-3}\right)^{c_4} (LT^{-2})^{-1} = M^0 L^0 T^0 \tag{7.17}$$

As equações dimensionais podem ser simplificadas agrupando os termos de mesma base e somando os expoentes. Por exemplo, para π_1, encontra-se:

$$[\pi_1] = M^{c_1-1} L^{a_1+b_1-3c_1-1} T^{-a_1+2} = M^0 L^0 T^0 \tag{7.18}$$

e, da igualdade dos expoentes para garantir a igualdade dos termos, obtém-se o sistema de equações lineares:

$$\begin{cases} c_1 - 1 = 0 \\ a_1 + b_1 - 3c_1 - 1 = 0 \\ -a_1 + 2 = 0 \end{cases} \tag{7.19}$$

que fornece a solução $a_1 = 2$, $b_1 = 2$ e $c_1 = 1$, resultando no grupo adimensional:

$$\pi_1 = A_1 \frac{V t^2 d^2 \rho}{W} \tag{7.20}$$

Adotando $A_1 = \frac{1}{2}$ e elevando o adimensional à potência -1, obtém-se um grupo adimensional muito usado na Mecânica dos Fluidos, conhecido como *coeficiente de arrasto*:

$$\pi_1 = \frac{W}{\frac{1}{2}\rho V t^2 d^2} \tag{7.21}$$

Analogamente, são determinados os coeficientes π_2, π_3 e π_4. Com $A_2 = 1$, π_2 é representado pela relação dos diâmetros:

$$\pi_2 = \frac{d}{D} \tag{7.22}$$

Adotando $A_3 = 1$, o adimensional π_3 representa o número de Reynolds, já conhecido da experiência de Reynolds, descrita no Capítulo 3:

$$\pi_3 = \frac{\rho V t d}{\mu} \tag{7.23}$$

O adimensional π_4 também recebe o valor unitário para a constante A_4 e produz um adimensional que corresponde ao quadrado de um grupo adimensional muito importante na hidráulica, denominado *número de Froude*.

$$\pi_4 = \frac{V^2}{gD} \tag{7.24}$$

Exemplo 7.1

O processo de transmissão de calor entre um sólido e um fluido em movimento com velocidade V é denominado convecção forçada. A convecção forçada é quantificada por um coeficiente de transmissão de calor por convecção, ou coeficiente de película, denotado por h_C, que depende das condições do escoamento do fluido e da geometria da parede. Determine os grupos adimensionais que regem o fenômeno de convecção forçada entre um escoamento de velocidade V e um tubo cilíndrico longo de diâmetro D. O fluido é caracterizado por quatro grandezas: sua massa específica ρ, sua viscosidade μ, seu calor específico à pressão constante c_p e sua condutividade térmica k.

Solução:

Conhecidas as variáveis pertinentes ao problema, deve-se montar a matriz dimensional:

	ρ	V	D	k	μ	c_p	h_C
M	1	0	0	1	1	0	1
L	−3	1	1	1	−1	2	0
T	0	−1	0	−3	−1	−2	−3
θ	0	0	0	−1	0	−1	−1

O sistema pro-básico deve ser definido pela característica da matriz dimensional. Ao sistema usual em mecânica dos fluidos, ρ, V e D, deve ser acrescida uma variável que tenha dimensão de temperatura para garantir a independência. O determinante de quarta ordem formado pelos expoentes das grandezas ρ, V, D e k têm valor -1, portanto, as grandezas escolhidas são linearmente independentes e podem formar o sistema pro-básico.

Os adimensionais são, portanto:

$$\pi_1 = \rho^{a_1} V^{b_1} D^{c_1} k^{d_1} \mu$$

$$\pi_2 = \rho^{a_2} V^{b_2} D^{c_2} k^{d_2} c_p$$

$$\pi_3 = \rho^{a_3} V^{b_3} D^{c_3} k^{d_3} h_C$$

Para determinar π_1 obtém-se o sistema de equações lineares:

$$\begin{cases} a_1 + d_1 + 1 = 0 \\ -3a_1 + b_1 + c_1 + d_1 - 1 = 0 \\ -b_1 - 3d_1 - 1 = 0 \\ -d_1 = 0 \end{cases}$$

que resolvido fornece os valores: $a_1 = -1$, $b_1 = -1$, $c_1 = -1$ e $d_1 = 0$, portanto, tem-se:

$$\pi_1 = \rho^{-1} V^{-1} D^{-1} k^0 \mu = \frac{\mu}{\rho V D}$$

no qual se reconhece o inverso do número de Reynolds. Portanto, o número de Reynolds é um dos grupos adimensionais importantes na relação procurada.

Para determinação do π_2, obtém-se:

$$\begin{cases} a_2 + d_2 + 0 = 0 \\ -3a_2 + b_2 + c_2 + d_2 + 2 = 0 \\ -b_2 - 3d_2 - 2 = 0 \\ -d_2 - 1 = 0 \end{cases}$$

cuja solução é: $a_2 = 1$, $b_2 = 1$, $c_2 = 1$ e $d_2 = -1$, portanto, tem-se:

$$\pi_2 = \rho^1 V^1 D^1 k^{-1} c_p = \frac{\rho V D \cdot c_p}{k}$$

A presença do grupo $\rho V D$ sugere multiplicar e dividir π_2 por μ:

$$\pi_2 = \frac{\rho V D}{\mu} \frac{\mu c_p}{k}$$

reconhecendo agora o produto do número de Reynolds por um adimensional conhecido como número de Prandtl.

Para determinação do π_3, obtém-se:

$$\begin{cases} a_3 + d_3 + 1 = 0 \\ -3a_3 + b_3 + c_3 + d_3 + 0 = 0 \\ -b_3 - 3d_3 - 3 = 0 \\ -d_2 - 1 = 0 \end{cases}$$

cuja solução é: $a_3 = 0$, $b_3 = 0$, $c_1 = 1$ e $d_1 = -1$, portanto, tem-se:

$$\pi_1 = \rho^0 V^0 D^1 k^{-1} h_C = \frac{h_C D}{k}$$

Esse adimensional é muito utilizado nos estudos de transferência de calor por convecção forçada e recebe o nome de número de Nusselt.

Portanto, de acordo com o teorema dos π's, há uma função ligando os adimensionais encontrados, assim:

$$Nu = f(Rey, Rey . Pr)$$

Como o número de Reynolds já está contemplado no π_1, então o π_2 pode ser simplificado dividindo-o pelo número de Reynolds e transformando-o no número de Prandtl, e o fenômeno da troca de calor por convecção forçada continua descrito por três adimensionais:

$$Nu = f(Rey, Pr)$$

Este exemplo é importante pois, além de apresentar a aplicação da análise dimensional para quatro dimensões primárias (M, L, T, θ), introduz a idéia de combinar e/ou inverter os resultados obtidos para adequar o resultado a grupos adimensionais já conhecidos, sem prejuízo da generalidade da aplicação do método.

7.2 Semelhança Dinâmica

Semelhança é, em sentido bem geral, uma indicação de que dois fenômenos têm um mesmo comportamento. Por exemplo, é possível afirmar que há semelhança entre um edifício e sua maquete, e esta semelhança é chamada de semelhança geométrica.

Na mecânica dos fluidos o termo semelhança indica a relação entre dois escoamentos de diferentes dimensões, mas com semelhança geométrica entre seus contornos. Geralmente, o escoamento de maiores dimensões é denominado *escala natural* ou *protótipo*, e o escoamento de menor escala é o *modelo*. Os escoamentos semelhantes podem ser de dois tipos.

O primeiro tipo refere-se a dois fluxos de diferentes escalas geométricas mas que têm o mesmo formato das linhas de corrente. A esse tipo de semelhança é dado o nome de semelhança cinemática.

O outro tipo de semelhança exige que em pontos geometricamente semelhantes haja semelhança das forças envolvidas, que sejam do mesmo tipo, sejam paralelas e que a relação entre forças tenha o mesmo valor em todos os pontos correspondentes. A esse tipo denomina-se *semelhança dinâmica*.

Então, para que haja semelhança dinâmica é preciso que o modelo e o protótipo sejam geometricamente semelhantes e que os escoamentos tenham semelhança cinemática e semelhante distribuição da massa.

7.2.1 A SEMELHANÇA DINÂMICA E A ANÁLISE DIMENSIONAL

Como a análise dimensional reduz o número de variáveis a serem investigadas em trabalhos experimentais, fazendo com que diversas curvas sejam agrupadas em uma única, verifica-se que diferentes condições do mesmo experimento levam à mesma curva. Restringindo ainda mais as condições dos experimentos é possível obter dados de diferentes condições geométricas, mas que levam ao mesmo ponto naquela curva, isto é, dois experimentos de diferentes escalas apresentam os mesmos valores para os grupos adimensionais a eles pertinentes. Esses dois pontos experimentais são denominados *pontos homólogos*. Nessas condições, os experimentos apresentam semelhança dinâmica, tornando possível obter dados por meio de medidas em um modelo que trarão informações corretas sobre o protótipo.

Portanto, a semelhança dinâmica entre fenômenos é estabelecida pela igualdade dos parâmetros adimensionais que os descrevem. Se os dados quantitativos a serem obtidos de um modelo devem ser acurados, a semelhança dinâmica deve ser estabelecida entre o modelo e o protótipo, requerendo perfeita semelhança geométrica, que deve ser estendida até a rugosidade da superfície.

O melhor exemplo de uso do conceito de semelhança é o teste em túnel de vento ou água, no qual as linhas de corrente e as forças induzidas em corpos submersos são avaliadas com precisão utilizando modelos. Os túneis de vento são indispensáveis nos estudos aerodinâmicos de autoveículos aéreos, terrestres ou marítimos.

A semelhança dinâmica é também de grande importância nos estudos das máquinas hidráulicas, permitindo avaliar em laboratório as condições de funcionamento de turbinas ou bombas de grande capacidade.

7.2.2 GRUPOS ADIMENSIONAIS IMPORTANTES

Em razão das múltiplas aplicações dos grupos adimensionais nos desenvolvimentos experimentais e, principalmente, nos estudos de modelos e aplicações de semelhança dinâmica, vários grupos foram criados nas diversas áreas que compõem os Fenômenos de Transporte. Alguns dos mais importantes são:

Número de Reynolds: Por ser resultante da razão entre as forças de inércia, que tendem a manter o movimento, e as forças viscosas, que tendem a suprimir o movimento, o número de Reynolds:

$$Rey = \frac{\rho V L}{\mu} \tag{7.25}$$

mede o regime do escoamento através de um valor crítico que separa o escoamento laminar, amortecimento das perturbações por prevalecimento das forças de viscosas, do escoamento turbulento, no qual prevalecem as forças de inércia que amplificam as perturbações introduzindo o modelo caótico de escoamento.

Número de Froude: Com aplicação nos fenômenos que envolvem a superfície livre do fluido, o número de Froude:

$$Fr = \frac{V}{\sqrt{gL}}$$
(7.26)

representa a razão entre as forças de inércia e as forças de gravidade envolvidas no escoamento.

Número de Euler: Representando a razão entre as forças de pressão e as forças de inércia, o número de Euler:

$$Eu = \frac{p}{\rho V^2}$$
(7.27)

tem extensa aplicação nos estudos das máquinas hidráulicas e nos estudos aerodinâmicos.

Número de Mach: É o parâmetro mais importante de correlação quando as velocidades envolvidas estão próximas ou acima da velocidade do som. O número de Mach:

$$Ma = \frac{V}{C}$$
(7.28)

mede a relação entre as forças de inércia e as forças elásticas.

Número de Nusselt: Um dos principais grupos adimensionais nos estudos de transmissão do calor por convecção, o número de Nusselt,

$$Nu = \frac{hL}{K}$$
(7.29)

representa a relação entre o fluxo de calor por convecção e o fluxo de calor por condução no próprio fluido.

Número de Prandtl: Outro grupo adimensional importante na transmissão do calor por convecção, o número de Prandtl:

$$Pr = \frac{v}{a}$$
(7.30)

envolve apenas propriedades do fluido e representa a razão entre a difusão de quantidade de movimento e a difusão de calor.

Número de Grashof: O grupo adimensional que governa a transmissão de calor por convecção natural, o número de Grashof:

$$Gr = \frac{g\beta\Delta T L^3}{v^2}$$
(7.31)

inter-relaciona as forças de empuxo provocadas por efeito térmico e as forças viscosas. Tem o mesmo papel do número de Reynolds na convecção forçada.

Número de Fourier: O grupo adimensional mais importante na transferência de calor em regime não permanente é o número de Fourier:

$$Fo = \frac{a\theta}{L^2} \qquad (7.32)$$

que considera as variações temporais nas trocas de calor.

Número de Biot: Também de grande importância nos fenômenos em regime não permanente, o número de Biot:

$$Bi = \frac{\overline{h} \cdot L}{K_P} \qquad (7.33)$$

guarda semelhança de forma com o número de Nusselt, mas relaciona a velocidade de transferência por convecção com a velocidade de transferência por condução na parede.

Número de Sherwood: Equivalente ao número de Nusselt da convecção, o número de Sherwood:

$$Sh = \frac{h_m L}{D} \qquad (7.34)$$

é aplicado nos transportes de massa e representa a relação entre transporte de massa por advecção, ou convecção, e transporte de massa por difusão, ou condução, no próprio fluido.

Número de Schmidt: O equivalente do número de Prandtl no transporte de massa é o número de Schmidt:

$$Sc = \frac{\nu}{D} \qquad (7.35)$$

Ele envolve apenas propriedades do fluido e relaciona a difusão de quantidade de movimento e a difusão de massa.

Exemplo 7.2

O ensaio de uma asa de avião, com corda $L = 2,5$ m, para avaliar a força de sustentação F_L em função da velocidade V deve ser feito em um túnel de água. Sabendo que o modelo da asa deve ser feito em uma escala de 1:10, determine a velocidade da água para o vôo de cruzeiro do avião de 340 km/h.

Solução:

Como se trata de um ensaio de modelos, deve ser utilizado o conceito de semelhança dinâmica, sendo, portanto, necessário definir os grupos adimensionais para o problema. As varáveis pertinentes ao problema são:

$$F_L = f(\rho, V, L, \mu)$$

Como existem as variáveis ρ, V e L, adota-se o sistema pro-básico clássico, então, os grupos adimensionais são:

$$\pi_1 = \rho^{a1} \cdot V^{b1} \cdot L^{c1} \cdot F_L = \frac{F_L}{\frac{1}{2}\rho V^2 L^2} = C_L \qquad \text{o coeficiente de sustentação}$$

e

$$\pi_2 = \rho^{a2} \cdot V^{b2} \cdot L^{c2} \cdot \mu^{-1} = \frac{\rho V L}{\mu} \qquad \text{o número de Reynolds}$$

A semelhança dinâmica exige a igualdade dos grupos adimensionais, portanto, para obter pontos homólogos entre o protótipo **p** e o modelo **m** devemos ter:

$$Rey_m = Rey_p \quad \text{e} \quad C_{Lm} = C_{Lp}$$

Dados da Tabela A1 (no Anexo A):

$\mu_{água} = 1{,}01 \cdot 10^{-3} \text{ N s/m}^2 \qquad \rho_{água} = 1000 \text{ kg/m}^3$

$\mu_{ar} = 1{,}82 \; 10^{-5} \cdot \text{N s/m}^2 \qquad \rho_{ar} = 1{,}17 \text{ kg/m}^3$

Como o modelo será ensaiado na água, da igualdade do número de Reynolds vem:

$$\frac{\rho_{água} \cdot V_m \cdot L_m}{\mu_{água}} = \frac{\rho_{ar} \cdot V_p \cdot L_p}{\mu_{ar}}$$

portanto:

$$V_m = \frac{\rho_{ar} \cdot \mu_{água} \cdot L_p}{\rho_{água} \cdot \mu_{ar} \cdot L_m} \cdot V_p = \frac{1{,}17 \cdot 1{,}01 \cdot 10^{-3} \cdot 10}{1000 \cdot 1{,}82 \cdot 10^{-5} \cdot 1} \cdot 340 = 220 \text{ km/h}$$

Da igualdade do coeficiente de sustentação vem:

$$\frac{F_{Lm}}{\frac{1}{2}\rho_{água} V_m^2 L_m^2} = \frac{F_{Lp}}{\frac{1}{2}\rho_{ar} V_p^2 L_p^2}$$

então:

$$F_{Lm} = \frac{\rho_{água} V_m^2 L_m^2}{\rho_{ar} V_p^2 L_p^2} F_{Lp} = \frac{1000 \cdot 220^2 \cdot 1^2}{1{,}17 \cdot 340^2 \cdot 10^2} F_{Lp} = 3{,}58 \cdot F_{Lp}$$

Este exemplo mostra o uso de um meio diferente do original para executar os ensaios. O resultado é interessante, pois indica uma velocidade menor no modelo para obter a semelhança dinâmica, com vantagem para a execução do ensaio. Também mostra que a força de sustentação será multiplicada por 3,58, resultando em valor muito mais alto a ser medido, também melhorando a qualidade do ensaio por permitir mais precisão nas medidas de força.

7.3 Equacionamento Experimental

7.3.1 Perda de carga em escoamentos sob pressão

A perda de carga foi definida no Capítulo 6 pela aplicação da equação da energia a uma tubulação horizontal de diâmetro constante, resultando na conclusão de que a perda de carga entre dois pontos de uma tubulação, separados por uma distância L, é dada pela diferença entre as pressões totais nas duas seções, isto é:

$$\Delta p_{1-2} = \left(p_1 + \frac{1}{2}\rho V_1^2 + \rho g z_1 \right) - \left(p_2 + \frac{1}{2}\rho V_2^2 + \rho g z_2 \right) \qquad (7.36)$$

O uso da pressão total é necessário, pois assim as diferenças de pressão em decorrência da diferença de nível e as diferenças de pressão por mudança de velocidade provocadas por alteração do diâmetro não são incluídas no Δp_{1-2}, o que é correto, já que não são perdas de carga.

A equação 7.36 pode ser aplicada entre as seções 1 e 2 de uma canalização para calcular a pressão no ponto 2, no entanto, torna-se necessário estimar a perda de carga entre as seções 1 e 2, uma informação não fornecida pela equação da energia. A determinação da parcela Δp_{1-2} concentrou-se em trabalhos experimentais que foram sistematizados com o auxílio da Análise Dimensional.

Perda de carga: O escoamento interno em tubulações sofre forte influência das paredes, dissipando energia em razão do "atrito" viscoso das partículas fluidas. As partículas em contato com a parede adquirem a velocidade da parede e passam a influir nas partículas vizinhas por meio da viscosidade e da turbulência, dissipando energia. Essa dissipação de energia provoca redução da pressão total do fluido ao longo do escoamento, denominada *perda de carga*. A perda de carga que ocorre nos escoamentos sob pressão tem duas causas distintas: a primeira é a parede dos dutos retilíneos, que leva a uma perda de pressão distribuída ao longo do comprimento do tubo, fazendo com que a pressão total diminuia gradativamente ao longo do comprimento e por isso é denominada *perda de carga distribuída*; a segunda causa de perda de carga é constituída pelos acessórios de canalização, isto é, as diversas peças necessárias para a montagem da tubulação e para o controle do fluxo do escoamento, as quais provocam variação brusca da velocidade, em módulo ou direção, intensificando a perda de energia nos pontos onde estão localizadas, sendo conhecidas como *perdas de carga localizadas*.

Perda de carga distribuída: A perda de carga distribuída é determinada por formulação empírica, desenvolvida com base na análise dimensional. O escoamento interno que servirá de base para aplicar a análise dimensional está esquematizado na Figura 7.4

A perda de carga Δp depende da tubulação, caracterizada pelo diâmetro D, pelo comprimento L e pela rugosidade ε da parede; do fluido, caracterizado por sua massa específica ρ e pela viscosidade μ; e, finalmente, das condições do escoamento, caracterizadas pela velocidade V.

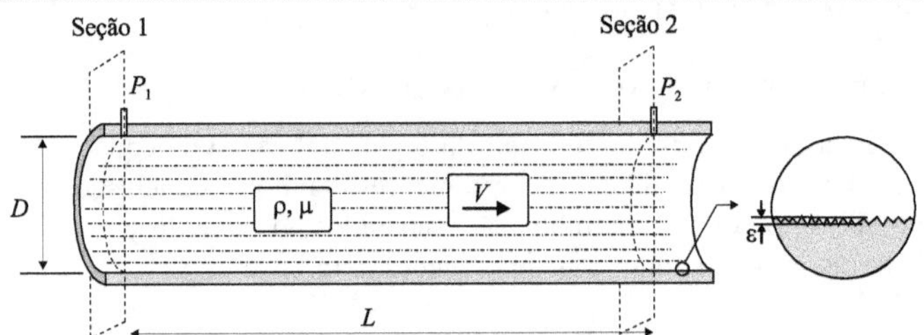

Figura 7.4 Escoamento interno em uma tubulação.
As grandezas indicadas são grandezas médias nas seções transversais.

Definidas as variáveis pertinentes ao problema, pode-se escrever a equação funcional que o define:

$$\Delta p = \phi(\rho, V, D, L, \mu, \varepsilon) \tag{7.37}$$

A matriz dimensional é apresentada na Tabela 7.2, destacando o sistema pro-básico, (ρ, V, D), escolhido por se tratar de variáveis consagradas pelo uso em Mecânica dos Fluidos.

Tabela 7.2 Matriz dimensional envolvendo as variáveis relevantes do problema.

	ρ	V	D	Δp	μ	L	ε
M	1	0	0	1	1	0	0
L	–3	1	1	–1	–1	1	1
T	0	–1	0	–2	–1	0	0

Utilizando as técnicas de determinação dos grupos adimensionais, obtêm-se, já definindo as constantes:

$$\pi_1 = \frac{\Delta p}{\frac{1}{2}\rho V^2} \tag{7.38}$$

$$\pi_2 = \frac{\rho VD}{\mu} = Rey \tag{7.39}$$

$$\pi_3 = \frac{L}{D} \tag{7.40}$$

$$\pi_4 = \frac{\varepsilon}{D} \tag{7.41}$$

E, por força do teorema de Buckingham, pode-se escrever:

$$\frac{\Delta p}{\frac{1}{2}\rho V^2} = g\left(\frac{L}{D}, \text{Rey}, \frac{\varepsilon}{D}\right) \tag{7.42}$$

Um conceito experimental facilmente entendido é que dois tubos iguais comportam-se da mesma forma, portanto, dois tubos iguais, de mesmo comprimento L e submetidos à mesma vazão Q, apresentam a mesma perda de carga Δp. Então, se os dois tubos forem montados em seqüência, um na frente do outro, o novo conjunto terá o comprimento duplicado e a perda de carga também será duplicada. A adição de um novo tubo igual aos anteriores multiplicará o comprimento por três e também a perda de carga será multiplicada por três. Esse conceito experimental indica que a perda de carga é linearmente dependente do comprimento L. Mantidas todas as outras grandezas constantes, pode-se afirmar que o adimensional que contém a variável Δp é linearmente dependente do adimensional que contém a grandeza L. Então, a equação 7.42 pode ser alterada para incluir essa dependência linear entre Δp e L, resultando na equação 7.43, em que o adimensional L/D aparece multiplicando uma expressão funcional:

$$\frac{\Delta p}{\frac{1}{2}\rho V^2} = \frac{L}{D} f\left(\text{Rey}, \frac{\varepsilon}{D}\right) \tag{7.43}$$

Dividindo ambos os membros por L/D, obtém-se a equação 7.44, cujo primeiro membro é um grupo adimensional denominado *coeficiente de perda de carga*, e é usualmente representado pela letra f. A equação 7.44 é a base para a definição da equação universal de perda de carga.

$$\frac{\Delta p}{\frac{1}{2}\rho V^2 \frac{L}{D}} = f\left(\text{Rey}, \frac{\varepsilon}{D}\right) = f \tag{7.44}$$

Equação universal de perda de carga: A equação 7.44 fornece duas equações simultâneas e independentes, apresentadas nas equações 7.45 e 7.46, que resolvem o problema da perda de carga. A equação 7.45 é a *fórmula universal de perda de carga*, também conhecida como *equação de Darcy-Weisbach*, sendo a fórmula recomendada para cálculos de perda de carga pela Associação Brasileira de Normas Técnicas (ABNT).

$$\Delta p = f \frac{1}{2}\rho V^2 \frac{L}{D} \tag{7.45}$$

e

$$f = f\left(\text{Rey}, \frac{\varepsilon}{D}\right) \tag{7.46}$$

A equação 7.46 define o coeficiente de perda de carga f como uma função do número de Reynolds e da rugosidade relativa, sendo definida experimentalmente. Valores do coeficiente f foram obtidos a partir de uma grande variedade de dados experimentais existentes na literatura.

A primeira correlação válida para tubos lisos foi obtida por Blasius (1913), que apresentou uma fórmula empírica válida para números de Reynolds até 10^5. A fórmula de Blasius é:

$$f = 0,316 \cdot Rey^{-0,25} \tag{7.47}$$

Nikuradze (1933) provou a validade da equação 7.46 e do conceito de rugosidade relativa por experimentos nos quais simulou a rugosidade, colando areia de granulometria controlada no interior das tubulações. Moody (1944) refez as medidas experimentais de perda de carga utilizando tubulações comerciais. Os valores do coeficiente f obtidos por Moody foram apresentados em forma gráfica, conhecida como *diagrama de Moody*, amplamente utilizado nos cálculos de perda de carga. O diagrama de Moody é apresentado na Figura 7.5 e foi, em passado recente, a forma preferida de determinar o valor do coeficiente f.

O diagrama de Moody apresenta, para número de Reynolds menor que 2000, uma curva única para qualquer rugosidade relativa, que aparece no gráfico logarítmico como uma reta. Para valores do número de Reynolds acima de 2000, o valor de f depende da rugosidade relativa e são apresentadas diversas curvas tendo a rugosidade relativa como parâmetro. Nota-se que, quanto maior a rugosidade relativa, menor a dependência do fator de atrito em relação ao número de Reynolds.

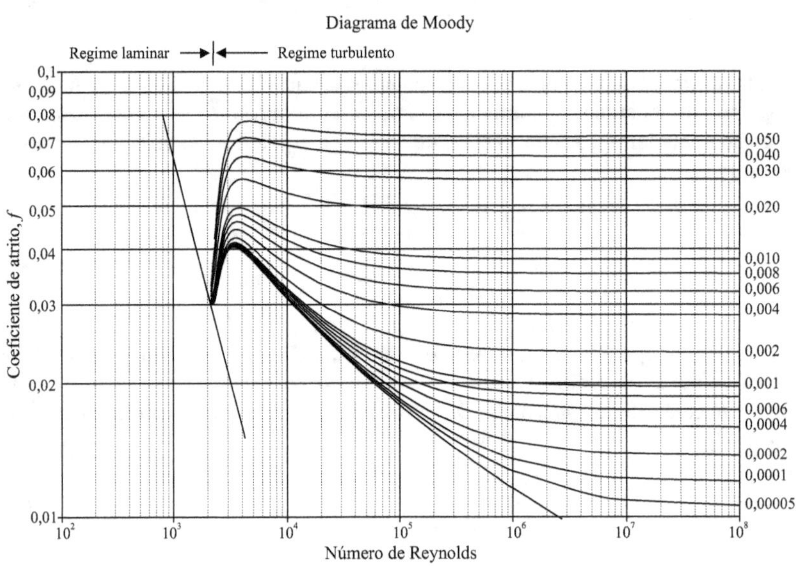

Figura 7.5   Gráfico de f em função do número de Reynolds e da rugosidade relativa.

Observação: Para números de Reynolds inferiores a 2000, há uma única curva e, para números superiores a 2000, há uma curva para cada valor de rugosidade relativa, indicando que as asperezas do tubo não são importantes no regime laminar.

Na Tabela 7.3 são incluídos os valores da rugosidade absoluta de alguns tipos de tubos comerciais. Observe que os valores são fornecidos em *mm* e, como o parâmetro ε/D é um parâmetro adimensional, o valor de ε deve ser convertido para a mesma unidade do diâmetro para cálculo da rugosidade relativa.

Para a região de números de Reynolds inferiores a 2000 o comportamento do fator de atrito pode ser obtido analiticamente, por intermédio da equação de Hagen-Poiseuille, conduzindo à função:

$$f = \frac{64}{Rey_D}$$

(7.48)

Válida para $Rey_D \leq 2000$.

Tabela 7.3   Rugosidade absoluta ε (mm) de tubos comerciais.

Material	Rugosidade absoluta (mm)
Aço comercial novo	0,045
Aço soldado novo	0,05 a 0,10
Aço soldado limpo, usado	0,15 a 0,20
Aço soldado moderadamente oxidado	0,4
Aço soldado revestido de cimento centrifugado	0,10
Aço laminado revestido de asfalto	0,05
Aço rebitado novo	1 a 3
Aço rebitado em uso	6
Aço ou ferro galvanizado	0,15
Ferro forjado	0,05
Ferro fundido novo	0,25 a 0,50
Ferro fundido com leve oxidação	0,30
Ferro fundido velho	3 a 5
Ferro fundido centrifugado	0,05
Ferro fundido com cimento centrifugado (usado)	0,10
Ferro fundido com revestimento asfáltico	0,12 a 0,20
Ferro fundido oxidado	1 a 1,5
Concreto centrifugado novo	0,16
Concreto armado liso, vários anos de serviço	0,20 a 0,30
Concreto com acabamento normal	1 a 3
Concreto protendido Freyssinet	0,04
Cobre, latão, aço revestido de epóxi, PVC	0,0015

A procura de modelos matemáticos para obter o *fator de atrito f* continuou a fazer parte das pesquisas e, em 1938, Colebrook propôs uma expressão semi-empírica com a forma:

$$\frac{1}{\sqrt{f}} = -2\log\left[\frac{\varepsilon}{3,7\,D} + \frac{2,51}{Rey_D\,\sqrt{f}}\right] \tag{7.49}$$

Válida para $Rey_D > 5000$.

A maior desvantagem da equação de Colebrook reside no fato de ela ser recursiva e exigir a realização de um procedimento iterativo para obter o fator de atrito. Outros autores apresentaram equações alternativas para reproduzir as curvas do diagrama de Moody, procurando produzir equações explícitas para o cálculo do coeficiente de perda de carga.

A primeira equação explícita válida para toda a gama de número de Reynolds foi sugerida em 1977, por Churchill, sendo reproduzida na equação 7.50.

$$f = 8\left[\left(\frac{8}{Rey_D}\right)^{12} + \frac{1}{(A+B)^{3/2}}\right]^{1/12} \tag{7.50}$$

em que:

$$A = \left\{2,457\,ln\left[\frac{1}{\left(\dfrac{7}{Rey_D}\right)^{0,9} + 0,27\left(\dfrac{\varepsilon}{D}\right)}\right]\right\}^{16}$$

$$B = \left[\frac{37530}{Rey_D}\right]^{16}$$

Essa equação não tem restrições, funcionando bem para escoamentos laminares e números de Reynolds menores que 2000, e reproduzindo muito bem o comportamento observado para grandes números de Reynolds e diferentes rugosidades.

A pesquisa de equações mais simples continuou e, embora com restrições a valores do número de Reynolds e da rugosidade relativa, a equação de Swamee e Jain fez grande sucesso por sua simplicidade. Ela é apresentada na equação 7.51.

$$f = \frac{1,325}{\left[ln\left(\dfrac{\varepsilon}{3,7\,D} + \dfrac{5,74}{Rey_D^{\,0,9}}\right)\right]^2} \tag{7.51}$$

Válida para $5000 < Rey_D < 10^8$ e $10^{-6} < \dfrac{\varepsilon}{D} < 10^{-2}$.

Em 1990, Swamee apresentou uma nova equação explícita, agora válida para toda a gama de número de Reynolds e que reproduz muito bem as curvas apresentadas no diagrama de Moody. A equação de Swamee é apresentada na equação 7.52.

$$f = \left\{ \left[\frac{64}{Rey_D} \right]^8 + 9,5 \left[ln\left(\frac{\varepsilon}{3,7D} + \frac{5,74}{Rey_D^{0,9}} \right) - \left(\frac{2500}{Rey_D} \right)^6 \right]^{-16} \right\}^{0,125} \tag{7.52}$$

A maior facilidade apresentada para cálculo do coeficiente de perda de carga foi introduzida pela HP, que incluiu na calculadora HP48G e posteriores a função DARCY $(Rey, \varepsilon/D)$, que devolve o valor de f a partir do valor de ε/D no registro y (2:) e de Rey no registro x (1:) da pilha. A função DARCY na HP48G pode ser introduzida diretamente na linha de entrada da forma citada ou ser usada da seguinte maneira:

Digite o valor de ε(mm) $\boxed{\text{ENTER}}$
Digite o valor de D(mm) $\boxed{\div}$
Digite o valor de Rey
Digite $\boxed{\leftharpoonup}$ $\boxed{3}$ $\boxed{}_D$ $\boxed{}_D$

EXEMPLO 7.3

Calcule a perda de carga em um tubo de aço galvanizado de 25 mm de diâmetro e 160 m de comprimento que transporta água a uma vazão de 30 litros por minuto. A massa específica da água é ρ = 1000 kg/m³ e sua viscosidade é μ = 1,007.10⁻³ kg/(m.s).

Solução:

Este é um dos problemas característicos do cálculo da perda de carga. Como a vazão é conhecida, é possível calcular diretamente o número de Reynolds:

$$Rey = \frac{\rho VD}{\mu} = 4\frac{\rho Q}{\pi D \mu} = 2/(\pi \cdot 0,025 \cdot 1,007 \cdot 10^{-3}) = 2,53 \cdot 10^4$$

Dado o material do tubo, da Tabela 7.3 obtém-se o valor de ε = 0,15 mm. Portanto, calcula-se o valor da rugosidade relativa:

$$\frac{\varepsilon}{D} = 0,15/25 = 0,006$$

Utilizando o diagrama de Moody, ou qualquer uma das fórmulas citadas, vem:

$$f = 0,035$$

Portanto, a perda de carga é calculada por:

$$\Delta p = f \cdot \frac{1}{2}\rho V^2 \frac{L}{D} = 0,035 \cdot \frac{1000}{2}\left(\frac{0,5}{1000} \right)^2 \left(\frac{4}{\pi \cdot 0,025^2} \right)^2 \left(\frac{160}{0,025} \right) = 116.203,4 \text{ Pa}$$

A perda calculada é igual a 11,85 m de coluna de água. Percebe-se que o cálculo da perda de carga quando a vazão é conhecida é um problema simples e de cálculo direto.

Exemplo 7.4

Tem-se um reservatório elevado com altura de água disponível de 15 m alimentando um reservatório enterrado através de uma tubulação de aço galvanizado de 40 mm e com 120 m de comprimento. Calcule a vazão que pode ser drenada por essa tubulação.

Solução:

Este é também um tipo de problema característico do cálculo da perda de carga. Como a vazão não é conhecida, é impossível calcular diretamente o número de Reynolds, caracterizando uma solução por método iterativo.

Dado o material do tubo, da Tabela 7.3 obtém-se o valor de $\varepsilon = 0,15$ mm. Portanto, calcula-se o valor da rugosidade relativa:

$$\frac{\varepsilon}{D} = 0,15/40 = 0,00375$$

A perda de carga é calculada pela equação da energia, na sua forma conhecida como equação de Bernoulli generalizada, aplicada entre o nível superior e o nível inferior. Assim:

$$P_1 + (1/2)\rho V_1^2 + \rho g z_1 = P_2 + (1/2)\rho V_2^2 + \rho g z_2 + \Delta p_{1-2}$$

Como os pontos 1 e 2 estão localizados nas superfícies dos reservatórios, as velocidades e a pressão têm valor zero, então, vem:

$$\Delta p_{1-2} = \rho g (z_1 - z_2)$$

Portanto, a perda de carga é equivalente ao desnível que alimenta a tubulação. Calculando a perda de carga em termos de pressão vem:

$$\Delta p = 9810 \cdot 15 = 147.150 \text{ Pa}$$

Conhecidas a perda de carga e a tubulação, falta calcular a vazão. O método iterativo é iniciado pela atribuição de um valor arbitrário à vazão, cujo valor é utilizado para calcular o coeficiente de perda de carga, permitindo calcular um novo valor para a vazão que será corrigido até que seu valor difira do anterior por diferença menor do que um erro predeterminado.

Seja $Q = 1$ m³/s o valor inicial da vazão:

$$Rey = 4 \cdot Q/(\pi \cdot D \cdot \nu) = 4/(\pi \cdot 0,040 \cdot 1,007 \cdot 10^{-6}) = 3,17 \cdot 10^7$$

Então:

$$f = 0,028$$

Da fórmula universal de perda de carga:

$$\Delta p = f \, \frac{1}{2}\rho V^2 \, \frac{L}{D} = f \, \frac{1}{2}\rho \left(\frac{4 \cdot Q}{\pi D^2}\right)^2 \frac{L}{D} =$$

$$= f\left(\frac{1}{2}\rho \frac{16}{\pi^2}\right)\frac{Q^2 L}{D^5} = 97268,5 \cdot f \cdot \frac{Q^2}{D^5} = 147.150 \text{ Pa}$$

Portanto:

$$Q = \sqrt{\frac{1,55 \cdot 10^{-7}}{f}} = 0,00235 \text{ m}^3/\text{s}$$

que é o novo valor da vazão, assim:

$$Rey = 4 \cdot Q/(\pi \cdot D \cdot v) = 4 \cdot 0,00235/(\pi \cdot 0,040 \cdot 1,007.10^{-6}) = 7,45 \cdot 10^4$$

Então:

$$f = 0,029$$

Da fórmula universal de perda de carga:

$$Q = \sqrt{\frac{1,55.10^{-7}}{f}} = 0,00230 \text{ m}^3/\text{s}$$

que é o novo valor da vazão, um valor muito próximo do anterior, com erro menor que 2,5%, que pode ser considerado a resposta para este problema. Note que é possível continuar a iteração para obter erros menores. Considerando o erro aceitável, a vazão é, portanto:

$$Q = 2,3 \text{ L/s (litros por segundo)}$$

Deve ser enfatizado que, com o uso de uma equação explícita para determinar o f juntamente com a equação universal de perda de carga, este problema pode ser resolvido diretamente pelo programa Solver de uma calculadora ou de uma planilha eletrônica.

EXEMPLO 7.5

Tem-se um reservatório elevado com altura de água disponível de 15 m alimentando um reservatório enterrado através de uma tubulação de aço galvanizado de 120 m de comprimento. Sendo necessária uma vazão de 5 L/s, determine o diâmetro dessa tubulação para realizar a tarefa.

Solução:

Este é, geralmente, o tipo de problema característico do cálculo da perda de carga que é mais freqüente na engenharia. Como o diâmetro não é conhecido, percebe-se que, como no caso anterior, é impossível calcular diretamente o número de Reynolds, caracterizando novamente uma solução por método iterativo. Nesse caso, o problema é iniciado pela escolha arbitrária de um diâmetro.

Adotando-se como valor inicial para o diâmetro:

$$D = 0,040 \text{ m}$$

$$\frac{\varepsilon}{D} = 0,00375$$

e

$$Rey = 1,58 \cdot 10^5$$

Utilizando o diagrama de Moody ou qualquer uma das equações de determinação do f, vem:

$$f = 0,0288$$

Da equação universal de perda de carga:

$$D = \sqrt[5]{f\left(\frac{1}{2}\rho\frac{16}{\pi^2}\right)\frac{Q^2 L}{\Delta p}} = \sqrt[5]{97268,5 \cdot f \cdot \frac{Q^2}{\Delta p}} = 0,0544 \text{ m}$$

Utilizando o valor de D para uma segunda iteração:

$$D = 0,0544 \text{ m}$$

$$\frac{\varepsilon}{D} = 0,00276$$

e

$$Rey = 1,16 \cdot 10^5$$

Utilizando o diagrama de Moody ou qualquer uma das equações de determinação do f:

$$f = 0,027$$

Da equação universal de perda de carga:

$$D = \sqrt[5]{f\left(\frac{1}{2}\rho\frac{16}{\pi^2}\right)\frac{Q^2 L}{\Delta p}} = \sqrt[5]{97268,5 \cdot f \cdot \frac{Q^2}{\Delta p}} = 0,0537 \text{ m}$$

Utilizando o valor de D para uma nova iteração:

$$D = 0,0537 \text{ m}$$

$$\frac{\varepsilon}{D} = 0,00279$$

e

$$Rey = 1,18 \cdot 10^5$$

Utilizando o diagrama de Moody ou qualquer uma das equações de determinação do f, vem:

$$f = 0,027$$

Da equação universal de perda de carga:

$$D = \sqrt[5]{f\left(\frac{1}{2}\rho\frac{16}{\pi^2}\right)\frac{Q^2 L}{\Delta p}} = \sqrt[5]{97268,5 \cdot f \cdot \frac{Q^2}{\Delta p}} = 0,0537 \text{ m}$$

com o valor do diâmetro convergindo para 0,0537 m.

Usualmente, não é necessária uma convergência tão exata, pois as tubulações são comercializadas em diâmetros padronizados, não havendo valores intermediários. Nessas condições, é conveniente, após a primeira iteração, verificar o comportamento dos diâmetros comerciais próximos do valor obtido nas condições do problema.

Nesse caso, também pode ser utilizado o programa Solver mencionado no exemplo anterior, conduzindo a uma solução mais direta, sem a necessidade de iterações sucessivas.

Perda de carga localizada: A perda localizada ocorre sempre que um acessório é inserido na tubulação, seja para promover a junção de dois tubos, para mudar a direção do escoamento ou, ainda, para controlar a vazão. Nos acessórios, alterações na organização das linhas de corrente provocam perdas adicionais na posição em que ele se encontra. Em razão desse caráter localizado da ocorrência da perda de carga ela é considerada concentrada no ponto, provocando uma queda acentuada da pressão no curto espaço compreendido pelo acessório. O cálculo da perda localizada depende de coeficientes experimentais, estabelecidos com o auxílio da análise dimensional e medidos a partir de uma amostra estatística retirada de uma partida de fabricação dos acessórios. A perda no acessório pode ser quantificada por dois critérios distintos, mas intimamente relacionados.

Comprimento equivalente: É definido como um comprimento de tubulação, l_{eq}, que causa a mesma perda de carga que o acessório. Os comprimentos equivalentes dos acessórios presentes na tubulação são adicionados ao comprimento físico da tubulação, fornecendo um comprimento equivalente, L_{eq}. Matematicamente, o comprimento equivalente pode ser calculado pela expressão da equação 7.53.

$$L_{eq} = L + \sum l_{eq} \tag{7.53}$$

Esse comprimento equivalente permite tratar o sistema de transporte de fluido como se fosse constituído apenas por perdas distribuídas. Nessa condição, a perda de carga total do sistema pode ser avaliada pela equação 7.44, em que o comprimento L é substituído pelo comprimento equivalente L_{eq}.

O comprimento equivalente de cada tipo de acessório é determinado experimentalmente e o valor obtido é válido somente para o tubo usado no ensaio. Para uso em tubos diferentes, os valores devem ser corrigidos em função das características do novo tubo.

Coeficiente de perda em função da carga cinética: O acessório tem sua perda de carga localizada calculada pelo produto de um coeficiente característico pela carga cinética que o atravessa. Cada tipo de acessório tem um coeficiente de perda de carga característico, normalmente indicado pela letra k. A perda causada pelo acessório, em Pa, é calculada pela expressão mostrada na equação 7.54.

$$\Delta p_i = k_i \frac{1}{2} \rho V^2 \tag{7.54}$$

A perda de carga total do sistema é dada pela somatória das perdas de carga dos acessórios mais a perda distribuída do tubo, resultando na expressão indicada na equação 7.55, na qual a carga cinética foi colocada em evidência.

$$\Delta p = \left(C_f \frac{L}{D} + \sum k_i\right)\frac{1}{2}\rho V^2 \qquad (7.55)$$

O método de cálculo pela carga cinética é mais geral, pois o valor do coeficiente k não depende do tubo usado no ensaio, como ocorre com o comprimento equivalente. A Tabela 7.4 fornece o valor do coeficiente k para os acessórios mais usados.

Tabela 7.4 Coeficiente k para acessórios de tubulação escolhidos.

Descrição	Esquema	k
Entradas de condutos		
Normal		0,5
De borda		0,78
Convergente		0,1
Saídas de condutos		
Livre		1
Afogada		0,9
Curvas		
Raio longo		0,25 a 0,40
Raio longo, 45°		0,20
Cotovelo		0,9 a 1,5
Cotovelo, 45°		0,40
Tês		
Passagem direta		0,60
Passagem lateral		1,30
Passagem bilateral		1,80
Registros		
de gaveta, aberto		0,20
de globo, aberto		10,0
de ângulo, aberto		5,0
Diversos		
Alargamento gradual		0,30
Luvas		0,10
Junção		0,40
Bucha de redução		0,15
Crivo		0,75
Válvula de retenção		2,50
Válvula de pé		1,75

Exemplo 7.6

Uma adutora, nome dado a uma tubulação de transporte de água, foi montada com 60 m de tubos de aço galvanizado de 75 mm de diâmetro, e para sua montagem foram usados 4 luvas, 4 cotovelos e 1 válvula de gaveta. A adutora transporta água entre dois reservatórios, aos quais está acoplada por meio de uma entrada normal e uma saída afogada. Calcule a vazão aduzida sabendo que o desnível entre os reservatórios é de 10 m e a adutora transporta água por gravidade.

Solução:

A adutora apresenta perdas localizadas e distribuídas. As perdas localizadas serão calculadas pela carga cinética. A Tabela 7.5 foi organizada para auxiliar no cálculo das perdas dos acessórios.

Tabela 7.5 Perdas localizadas.

Qtd.	Acessório	k	k . Qtd.
1	Entrada normal	0,5	0,5
4	Luvas	0,1	0,4
4	Cotovelos	1,2	4,8
1	Registro de gaveta	0,2	0,2
1	Saída afogada	0,9	0,9
		Σk	6,8

A perda nos acessórios é dada por:

$$\Delta p_L = \left(\sum k\right) \cdot \frac{1}{2}\rho V^2 = 6,8 \cdot 0,5 \cdot 1000 \cdot V^2 = 3,4 \cdot 10^3 \cdot V^2$$

A perda distribuída é dada por:

$$\Delta p_D = f \cdot \frac{1}{2}\rho V^2 \frac{L}{D}$$

Como a velocidade não é conhecida, adota-se uma velocidade média igual a 1,5 m/s, que deverá ser depois verificada e corrigida. Então:

$$Rey = \rho \cdot V \cdot D/\mu = 1000 \cdot 1,5 \cdot 0,075/(1,01 \cdot 10^{-3}) = 1,11 \cdot 10^5$$

$$\varepsilon/D = 0,15/75 = 0,002$$

portanto:

$$f = 0,025$$

e, então:

$$\Delta p_D = \frac{1}{2} \cdot 0,025 \cdot 1000 \cdot (60/0,075) \cdot V^2 = 10000 \cdot V^2$$

portanto, a perda total, obtida pela soma das perdas localizadas e da perda distribuida, será:

$$\Delta p = 13400 \cdot V^2$$

Como o desnível é de 10 m, a perda deve ser:

$$\Delta p = 9810 \cdot 10 = 98100 \text{ Pa}$$

O ponto de equilíbrio da vazão ocorre quando a perda é igual ao desnível, portanto:

$$13400 \cdot V^2 = 98100$$

de onde:

$$V = 2{,}7 \text{ m/s}$$

portanto, diferente da adotada $V = 1{,}5$ m/s, devendo ser feita nova iteração:

$$Rey = \rho \cdot V \cdot D/\mu = 1000 \cdot 2{,}7 \cdot 0{,}075/(1{,}01 \cdot 10^{-3}) = 2{,}01 \cdot 10^5$$

$$\varepsilon/D = 0{,}15/75 = 0{,}002$$

portanto:

$$f = 0{,}024$$

e, então:

$$\Delta p = (0{,}024 \cdot (60/0{,}075) + \Sigma K) \cdot \frac{1}{2} \cdot 1000 \cdot V^2 = 13000 \cdot V^2$$

assim:

$$V = 2{,}75 \text{ m/s}$$

como o erro é menor que 2%, considera-se a convergência obtida e, portanto, a vazão obtida na adutora é:

$$Q = V \cdot A = 2{,}75 \cdot \pi \cdot 0{,}075^2/4 = 0{,}0121 \text{ m}^3/\text{s}$$

Linha piezométrica: O lugar geométrico dos pontos que indicam a pressão total em uma tubulação, ao longo do comprimento, é denominado linha de energia. Geralmente, a linha de energia é traçada utilizando-se as três parcelas da equação da energia aplicada a tubos (equação de Bernoulli generalizada) divididas pelo peso específico ρg. Essa operação converte a unidade das parcelas de [Pa] para [m], fornecendo uma grandeza que é denominada *carga*, usualmente definida pela unidade metro de coluna de água e apresentada pela notação $[\text{m}_{H2O}]$ ou [m.c.a.]. Esta última notação vem perdendo a preferência pois só tem sentido na língua portuguesa.

Diferindo apenas pela carga cinética, a *linha piezométrica* é uma linha paralela à linha de energia e indica a pressão estática disponível na tubulação. A linha piezométrica difere da linha de energia exatamente pela carga cinética, isto é, em qualquer ponto da canalização a diferença entre a linha de energia e a linha piezométrica vale $V^2/2g$.

O traçado da linha piezométrica é importante no cálculo de um sistema de canalizações, pois permite determinar as regiões onde a tubulação está acima da linha piezométrica. Essas regiões são consideradas críticas em um sistema de transporte de água, pois, indicam pressão relativa negativa e, portanto, posições passíveis de sofrerem infiltração de ar. O uso da unidade de carga [m] é útil na comparação com a posição da tubulação, pois, como tem a mesma unidade, a relação entre a linha piezométrica e a posição física da canalização é facilmente visualizada. Na Figura 7.6 é apresentado um esquema da linha de energia e da linha piezométrica para perda de carga distribuída.

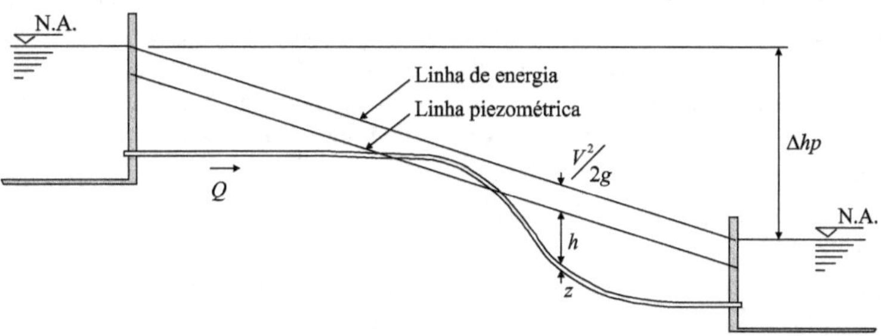

Figura 7.6   A linha piezométrica em escoamento por gravidade.

A inclinação da linha piezométrica representa a perda de carga da tubulação. Note o trecho em que a tubulação é mais alta que a linha piezométrica, indicando pressão relativa menor que zero.

A presença de perdas de cargas localizadas modifica a linha piezométrica, incluindo o efeito da perda localizada, que por ocorrer em um ponto provoca descontinuidade nas linhas de energia e piezométrica. Na Figura 7.7 encontra-se um exemplo da descontinuidade apresentada pela presença das luvas de conexão entre peças retilíneas de tubo. A mudança de diâmetro, além da descontinuidade pela perda localizada, provoca alteração na inclinação da linha piezométrica, pois promove variação na perda de carga distribuída.

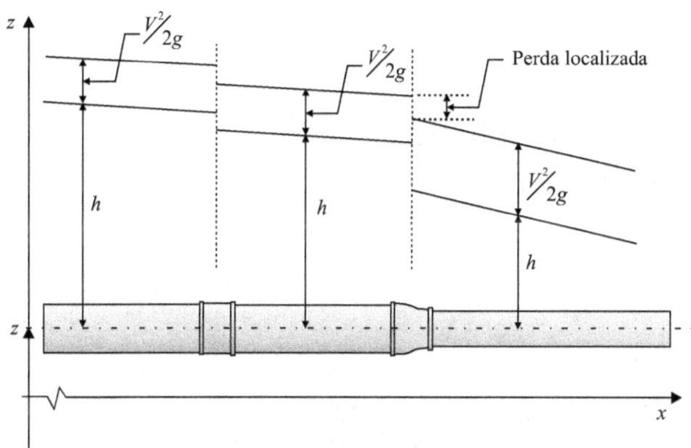

Figura 7.7   Trecho de uma adutora com indicação do comportamento da linha de energia e piezométrica em função de acessórios de canalização e alteração do diâmetro.

Curva característica da tubulação: Em um sistema de elevação de água a perda de carga total entre os extremos da tubulação pode ser escrita como:

$$\Delta h_p = K_T Q^2 \tag{7.56}$$

em que o coeficiente K_T substitui a relação entre os parâmetros da tubulação e, em escoamentos francamente turbulentos, pode ser considerado uma constante que caracteriza aquela instalação. A soma da perda de carga na tubulação com o desnível geométrico a ser vencido fornece a carga total a ser provida para o transporte da vazão pretendida. Essa carga é denominada carga manométrica (a pressão que a bomba fornece, expressa em m_{H2O}) e é calculada pela expressão apresentada na equação 7.57.

A expressão da equação 7.57 apresenta a carga manométrica em função da vazão e, quando traçada em um gráfico, fornece uma curva denominada curva característica da tubulação. Essa curva característica representa a *força resistente* ao escoamento que deve ser vencida pela *força motora* fornecida pela máquina hidráulica.

$$\Delta H_m = Hg + K_T Q^2 \tag{7.57}$$

Portanto, a curva característica da tubulação permite determinar a vazão de equilíbrio para uma determinada carga motora. Se a tubulação trabalha por gravidade entre dois reservatórios separados verticalmente por um desnível Hg, a vazão através do tubo, vazão de equilíbrio, vai ser tal que a perda de carga na tubulação Δh_p terá o mesmo valor que o desnível Hg. Note que nesse caso a curva característica da tubulação não apresenta a parcela referente ao desnível geométrico, pois aqui ele age como *força motora*.

Exemplo 7.7

Determine a curva característica da adutora calculada no exemplo anterior.

Solução:

A perda nos acessórios é dada por:

$$\Delta h_L = \left(\sum k \right) \cdot \frac{1}{2} \rho V^2$$

A perda distribuída é dada por:

$$\Delta h_D = f \cdot \frac{V^2}{2g} \frac{L}{D}$$

Portanto, a perda total, obtida pela soma das perdas localizadas e da perda distribuída, será:

$$\Delta p_L = \left(f \frac{L}{D} + \sum k \right) \cdot \frac{V^2}{2g}$$

A velocidade encontrada foi $V = 2{,}75$ m/s, portanto:

$$Rey = \rho . V.D/\mu = 1000 \cdot 2{,}75 \cdot 0{,}075/(1{,}01 \cdot 10^{-3}) = 2{,}04 \cdot 10^5$$

$$\varepsilon/D = 0{,}15/75 = 0{,}002$$

Assim:

$$f = 0{,}024$$

e, então:

$$\Delta h = (0{,}024 \, . \, (60/0{,}075) + \Sigma K) \, . \, V^2/(2g) = 1{,}325 \, . \, V^2$$

ou, sustituindo a velocidade pela vazão dividida pela área:

$$\Delta h = (1{,}325/A^2) \, . \, Q^2$$

resultando em:

$$\Delta h = 67897 \, . \, Q^2$$

7.3.2 Forças nos escoamentos externos

Camada-limite: Os estudos dos escoamentos externos aos corpos imersos em fluidos foram iniciados a vários séculos com base no estudo do vôo das aves para propiciar o vôo aos homens. Sempre com a visão de produzir uma forma de voar, os cientistas elaboraram um conjunto de dados técnicos que atualmente é considerado a base para o desenvolvimento da ciência aeronáutica. Os estudos sempre se preocuparam com as duas principais forças que aparecem sobre um corpo quando ele se movimenta imerso em um fluido: a sustentação e o arrasto. A sustentação é a força que aparece sobre um corpo e age perpendicularmente à direção do movimento, e o arrasto é a força que aparece na direção do movimento e a ele se opõe. O estudo dessas duas forças teve grande avanço com o conceito de camada-limite, a camada do escoamento que ocorre nas vizinhanças de um corpo e do qual recebe grande influência. A camada-limite pode ser entendida por intermédio do exame do escoamento paralelo a uma placa plana semi-infinita. O escoamento do fluido ocorre com um perfil uniforme de velocidade, de valor V_∞, antes de tomar contato com a placa plana, como apresentado a Figura 7.8, e ao atingir a placa, a partir de uma linha de contato inicial, que é denominada *bordo de ataque*, passa a sofrer influência da placa, modificando o perfil de velocidades. A camada de fluido em contato direto com a placa adquire a velocidade da parede, $V = 0$, e, em razão do efeito da viscosidade, a perturbação cresce ao longo da placa, formando uma camada de escoamento com velocidade V diferente da velocidade não perturbada V_∞. A essa camada é dado o nome de *camada-limite*.

Como a perturbação da velocidade vai diminuindo ao se afastar da placa plana, a velocidade V tende assintoticamente ao valor da velocidade não perturbada V_∞, não sendo caracterizado o ponto onde a camada-limite se inicia. Esse ponto foi definido estabelecendo-se o valor da velocidade do ponto de início em 99% da velocidade não perturbada, V_∞. O conceito mais importante ligado à camada-limite é que, como o escoamento só apresenta variações dentro da camada-limite, todos os fenômenos que ocorrem no corpo imerso no fluido são explicados pelas variações que ocorrem na camada-limite. O escoamento fora dela é um escoamento potencial e não interfere no fenômeno.

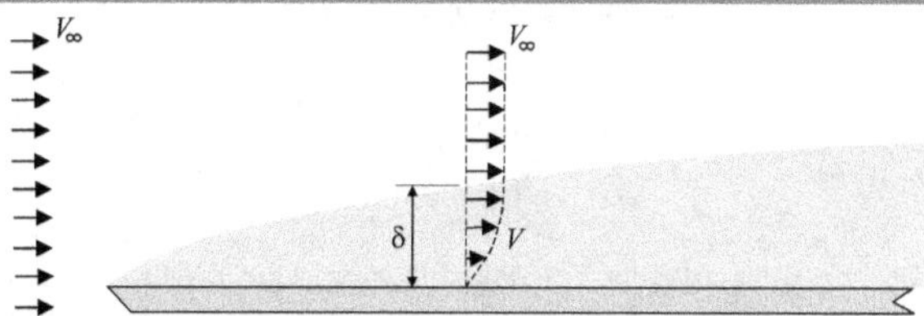

Figura 7.8   Escoamento paralelo a uma placa plana e formação da camada-limite.

Portanto, para resolver o problema do arrasto sobre uma placa plana semi-infinita, paralela ao escoamento, é possível aplicar as equações de movimento ao escoamento na camada-limite, o que traz simplificações das equações e permite obter solução para o problema. Então, considerando a dimensão ao longo da placa, a partir do bordo de ataque, e a direção normal à placa, tem-se um problema bidimensional e, adicionando a condição de regime permanente, as equações de Navier-Stokes são simplificadas para duas dimensões, conduzindo a:

$$u\frac{\partial u}{\partial x}+v\frac{\partial u}{\partial y}=-\frac{1}{\rho}\frac{\partial p}{\partial x}+\frac{\mu}{\rho}\left(\frac{\partial^2 u}{\partial x^2}+\frac{\partial^2 u}{\partial y^2}\right)\tag{7.58}$$

$$u\frac{\partial v}{\partial x}+v\frac{\partial v}{\partial y}=-\frac{1}{\rho}\frac{\partial p}{\partial y}+\frac{\mu}{\rho}\left(\frac{\partial^2 v}{\partial x^2}+\frac{\partial^2 v}{\partial y^2}\right)\tag{7.59}$$

e introduzindo a equação da continuidade:

$$\frac{\partial u}{\partial x}+\frac{\partial v}{\partial y}=0\tag{7.60}$$

Nessas equações: u é a velocidade na direção x, v é a velocidade na direção y, p é a pressão, μ é a viscosidade dinâmica e ρ é a massa específica do fluido.

Admitindo que a camada-limite laminar é muito fina, a velocidade v torna-se muito pequena se comparada a u e, também, a variação de u em y é muito maior que a variação de u na direção x. Assim, desprezando os termos que contêm v e suas derivadas, as equações para descrição da camada-limite laminar passam a ser:

$$u\frac{\partial u}{\partial x}+v\frac{\partial u}{\partial y}=-\frac{1}{\rho}\frac{\partial p}{\partial x}+\frac{\mu}{\rho}\left(\frac{\partial^2 u}{\partial y^2}\right)\tag{7.61}$$

$$-\frac{1}{\rho}\frac{\partial p}{\partial y}=0\tag{7.62}$$

$$\frac{\partial u}{\partial x}+\frac{\partial v}{\partial y}=0\tag{7.63}$$

Para escoamentos sem variação de pressão ao longo da dimensão x, a simplificação pode ser maior, fornecendo, então:

$$u\frac{\partial u}{\partial x}+v\frac{\partial u}{\partial y}=\nu\left(\frac{\partial^2 u}{\partial y^2}\right)\tag{7.64}$$

$$\frac{\partial u}{\partial x}+\frac{\partial v}{\partial y}=0\tag{7.65}$$

Essas equações foram resolvidas por Blasius, por meio de substituição de variáveis, definindo as seguintes substituições:

$$u = \frac{\partial \Psi}{\partial y} \quad e \quad v = -\frac{\partial \Psi}{\partial x} \qquad (7.66)$$

$$\eta = y\sqrt{\frac{\rho V_\infty}{\mu x}} \quad e \quad \Psi = \sqrt{\nu x V_\infty}\, f(\eta) \qquad (7.67)$$

Blasius obteve a solução das equações em forma de uma série. A solução de Blasius em forma de um gráfico adimensional é apresentada na Figura 7.9.

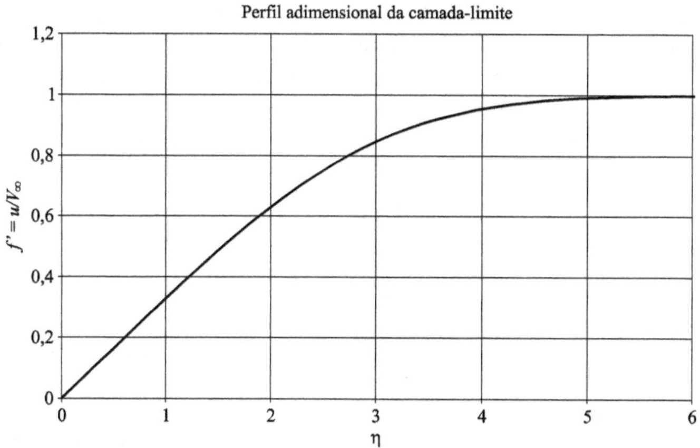

Figura 7.9 Solução de Blasius para as equações da camada-limite, apresentando a velocidade normalizada em função da distância adimensionalizada η.

A solução de Blasius permite, conhecendo o perfil de velocidade na camada limite, determinar a tensão tangencial na parede e, portanto, a força de atrito, que neste caso coincide com a força de arrasto. Permite também calcular a espessura da camada-limite δ.

A espessura da camada-limite δ é definida para o ponto no qual a velocidade é 99% da velocidade não perturbada. Observando o gráfico verifica-se que essa situação ocorre para $\eta = 5$, de onde vem que:

$$\delta = \frac{5x}{\sqrt{Rey_x}} \qquad (7.68)$$

E calculando o valor da tensão de cisalhamento na superfície, vêm:

$$\tau\big|_{y=0} = \mu\frac{\partial u}{\partial y}\bigg|_{y=0} \qquad (7.69)$$

Calculando a derivada da velocidade a partir do gráfico da Figura 7.9, a tensão de cisalhamento na parede é escrita como:

$$\tau\big|_{y=0} = 0,322 \ \mu \ V_\infty^{3/2} \nu^{-1/2} x^{-1/2}$$ (7.70)

A solução de Blasius é descrita em mais detalhes em Schlichting (1968), um texto específico sobre a teoria da camada-limite.

Com o crescimento da camada-limite, ela se torna instável e o escoamento dentro dela torna-se turbulento. O ponto de transformação em camada-limite turbulenta ocorre na posição x para o número de Reynolds local, a qual assume o valor crítico, que para a placa plana vale 5.10^5. A camada-limite turbulenta tem crescimento mais rápido que a laminar e apresenta estrutura composta por três camadas: a **camada turbulenta**, uma **camada viscosa,** também denominada subcamada laminar, junto à parede, e uma **camada amortecedora** entre as duas primeiras. O desenvolvimento do equacionamento para a camada-limite turbulenta é mais complicado pela presença das três camadas de escoamento, cada uma delas com um perfil de velocidades diferentes. No entanto, um resultado semi-empírico obtido pode ser representado pelas equações 7.71, para a espessura da camada-limite, e 7.72, para a tensão de cisalhamento.

$$\frac{\delta}{x} = 0,376\left(Rey_x\right)^{-1/5}$$ (7.71)

$$\frac{\tau_0}{\rho V_\infty^2} = 0,023\left(\frac{\delta V_\infty}{\nu}\right)^{-1/4}$$ (7.72)

Para mais informações sobre camada-limite, consulte o texto de Hermann Schlichting (1968).

Equacionamentos experimentais: Pela possibilidade de as mais diferentes formas de corpos poderem ser colocadas nos meios fluidos, as fórmulas empíricas têm grande aplicação na determinação das forças de arrasto e sustentação sobre os corpos imersos em escoamentos.

Arrasto: A determinação da força de arrasto tem inúmeras aplicações na Engenharia, podendo ser destacadas as forças em pilares de pontes, o arrasto em corpos flutuantes, como navios e barcaças, e também o arrasto sobre o corpo e asas dos objetos voadores.

A forma dos corpos pode ser muito variada, de esferas a cilindros e cubos, incluindo os corpos sem uma forma geométrica definida e, ainda, os perfis aerodinâmicos usados na aeronáutica. Para aplicar a análise dimensional a essa multiplicidade de situações, as variáveis consideradas são:

F – Força de arrasto exercida sobre o corpo.

L – Comprimento característico do corpo.

V_∞ – Velocidade do escoamento principal (distante do objeto).

ρ – Massa específica do fluido em escoamento.

μ – Viscosidade absoluta do fluido.

Aplicando os métodos da análise dimensional, obtêm-se dois adimensionais para o fenômeno:

$$C_D = \frac{F_D}{\frac{1}{2}\rho V^2 L^2}$$ (7.73)

e

$$Rey = \frac{\rho VL}{\mu} \tag{7.74}$$

O fator ½ introduzido na equação 7.73 é convenientemente usado por associação com a energia cinética. A equação 7.73 define um coeficiente de arrasto C_D que pode ser quantificado a partir de resultados experimentais e aplicado aos casos práticos. O coeficiente C_D é dependente do número de Reynolds, mas em muitos casos práticos ele se comporta como uma constante dentro das faixas de número de Reynolds usuais. A Tabela 7.5 mostra alguns resultados obtidos para diferentes geometrias. Os escoamentos internos e externos podem, portanto, ser quantificados de forma prática, com o uso de aproximações empíricas e análises dimensionais. Os resultados obtidos são muito bons e justificam esse tipo de aproximação.

Tabela 7.5 Coeficientes C_D da equação 7.69. *Fonte*: Fox & McDonald (1981); Streeter (1967).

Objeto	C_D	Rey	Comprimento	Área
Placa plana paralela	$1,33\,Rey_L^{-1/2}$ $0,074\,Rey_L^{-1/5}$	Laminar Turbulento $< 10^7$	L	Área da superfície da placa
Placa plana normal	L/d 1 1,18 5 1,20 10 1,30 20 1,50 30 1,60 ∞ 1,95	$Rey_d > 10^3$	d	Área frontal da placa
Disco circular normal	1,17	$Rey_d > 10^3$	d	Área frontal do disco
Anel circular normal	1,20	$Rey_d > 10^3$	d	Área frontal do anel
Semitubular	2,3 1,12	4.10^4 4.10^4	d	Área frontal projetada do semitubo
Esfera	$24Rey_d^{-1}$ 0,47 0,20	$Rey_d < 1$ $10^3 < Rey_d < 3.10^5$ $Rey_d > 3.10^5$	d	Área frontal projetada da esfera

Tabela 7.5 Coeficientes C_D da equação 7.69. *Fonte*: Fox & McDonald (1981); Streeter (1967). (*Continuação.*)

Objeto	C_D	Rey	Comprimento	Área
Hemisfério oco	0,34	$10^4 < Rey_d < 10^6$	d	Área frontal projetada do hemisfério
	1,42	$10^4 < Rey_d < 10^6$	d	
Hemisfério cheio	0,42	$10^4 < Rey_d < 10^6$	d	Área frontal projetada do hemisfério
	1,17	$10^4 < Rey_d < 10^6$	d	
Cilindro	L/d 1 0,63 5 0,80 10 0,83 20 0,93 30 1,00 ∞ 1,20	$10^3 < Rey_d < 10^5$	d	Área frontal projetada do cilindro
Cilindro elíptico	D/d 2:1 0,6 – 0,46 4:1 0,32 6:1 0,29 – 0,20	$4.10^4 < Rey_d < 10^5$ $2,5.10^4 < Rey_d < 10^5$ $2,5.10^4 < Rey_d < 2.10^5$	d	Área frontal projetada do cilindro
Prisma de base quadrada	L/d 1 1,05 ∞ 2,05	$3,5.10^4$	d	Área frontal projetada do prisma

---

Exemplo 7.8

Determine a força exercida pela água de um rio sobre um pilar de ponte, de forma cilíndrica. A profundidade do rio é de 3 m, a velocidade média de suas águas é de 1,4 m/s e o diâmetro do pilar é de 0,60 m.

Solução:

Adotando a hipótese de perfil uniforme com velocidade igual à velocidade média, o problema pode ser reduzido ao escoamento com velocidade constante em torno do cilindro.

Da Tabela 7.5 obtém-se o coeficiente de arrasto para um cilindro com relação comprimento/ diâmetro dada por:

$$\frac{L}{D} = \frac{3,0}{0,60} = 5$$

que fornece o coeficiente de arrasto $C_D = 0,80$, então, a força de arrasto é dada por:

$$F_D = C_D \frac{1}{2} \rho V^2 A_{\text{projetada}} = 0,80 \ . \ 0,5 \ . \ 1000 \ . \ 1,4^2 . \ (3,0 \ . \ 0,60) = 1411,2 \ \text{N}$$

A adoção do perfil uniforme simplifica bastante o cálculo, embora inclua um erro pela variação da velocidade. O cálculo correto pode ser efetuado conhecendo-se o perfil de velocidades e integrando a força sobre o comprimento L do pilar.

Exemplo 7.9

Determine a velocidade de queda de um pára-quedas circular suportando uma massa de 80 kg. O pára-quedas aberto pode ser entendido como um hemisfério oco de 3,0 m de raio.

Solução:

O hemisfério oco, com escoamento incidindo na parte oca, apresenta o coeficiente de arrasto $C_D = 1,42$, obtido da Tabela 7.5. Da Tabela A1 (Anexo A) obtém-se a massa específica do ar a 20°C, $\rho_{AR} = 1,166 \ \text{kg/m}^3$.

Isolando o pára-quedas com a carga, obtém-se:

$$F_D = m \ . \ g = 80 \ . \ 9,81 = 784,8 \ \text{N}$$

Da equação do arrasto vem:

$$F_D = C_D . \ 1/2 \ . \ \rho_{AR} . \ V^2 . \ A_{\text{projetada}} = 1,42 \ . \ 0,5 \ . \ 1,166 \ . \ V^2 . \ \pi 3^2$$

Portanto, a velocidade pode ser calculada por:

$$V = \sqrt{\frac{2 \ . \ F_D}{\rho \ . \ C_D \ . \ A_{\text{projetada}}}} = 5,79 \ \text{m/s} = 20,85 \ \text{km/h}$$

Sustentação: A força de sustentação é uma força que aparece sobre um corpo submerso em um fluido e age transversalmente à direção do escoamento. É a força que aparece sobre a asa de um avião agindo de forma a balancear a força peso, sustentando-o em vôo. A força de sustentação é função da velocidade, da forma do corpo e do ângulo de ataque, e sua determinação é feita experimentalmente em túneis de vento ou de água. A principal aplicação é na aeronáutica, para definir a forma das asas dos objetos voadores, mas também tem aplicação muito forte na indústria automobilística, procurando aumentar a força normal do autoveículo e sua aderência ao solo.

A aplicação da análise dimensional ao fenômeno da sustentação considera as seguintes variáveis:

F_L – Força de sustentação exercida sobre o corpo.

L – Comprimento característico do corpo.

V_∞ – Velocidade do escoamento principal (distante do objeto).

ρ – Massa específica do fluido em escoamento.

μ – Viscosidade absoluta do fluido.

θ – Ângulo de ataque.

Aplicando os métodos da análise dimensional, obtêm-se três adimensionais para o fenômeno:

$$C_L = \frac{F_L}{\frac{1}{2}\rho V^2 L^2} \tag{7.75}$$

$$Rey = \frac{\rho VL}{\mu} \tag{7.76}$$

e

$$\theta = \text{ângulo de ataque (adimensional)}$$

Da análise dimensional, portanto, obtém-se a equação funcional entre os três adimensionais, o que permite escrever:

$$C_L = \phi(Rey, \theta) \tag{7.77}$$

e, da equação 7.75:

$$F_L = C_L \cdot \frac{1}{2}\rho V^2 L^2 \tag{7.78}$$

Para efeito prático, o quadrado da dimensão característica L, que representa uma área, é freqüentemente substituído pela área frontal vista pelo escoamento, ou seja, a área projetada horizontalmente, A_P. A aplicação de um equacionamento empírico deve sempre ser condicionada à verificação das condições adotadas nos experimentos que a definiram. Então, a equação 7.78 é transformada em:

$$F_L = C_L \cdot \frac{1}{2}\rho V^2 A_P \tag{7.79}$$

A sustentação é, portanto, uma força que age sobre corpos movimentando-se relativamente a um fluido e tem direção perpendicular ao escoamento. Uma placa plana movendo-se em um fluido, com um ângulo de ataque θ, experimentará uma força de sustentação que fará com que a placa tenda a se mover na direção da força. Na Figura 7.10 é apresentado o esquema de uma placa plana imersa em um fluido na qual aparece a força de sustentação F_L em decorrência do movimento relativo da placa em relação ao fluido e do ângulo de ataque θ. Observe que a força de sustentação age perpendicularmente à direção do escoamento. Na figura também é ilustrada a força de arrasto F_D, que age na direção do escoamento.

Uma aplicação prática da força de sustentação em placa plana é o leme de um barco ou avião, que modifica a direção do veículo por meio do momento criado pela força de sustentação na placa plana que constitui o leme.

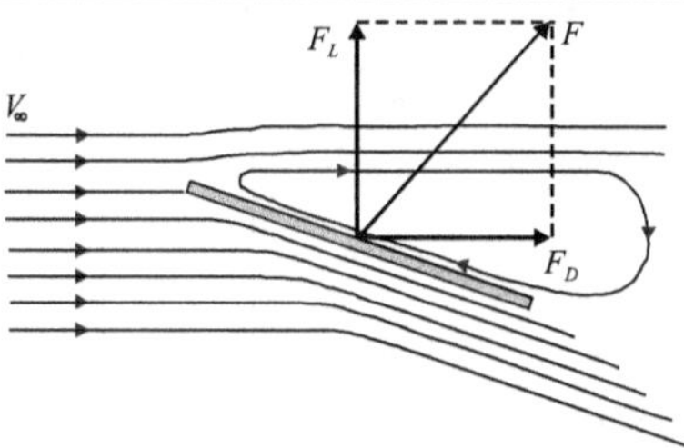

Figura 7.10   Força de sustentação F_L em uma placa plana com ângulo de ataque θ.

Na indústria aeronáutica são usados perfis com forma aerodinâmica que apresentam uma força de sustentação alta, aliados a uma força de arrasto baixa, denominados *aerofólios*. Nos aerofólios, a equação 7.79, para sustentação, bem como a equação 7.73, para o cálculo do arrasto, têm extensa aplicação, mas com a particularidade de a área tomada para o cálculo ser a área da asa, isto é, o comprimento da asa, denominado *envergadura*, multiplicado pela corda L, o comprimento do aerofólio. Nos escoamentos bidimensionais, a envergadura é usualmente tomada como unitária, e as forças são calculadas por unidade de comprimento. Na Figura 7.11 é apresentado um esquema de um aerofólio ilustrando a definição da corda e do ângulo de ataque, juntamente com a indicação das forças de arrasto e sustentação.

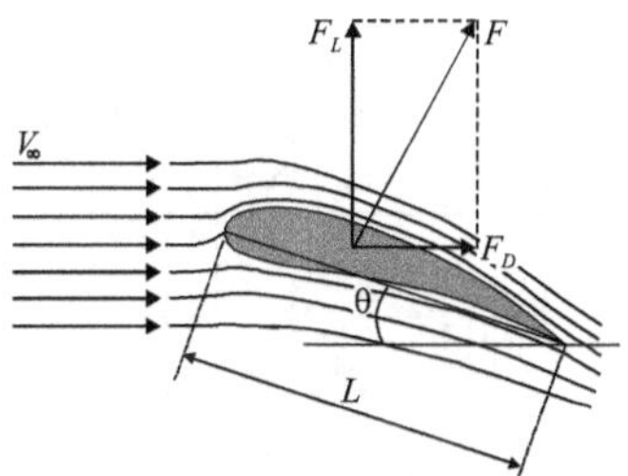

Figura 7.11   Força de sustentação F_L e de arrasto F_D, em um aerofólio.

É importante notar que a força de sustentação é responsável por manter a posição vertical do movimento e a força de arrasto opõe-se ao movimento, sendo a responsável pela necessidade de potência motora para mantê-lo.

O National Advisory Commity of Aeronautics (NACA), dos Estados Unidos, é o orgão responsável pela padronização dos perfis aerodinâmicos utilizados na aviação e mantém um extenso catálogo de aerofólios. As forças de arrasto e sustentação, medidas experimentalmente, são apresentadas em forma gráfica e tabeladas, juntamente com as coordenadas para geração do perfil. Como os dados são gerados experimentalmente, as equações empregadas para aquisição de dados em laboratório utilizam a área da asa para cálculo tanto da força de sustentação quanto da força de arrasto. As fórmulas para o cálculo do arrasto e da sustentação nos aerofólios padronizados pelo NACA estão apresentadas nas equações 7.80 e 7.81, respectivamente.

$$F_D = C_D \cdot \frac{1}{2}\rho V^2 A_{asa} \tag{7.80}$$

$$F_L = C_L \cdot \frac{1}{2}\rho V^2 A_{asa} \tag{7.81}$$

em que A_{asa} = corda do aerofólio . envergadura.

Os gráficos apresentados na Figura 7.12 constituem um conjunto de dados para descrição do perfil USA 35-A, adaptados do gráfico original do Relatório NACA nº 669. São apresentadas apenas as curvas referentes à sustentação e ao arrasto e a forma do perfil, necessárias para utilização em exemplos de cálculo.

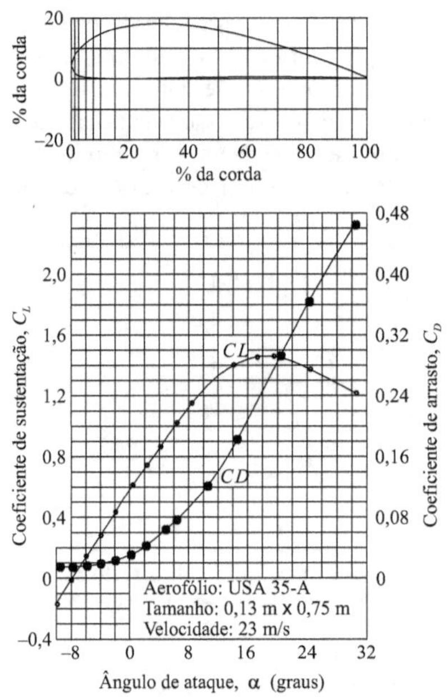

Figura 7.12   Coeficiente de sustentação e coeficiente de arrasto de um aerofólio. Adaptado de NACA, Report 669.

Nesse caso, a curva referente ao arrasto inicia-se com baixos valores de C_D e com derivada pequena, que cresce rapidamente em função do ângulo de ataque α, levando a valores do coeficiente de arrasto já considerados muito altos para α maior que 16º.

A curva do coeficiente de sustentação inicia-se também com valores baixos, mas cresce linearmente em função de α até iniciar uma perda da linearidade para α próximo a 10º.

A partir desse ponto a curva tem a derivada decrescente até passar por um ponto de máximo em $\alpha = 19°$. Nesse ponto, o arrasto elevado faz com que o perfil perca sustentação, caracterizando uma situação denominada *estol*. A situação caracterizada pela parte não linear da curva é chamada de *pré-estol*.

EXEMPLO 7.10

Calcule a força de sustentação gerada por unidade de comprimento do perfil NACA USA 35-A submetido a uma velocidade de 144 km/h no ar a 20°C, com ângulo de ataque de 10°.

Solução:

O perfil apresenta uma corda de 0,75 m e espessura máxima de 0,13 m, sendo submetido a um ângulo de ataque de 10°. Do gráfico da Figura 7.10 obtém-se o coeficiente de sustentação para o ângulo de 10°.

$$C_L = 1,24$$

Da Tabela A.1 (Anexo A):

$$\rho_{AR} = 1,166 \text{ kg/m}^3$$

Portanto, a força de sustentação é:

$$F_L = C_L \cdot \frac{1}{2}\rho \cdot V^2 \cdot A_{asa} = 0,5 \cdot 1,24 \cdot 1,166 \cdot 40^2 \cdot (0,75 \cdot 1) = 867,5 \text{ N/m}$$

Portanto, cada metro do perfil USA 35-A gera uma força de sustentação de 867,5 N, na velocidade de 144 km/h.

EXEMPLO 7.11

Calcule a força de arrasto gerada por unidade de comprimento do perfil NACA USA 35-A submetido a uma velocidade de 144 km/h no ar a 20°C, com ângulo de ataque de 10°.

Solução:

Também para a força de arrasto é utilizada a área do perfil, calculada pelo produto da corda pelo comprimento, neste caso, unitário:

$$A = 0,75 \cdot 1 = 0,75 \text{ m}^2$$

Do gráfico da Figura 7.10 obtém-se o coeficiente de arrasto para o ângulo de 10°.

$$C_D = 0,12$$

Da Tabela A.1 (Anexo A):

$$\rho_{AR} = 1,166 \text{ kg/m}^3$$

Portanto, a força de arrasto é:

$$F_D = C_D \cdot \frac{1}{2}\rho \cdot V^2 \cdot A_{aerofólio} = 0,5 \cdot 0,12 \cdot 1,166 \cdot 40^2 \cdot 0,75 = 83,95 \text{ N/m}$$

Portanto, cada metro do perfil USA 35-A gera uma força de arrasto de 83,95 N, na velocidade de 144 km/h.

Exercícios

1. Quando um fluido escoa em torno de um cilindro, cujo eixo é perpendicular à corrente, forma-se atrás do cilindro uma esteira de redemoinhos cuja freqüência f depende de: D, diâmetro do cilindro; V, velocidade da corrente; ρ, massa específica do fluido; e ν, viscosidade cinemática do fluido. Quais são os grupos adimensionais independentes que descrevem o fenômeno?

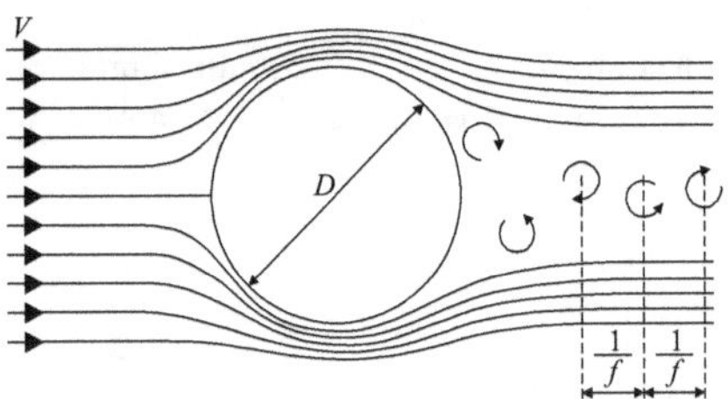

2. O momento de arfada máximo desenvolvido pela água sobre um hidroavião ao amarar é representado por C_{max}. Nessa ação intervêm as seguintes variáveis: α, ângulo da trajetória de vôo do avião com a horizontal; β, ângulo que define a posição do avião; M, massa do avião; L, comprimento do casco; V, velocidade; ρ, massa específica da água; g, aceleração da gravidade; e R, raio de giração com respeito ao eixo de arfada. Quantos e quais são os grupos adimensionais que descrevem o fenômeno?

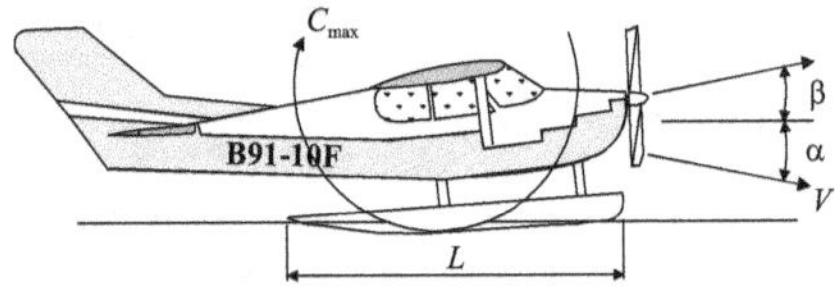

3. A altura h que a água eleva, em um tubo capilar de vidro, é função da tensão superficial σ e do peso específico da água γ. Quantos e quais são os grupos adimensionais que descrevem o fenômeno? Determine uma relação entre h e as demais variáveis usando análise dimensional.

4. O conjugado T necessário para girar um disco com uma velocidade angular constante, sobre um filme de óleo, depende do diâmetro D do disco, da velocidade angular ω, da espessura e do filme de óleo e da viscosidade μ do óleo. Determine, usando análise dimensional, uma expressão que relacione o conjugado T com as demais variáveis envolvidas no problema.

5. A vazão Q de um líquido ideal que escoa para a atmosfera através de um orifício de bordo delgado, feito na parede lateral de um reservatório, é função do diâmetro D do orifício, da massa específica ρ do líquido e da diferença de pressão Δp entre a superfície livre do reservatório e o centro de gravidade do orifício. Determine, por análise dimensional, a expressão da vazão em função das demais variáveis.

6. A vazão Q de um líquido através de um pequeno orifício em uma tubulação depende do diâmetro do orifício d, do diâmetro da tubulação D, da diferença de pressão Δp entre os dois lados do orifício, da massa específica ρ e da viscosidade μ do líquido. Demonstre, usando análise dimensional, que a vazão pode ser expressa por:

$$Q = d^2 \sqrt{\frac{\Delta p}{\rho}}\; f\left(\frac{D}{d}, \frac{\mu}{\rho d \sqrt{\frac{\Delta p}{\rho}}}\right)$$

7. Gás sob pressão escoa para a atmosfera através de um pequeno orifício. A vazão do fluxo depende da diferença de pressão Δp entre o reservatório e a atmosfera, da viscosidade cinemática ν, da massa específica do gás ρ e do raio R do orifício. Mostre que:

$$Q = R^2 \sqrt{\frac{\Delta p}{\rho}}\; f\left(\frac{\nu}{R\sqrt{\frac{\Delta p}{\rho}}}\right)$$

8. Derive, por análise dimensional, uma expressão para a potência Pot de uma máquina hidráulica, sabendo que essa potência depende somente da velocidade angular ω, do diâmetro D e da rugosidade ε do rotor da máquina, da vazão Q, da massa específica ρ e da viscosidade absoluta μ do fluido escoando.

9. Derive, por análise dimensional, uma expressão para a queda de pressão Δp, sobre um comprimento x de um escoamento não estabilizado na entrada de uma tubulação, se Δp depende somente de x, do diâmetro da tubulação D, da vazão Q, da massa específica ρ e da viscosidade μ do fluido.

10. Derive uma expressão para a velocidade-limite de uma esfera sólida e lisa caindo através de um líquido incompressível se essa velocidade só depende do diâmetro D, da massa específica da esfera ρ_e, da aceleração da gravidade g, da massa específica ρ_f e da viscosidade do fluido μ.

11. A velocidade de propagação de perturbações (pequenas ondas) na superfície da água é função da aceleração da gravidade e da altura da lâmina de água (para águas rasas). Por meio da análise dimensional, forneça a função que relaciona as grandezas:

$$[V] = LT^{-1} \qquad [g] = LT^{-2} \qquad [h] = L$$

12. No ensaio de uma turbina foram feitas medidas e avaliações das seguintes grandezas: P, potência gerada; γ, peso específico do fluido escoando; H, altura geométrica + altura referente às perdas; θ, ângulo da tubulação com a vertical; e Q, vazão veiculada. Os dados da geometria utilizada e os valores obtidos se encontram na tabela a seguir. Forneça, através da análise dimensional, uma expressão que permita obter o valor da potência gerada. Desenhe um gráfico com os valores de ambos os lados (membros) da equação encontrada e obtenha as constantes que aparecem na expressão da análise dimensional.

P kW	γ $\dfrac{N}{m^3}$	θ	H m	Q $\dfrac{m^3}{s}$
14,90	10.000	30	10,0	2,0
8,95	10.000	25	8,0	1,5
7,88	10.000	20	7,0	1,5
3,29	10.000	15	4,0	1,1
11,45	8.000	25	10,0	1,9
9,70	8.000	20	9,0	1,8
7,70	8.000	15	7,5	1,7
5,40	8.000	10	6,0	1,5

13. Ao analisar o escoamento de um líquido por um vertedor retangular com contração lateral, conclui-se que a vazão Q deve depender das seguintes variáveis: h, altura da lâmina d'água sobre a soleira; L, largura do canal; b, largura do vertedor; a, altura do vertedor; ρ, massa específica do fluido em escoamento; μ, viscosidade do líquido em escoamento; e g, aceleração da gravidade.

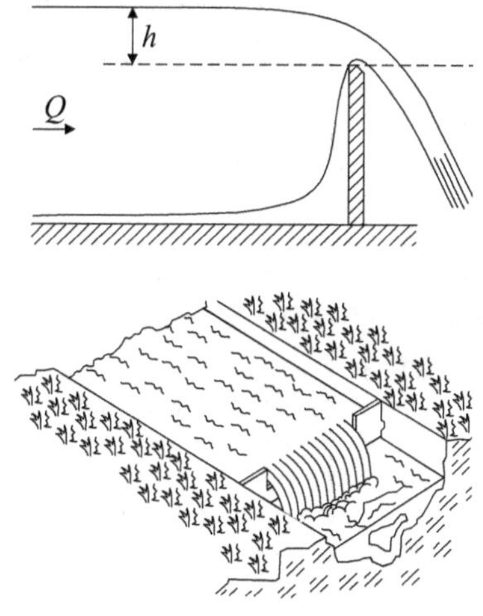

a) Mostre quantos coeficientes adimensionais são suficientes para descrever o experimento.

b) Explique por que (ou por que não) g é um parâmetro que deve ser considerado. Forneça um adimensional que contenha g.

c) Compare os adimensionais b/a, b/L e b/h e defina o mais importante para essa análise.

14. Um autoveículo deve viajar através do ar a uma velocidade de 100 km/h (27,78 m/s). Para determinar a distribuição de pressão, um modelo, em escala 1/5 do comprimento real, deve ser testado na água.

a) Determine a velocidade da água que deverá ser usada.

b) Quais fatores devem ser considerados para assegurar a similaridade cinemática nos testes?

15. Dois reservatórios separados por um desnível geométrico de 20 m são interligados por uma canalização de 210 m de comprimento. A tubulação é constituída por tubos de aço galvanizado de 50 mm de diâmetro e 6 m de comprimento, ligados por luvas. Além das luvas, foram usados 4 cotovelos de 90° e uma válvula de gaveta. Considere a entrada do conduto como normal e a saída afogada. Usando o conceito de curva característica, determine a vazão de equilíbrio do sistema.

16. Um sistema de bombeamento de grandes dimensões foi construído com tubos de ferro fundido asfaltado de 40 cm de diâmetro e 6 m de comprimento. O comprimento físico da linha é de 3.000 m e foram usados 1 registro de gaveta e 1 válvula de retenção, além das luvas de junção. A entrada da tubulação é dotada de crivo e a saída é afogada. Calcule a curva característica da linha.

17. Uma linha de recalque de água para vencer um desnível de 15 m foi montada com tubos de aço soldado de 0,30 m de diâmetro. Admitindo que o conjunto de tubos e acessórios tenha um comprimento equivalente de 700 m e que a velocidade máxima admissível seja de 2 m/s, desenhe a curva característica da linha.

18. A linha de adução por gravidade entre dois reservatórios com desnível geométrico de 20 m, é constituída por 210 m de canalização; além das 28 luvas de ligação, há 4 cotovelos de 90° e um registro de gaveta aberto. Determine o diâmetro dos tubos de aço galvanizado necessário para o transporte de uma vazão de 200 m³/h.

19. Calcule a potência em cavalos-vapor desenvolvida na turbina pela água procedente de um depósito de grandes dimensões. A tubulação é de ferro galvanizado e tem 150 m de comprimento e diâmetro de 10 cm.

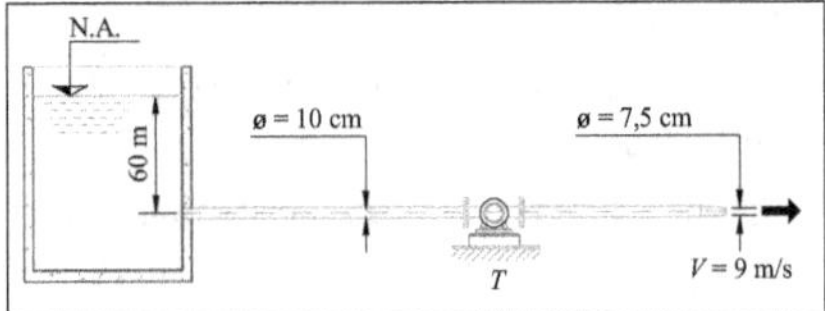

20. Uma bomba retira água de um reservatório por um conduto de sucção de 0,20 m de diâmetro e descarrega através de um conduto de 0,15 m de diâmetro, no qual a velocidade média é de 3,66 m/s. A pressão no ponto A é de 0,35 kgf/cm². O conduto de diâmetro 0,15 m descarrega horizontalmente no ar. Até que altura H, acima do ponto B, a água poderá ser elevada, estando B a 1,80 m acima de A e sendo de 20 C.V. a potência aplicada pela bomba? Admita que a bomba funciona com um rendimento de 70% e que as tubulações são de aço galvanizado. Despreze as perdas localizadas.

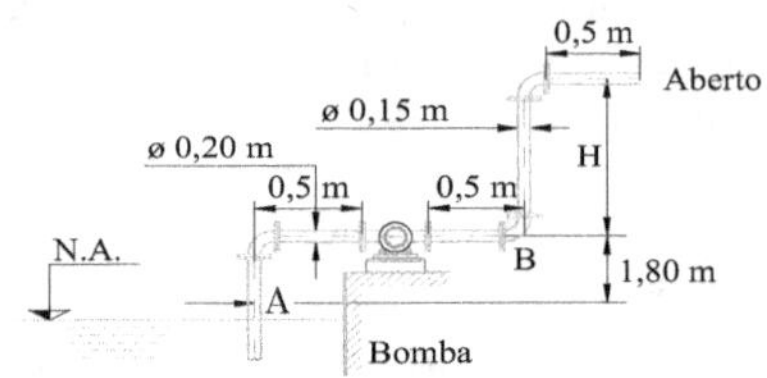

21. O duto de sucção de uma bomba hidráulica tem 0,30 m de diâmetro e 4 m de comprimento, dos quais 3 m estão mergulhados em uma corrente de água que apresenta velocidade uniforme de 3 m/s. Calcule a força horizontal exercida pela corrente de água sobre o duto de sucção.

22. O processo de medida de vazão em uma adutora, denominado *pitometria*, consiste no levantamento do perfil de velocidades interno à adutora através de um tubo de Pitot que é introduzido através de um orifício na parede do tubo para medida da pressão total em função da distância da parede. Considerando que a haste de suporte do Pitot é cilíndrica, com 20 mm de diâmetro, e que a adutora tem 400 mm de diâmetro e conduz uma vazão de 2 m³/s de água a 20°C, calcule a força sobre a haste do Pitot na sua posição mais desfavorável, isto é, quando está medindo um ponto junto à parede oposta ao orifício.

23. Um aperfeiçoamento do processo de pitometria consiste na adoção de uma haste elíptica para suporte do Pitot. Se no exercício anterior a haste for substituída por uma haste de seção elíptica com relação de eixos de 4:1, qual a força que aparecerá na haste? Qual a porcentagem de redução da força em relação à do exercício anterior?

24. Qual a velocidade-limite de uma esfera de 6,0 mm de diâmetro, de densidade $d = 3,5$, caindo em um óleo de densidade $d_0 = 0,8$ e de viscosidade $\mu = 1$ poise? Compare a velocidade terminal com a de outra esfera de mesmo diâmetro, mas com densidade $d = 7$. Utilize o gráfico de C_D em função de Rey, se necessário.

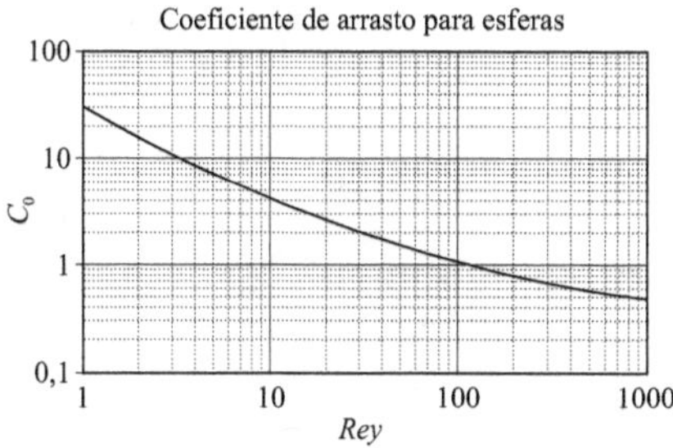

25. Um dispositivo de medida de vazão muito difundido é o *rotâmetro*, que consiste em um tubo vertical cônico, com a área crescente de baixo para cima, e que contém uma esfera de diâmetro e peso definidos. Quando o líquido atravessa o rotâmetro no sentido ascendente, o arrasto sobre a esfera cria uma força que a desloca verticalmente. Quando a esfera se desloca para uma posição de maior diâmetro, a velocidade em torno dela diminui, com conseqüente diminuição do arrasto, e sua posição estabiliza quando o arrasto é igual ao peso da esfera, portanto, a posição da esfera dentro do cilindro é uma indicação da vazão. Considerando uma esfera de 50 g e de 10 mm de diâmetro a ser utilizada em um rotâmetro para uma vazão nominal de 0,5 L/s de água a 20°C, calcule a área do tubo na posição da vazão nominal.

26. Quantos pára-quedas de 3 m de diâmetro ($C_D = 1,2$) são necessários para manter a queda de um veículo de 500 kg a uma velocidade-limite de 10 m/s?

27. Calcule a relação entre o arrasto e a sustentação de um perfil aerodinâmico do tipo apresentado na Figura 7.10 para um ângulo de ataque de 2°.

28. Considere um veículo aéreo equipado com o perfil aerodinâmico da Figura 7.10, com uma asa de 1,4 m de corda e 8 m de envergadura. Se o veículo está voando a uma velocidade de 160 km/h, com um ângulo de ataque de 5°, calcule a força de arrasto, a força de sustentação e a potência necessária para mantê-lo na velocidade de cruzeiro, desprezando os efeitos de ponta.

REFERÊNCIAS

BLASIUS, H. Das Aehnlichkeitsgesetz bei Reibungsvorgängen. *Flüssigkeiten VDI-Forschungsh.*, v. 131, 1913.
BUCKINGHAM, E. Model experiments and the form of empirical equations trans. *ASME*, v. 37, p. 263-296, 1915.
KARMAN, T. von. *Aerodynamics*. New York: McGraw-Hill. 1954.
MOODY, L. F. Friction factors for pipe flow trans. *ASME*, Nov. 1944.
NACA. Report, 669.
NIKURADSE, J. Strömungsgesetze. *Rauhen Rohren VDI-Forschungsh.*, v. 361, 1933.
PORTO, R. M. *Hidráulica básica*. São Carlos: EESC-USP. 2000.
ROMA, W. N. L. *Máquinas hidráulicas*. São Carlos: EESC-USP. 2000.
SCHLICHTING, H. *Boundary layer theory*. 6. ed. New York: McGraw-Hill Book Co. 1968.
STREETER, V. L. *Fluid mechanics*. New York: McGraw-Hill. 1966.

CAPÍTULO 8

TRANSPORTE CONVECTIVO DE CALOR E MASSA

O transporte convectivo de calor e de massa apresenta grande analogia fenomenológica com o transporte de quantidade de movimento, permitindo obter soluções de cálculo a partir dos equacionamentos obtidos no capítulo anterior.

O transporte de calor e/ou de massa por convecção ocorre, também, em uma estreita camada de escoamento, vizinha à parede, da mesma forma que o transporte de quantidade de movimento, portanto, é viável definir uma camada-limite para troca de calor e também uma camada-limite para o transporte de massa.

Este capítulo trata dos fenômenos de transporte que ocorrem nas camadas-limite anteriormente definidas e é considerado de aplicação na área de Fenômenos de Transporte, apresentando algumas soluções que permitem resolver problemas práticos na Engenharia.

8.1 Transferência de Calor

8.1.1 Camada-limite térmica

A camada-limite de temperatura (ou camada-limite térmica) é a região próxima às fronteiras do escoamento em que a temperatura do fluido varia. Voltando ao exemplo da placa plana semi-infinita, o contato do fluido com a placa inicia a transferência de calor da placa para o fluido, dando origem a duas regiões no escoamento: a região do fluido vizinha à placa aquecida e a região longe da placa com a temperatura não perturbada. Em razão do escoamento, a energia térmica transferida para o fluido é arrastada para uma nova região, acumulando-se à energia ali transferida e gerando um aumento da espessura da região aquecida. Percebe-se aqui o desenvolvimento de uma camada-limite de temperatura, semelhante à de velocidade, na qual a temperatura varia de T_s, temperatura na superfície da placa, até T_∞, temperatura do fluido não perturbado. Fora dessa camada, a temperatura se mantém constante. Na Figura 8.1 é apresentado um esquema da camada-limite térmica.

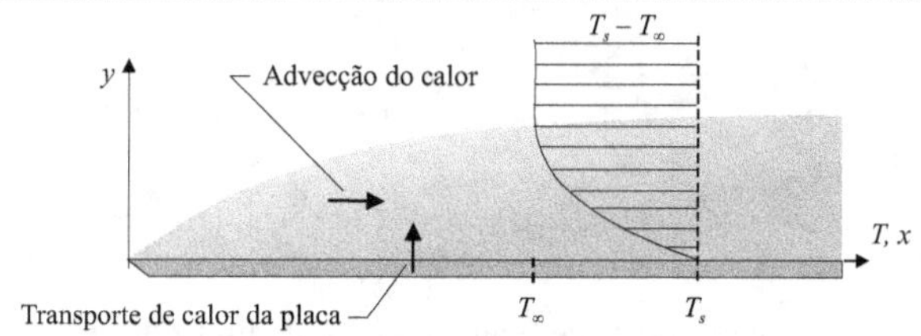

Figura 8.1 Desenvolvimento da camada-limite térmica.

Para a espessura da camada-limite térmica adota-se uma definição análoga àquela empregada para a camada-limite de velocidade. Assim, sua fronteira é definida como o lugar geométrico dos pontos para os quais a diferença entre a temperatura do ponto e a da superfície é igual a 99% da diferença entre a temperatura da superfície e do fluido não perturbado, isto é, vale a relação:

$$T - T_s = 0,99(T_\infty - T_S) \tag{8.1}$$

De acordo com o mecanismo de formação da camada-limite térmica, o processo de troca de calor por convecção pode ser natural ou forçado. Na convecção forçada, a camada-limite é determinada pelas condições de escoamento, provocadas por meios externos. A estrutura do escoamento, laminar ou turbulenta, depende da estrutura da camada-limite de velocidade. Na convecção natural, a movimentação do fluido é provocada pela diferença de temperatura entre as camadas de fluido, que, em razão do aquecimento, passam a ter densidades diferentes, originando uma força de empuxo que induz o movimento. Em decorrência do movimento induzido pela placa, o perfil de velocidades é iniciado com o valor zero na placa, passa por um ponto de máximo e volta a zero longe da placa, conforme pode ser visualizado no esquema da Figura 8.2. O perfil de temperaturas é semelhante ao da convecção forçada e também é mostrado na Figura 8.2.

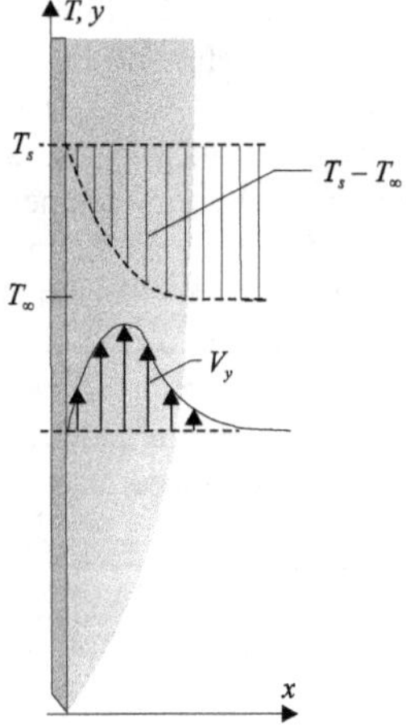

Figura 8.2 Esquema dos perfis de velocidade e temperatura na convecção natural.

Em razão das semelhanças existentes entre as camadas-limite dos processos de transferência de quantidade de movimento e de calor, os pesquisadores tentaram soluções análogas às das trocas de quantidade de movimento para a troca térmica. As analogias aparecem na literatura a partir do século XIX, iniciando-se com a analogia de Reynolds (1874). Outras analogias de aplicação na Engenharia são a analogia de Prandtl (1910), a de Taylor (1919), a de Colburn (1933), a de von Karman (1939) e a de Martinelli (1947). Essas analogias são melhoramentos da analogia de Reynolds, principalmente estendendo seu campo de aplicação. Aqui será apresentada, em detalhes, apenas a analogia de Reynolds.

8.1.2 ANALOGIA DE REYNOLDS PARA ESCOAMENTO TURBULENTO EM TUBOS CILÍNDRICOS

A analogia de Reynolds repousa na hipótese de que o calor e a quantidade de movimento são transferidos, no escoamento turbulento, por processos análogos.

Na Figura 8.3 são representadas as camadas-limite de velocidade e temperatura, com as espessuras δ e δ_t consideradas iguais. A velocidade média característica do escoamento turbulento é indicada por V_m e a temperatura característica do escoamento, por T_m e a temperatura na parede do tubo é T_s. A coordenada y é tomada a partir da parede do tubo em direção ao centro.

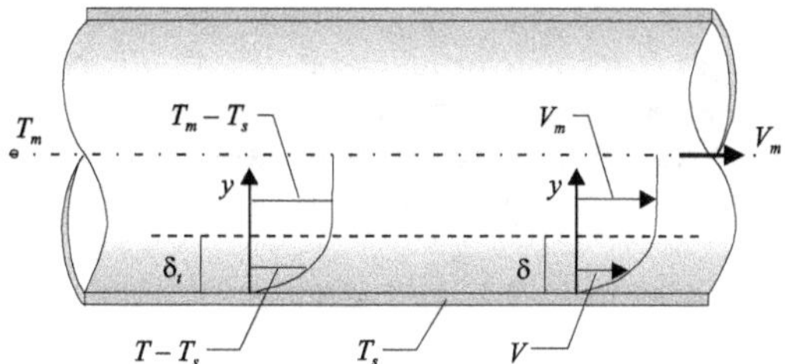

Figura 8.3   As camadas-limite térmica e hidrodinâmica apresentam a mesma espessura para $Pr = 1$.

No escoamento turbulento, as equações básicas de transferência de quantidade de movimento e de calor podem ser aplicadas e a influência da turbulência é introduzida por meio de um coeficiente de difusão turbulenta somado ao coeficiente difusivo das equações básicas, assim, as equações da lei da viscosidade de Newton e da lei de Fourier podem ser escritas como:

$$\tau = \rho(\nu + \nu_t)\frac{dV}{dy} \tag{8.2}$$

$$\dot{q} = -\rho c_p(\alpha + \alpha_t)\frac{dT}{dy} \tag{8.3}$$

As variáveis acrescentadas, ν_t na equação 8.2 e α_t na equação 8.3, representam as parcelas turbulentas, da viscosidade e da difusividade térmica, respectivamente, que no escoamento laminar têm valor zero e no turbulento são muito maiores que a parcela laminar, usualmente desprezada. Para a região de camada-limite, indicada na Figura 8.3, podem, portanto, ser escritas da seguinte forma:

$$\tau = \rho v_t \frac{\partial V}{\partial y} \qquad (8.4)$$

$$\dot{q} = -\rho c_p \alpha_t \frac{\partial T}{\partial y} \qquad (8.5)$$

A razão entre as equações 8.4 e 8.5 produz:

$$\frac{\dot{q} v_t}{\tau c_p \alpha_t} \partial V = -\partial T \qquad (8.6)$$

A equação 8.6 pode ser integrada entre a parede e a massa fluida, fornecendo:

$$\frac{\dot{q} v_t}{\tau c_p \alpha_t} V_m = T_S - T_m \qquad (8.7)$$

Um balanço de forças feito sobre o fluido que escoa no interior do trecho de tubo da Figura 8.3, contrapondo as forças motoras, decorrentes da diferença de pressão aplicada entre as extremidades do tubo, às forças resistivas, pela ação da tensão tangencial na parede, permite uma quantificação da tensão tangencial τ:

$$\Delta p \cdot \frac{\pi D^2}{4} = \tau \pi D L \qquad (8.8)$$

em que Δp é a diferença de pressão, D é o diâmetro do tubo e L, o comprimento considerado. Isolando a tensão tangencial vem:

$$\tau = \frac{\Delta p \, D}{4 L} \qquad (8.9)$$

Calculando a diferença de pressão pela equação universal de perda de carga:

$$\Delta p = f \frac{1}{2} \rho V_m^2 \frac{L}{D} \qquad (8.10)$$

E substituindo na equação 8.9, resulta:

$$\tau = \frac{f}{4} \left(\rho \frac{V_m^2}{2} \right) \qquad (8.11)$$

O fluxo térmico na parede é calculado pela equação de Newton da convecção, expressa na forma:

$$\dot{q} = h(T_s - T_m) \qquad (8.12)$$

substituindo as variáveis definidas pelas equações 8.11 e 8.12 na equação 8.7 e sim-plificando, resulta:

$$\frac{\nu_t h}{\alpha_t \rho c_p V_m} = \frac{f}{8} \tag{8.13}$$

Como o fator de cisalhamento é adimensional, o primeiro membro também é um adimensional. Esse adimensional é um parâmetro importante no estudo da convecção e recebe o nome de Stanton, representado por St. Então:

$$St = \frac{f}{8} \tag{8.14}$$

O número de Stanton pode ser representado como o produto de três adimensionais, como indicado na equação 8.15:

$$St = \frac{Nu}{Rey\ Pr} \tag{8.15}$$

portanto:

$$Nu = \frac{f}{8} Rey\ Pr \tag{8.16}$$

Essa equação é conhecida como analogia de Reynolds e sua correlação com dados experimentais mostra resultados razoáveis para valores do número de Prandtl próximo à unidade: $Pr \approx 1$.

8.1.3 Outras analogias

A partir da analogia de Reynolds outras analogias foram sugeridas na literatura, devendo ser aqui citadas:

Analogia de Colburn: Muito utilizada, pois estende a aplicação da analogia de Reynolds para números de Prandtl maiores que 1. Ela é útil quando o fluido é um líquido.

$$St = \frac{1}{8} f Pr^{-2/3} \qquad Pr \geq 1 \tag{8.17}$$

Analogia de von Karman: Apresenta melhor correlação e um campo de aplicação mais extenso, entretanto, por ser mais complexa, tem sido preterida em cálculos mais simples.

$$St = \frac{1}{8} f \frac{c_1}{c_2} \left\{ 1 + c_1 \left(\frac{1}{8} f \right)^{1/2} \left[5(Pr - 1) + 5\ln\left(\frac{5Pr + 1}{6} \right) \right] \right\}^{-1} \tag{8.18}$$

$$Pr \gg 1 \qquad c_1 = \frac{U_m}{U_c} \qquad c_2 = \frac{(T_s - T_m)}{(T_s - T_c)}$$

O índice c refere-se a valores de velocidade e temperatura na linha de centro do escoamento.

8.1.4 O problema da transferência de calor por convecção

Considere a situação de um contorno sólido que se encontra a uma temperatura T_s. Esse contorno está imerso em um escoamento de fluido, cuja temperatura é T_∞, e por hipótese admite-se que $T_s > T_\infty$. Em razão da diferença de temperatura, deve haver uma troca de calor entre o sólido e o meio tendendo ao equilíbrio térmico. Sabendo que a área de contato entre o contorno e o meio fluido é A, o problema da transferência de calor entre o sólido e o fluido, a convecção do calor, resume-se à determinação da descarga térmica que ocorre entre contorno e meio.

A formulação dessa questão foi iniciada por Newton, que estabeleceu o conceito de coeficiente de película médio, por intermédio da equação 8.19.

$$\dot{q} = \bar{h}(T_s - T_\infty) \tag{8.19}$$

ou, se o fluxo térmico é constante em uma determinada área A:

$$\dot{Q} = \bar{h}A(T_s - T_\infty) \tag{8.20}$$

Utilizando o conceito de resistência térmica, semelhante ao apresentado para a condução em paredes sólidas, a resistência térmica à convecção é definida por:

$$r_h = \frac{1}{\bar{h}} \qquad \text{para o fluxo de calor, ou}$$

$$R_h = \frac{1}{\bar{h}A} \qquad \text{para a descarga de calor}$$

então, a descarga térmica pode ser calculada como:

$$\dot{Q} = \frac{\left(T_s - T_\infty\right)}{R_h} \tag{8.21}$$

Esse conceito é importante, pois facilita o cálculo da carga térmica em paredes compostas sujeitas à convecção.

A avaliação do coeficiente de película é o passo fundamental para a solução dos problemas de transmissão de calor por convecção. Os estudos de camada-limite demonstraram o desenvolvimento de analogias para avaliar o coeficiente de película em escoamentos internos a tubos circulares. A analogia de Reynolds pode ser estendida a outras formas de escoamento, mas a maior parte das equações de avaliação do coeficiente de película é empírica e foi elaborada com auxílio da análise dimensional. Os desenvolvimentos das equações de avaliação do coeficiente de película foram elaborados para cada uma das modalidades de convecção, já citadas no início deste capítulo, a forçada e a natural.

Convecção forçada: O movimento da massa fluida é provocado por meios externos ao fenômeno de troca de calor. Um exemplo de convecção forçada é a troca de calor entre o microprocessador de um computador e o meio, que utiliza um pequeno ventilador (ventoinha) para manter a velocidade de escoamento do fluido no qual o corpo está imerso.

No estudo desse problema estão envolvidos a forma do corpo, o fluido e seu escoamento, bem como as diferenças de temperatura. As variáveis usualmente consideradas no estudo da convecção forçada foram explicitadas no capítulo anterior e os grupos adimensionais que regem o fenômeno são:

$$Nu = \frac{\overline{h} \cdot L}{K_f}$$ o número de Nusselt, em que L é um comprimento característico do

fenômeno.

$$Rey = \frac{\rho V L}{\mu}$$ o número de Reynolds, com base no mesmo comprimento característico L.

$$Pr = \frac{\mu c_p}{k}$$ o número de Prandtl, que caracteriza o fluido em escoamento.

Da análise dimensional fica caracterizada a equação funcional:

$$Nu = f(Rey, Pr) \tag{8.22}$$

Os dados experimentais obtidos para diversos tipos de geometria e fluidos oferecem uma extensa gama de equações experimentais de aplicação prática. Algumas dessa equações são apresentadas em seções subseqüentes. Casos diferentes devem ser pesquisados na literatura, sempre rica em novas situações e novos desenvolvimentos.

Convecção natural: O movimento da massa fluida é provocado pelo fenômeno de troca de calor. O fluido é aquecido pela presença do sólido e modifica seu estado de movimento em razão de alterações em sua densidade. Para exemplo de convecção natural pode ser usado o mesmo caso da troca de calor entre o microprocessador de um computador e o meio, sem o concurso da ventoinha. A velocidade de escoamento do fluido é induzida pela temperatura do dissipador de calor, que é dotado de aletas para aumentar a área de troca de calor.

Como a velocidade é provocada pela diferença de densidades em decorrência da alteração da temperatura do fluido, a velocidade deixa de ser uma variável importante no fenômeno, sendo substituída pelo coeficiente de expansão volumétrica do fluido, β. Deve ser acrescentada a aceleração da gravidade g, por se considerar efeitos gravitacionais, e o empuxo provocado pela diferença de densidade. Os grupos adimensionais para a convecção natural são:

$$Nu = \frac{\overline{h} \cdot L}{K_f}$$ o número de Nusselt, em que L é um comprimento característico do

fenômeno.

$$Gr = \frac{g\beta\rho\,(T_s - T_m)L^3}{\mu^2}$$ o número de Grashof, com base no mesmo comprimento característico.

$$Pr = \frac{\mu c_p}{k}$$ o número de Prandtl, que caracteriza o fluido em escoamento.

Da análise dimensional fica caracterizada a equação funcional:

$$Nu = \phi\,(Gr, Pr) \tag{8.23}$$

Dados experimentais demonstraram que o produto entre o número de Grashof e o número de Prandtl é o parâmetro que representa o fenômeno de convecção natural, dando origem a um novo grupo adimensional denominado número de Rayleigh, com abreviatura *Ra*. Então, para a convecção natural, a relação funcional utilizada é:

$$Nu = \phi(Ra) \tag{8.24}$$

em que:

$$Ra = Gr \,.\, Pr = \frac{g\,\beta\,(T_s - T_m)L^3}{\alpha\,\nu} \tag{8.25}$$

Novamente, dados experimentais obtidos para diversos tipos de geometria e fluidos oferecem extensa gama de equações experimentais de aplicação prática no cálculo da convecção natural. Algumas dessa equações são apresentadas em seções subseqüentes e casos especiais devem ser pesquisados na literatura.

Como o fluido sofre grande variação de temperatura e suas propriedades são dependentes da temperatura, é comum o uso da média aritmética entre as temperaturas da parede e do fluido para determinar as grandezas que influem no fenômeno. Essa média é denominada *temperatura de filme* ou *de película*. No entanto, as equações empíricas devem ser usadas de acordo com os experimentos que as geraram, sendo muito importante observar a temperatura empregada para obter as variáveis e qual o comprimento característico L adotado na construção dos parâmetros adimensionais e na análise do problema.

Para escoamentos internos em tubos de base circular, o comprimento característico usual é o diâmetro do tubo. Para escoamentos internos em dutos de base diferente da circular, é freqüente o uso do diâmetro hidráulico, obtido de acordo com a equação 8.26.

$$D_{hid} = 4 \,.\, \frac{\text{área}}{\text{perímetro}} \tag{8.26}$$

Para escoamentos externos, a escolha usual é o comprimento que caracteriza a dimensão ao longo da qual ocorre o escoamento. Assim, por exemplo, escoamentos cruzados ao redor de um cilindro têm o diâmetro como comprimento característico. Já os escoamentos paralelos ao cilindro usam seu comprimento como característico. Porém, sempre é necessário verificar a dimensão indicada pelo pesquisador que propôs a expressão.

Nos próximos itens serão apresentadas fórmulas empíricas de diferentes fontes que são úteis no cálculo de problemas envolvendo convecções natural e forçada. Essas fórmulas foram obtidas para geometrias bem definidas e são válidas apenas para elas.

EXEMPLO 8.1

Em sistemas de aquecimento doméstico é muito usado um aquecedor composto por um tubo horizontal de cobre, aquecido por água a alta temperatura circulando em seu interior. A água, à temperatura de 70°C, proveniente de uma caldeira, é bombeada através do tubo de 25 mm de diâmetro com vazão de 0,5 L/s. Considerando que o tubo de cobre tem uma rugosidade superficial ε = 0,05 mm, determine o coeficiente de película entre a água e o tubo de cobre.

Solução:

Tratando-se de escoamento de líquido interno a um tubo, é aplicável a analogia de Reynolds, com a correção de Colburn. Como a água é muito eficiente no resfriamento de peças, é possível imaginar que a temperatura do tubo de cobre fique próxima à temperatura da água em seu interior. Em projetos aplicados, essa hipótese deve ser verificada no decorrer dos cálculos.

Admitindo a hipótese acima aventada, a temperatura da película fica próxima da temperatura da água, portanto, as propriedades serão avaliadas a 70°C. Da Tabela A3, do Anexo A, vem:

ρ = 977,8 kg/m³

μ = 4,08 . 10^{-4} N . s/m

Pr = 2,69

k = 0,571 kcal/h . m . °C = 0,663 W/m°C

Como é um fenômeno de convecção forçada, é importante o número de Reynolds, calculado pela equação:

$$Rey_D = \frac{\rho VD}{\mu} = 6,1 \cdot 10^4$$

e o número de Prandtl, fornecido na Tabela A3. Como o número de Prandtl é diferente de 1, o número de Nusselt deve ser avaliado pela analogia de Colburn:

$$Nu_D = \frac{f}{8} Pr^{-2/3} Rey_D Pr$$

em que f é o coeficiente de perda de carga utilizado na equação de Darcy-Weisbach:

$$f = f(\varepsilon/D, Rey_D) = 0,0263$$

obtendo o coeficiente de película em primeira aproximação:

$$\overline{h}_I = \frac{k_{ar}}{D} \frac{f}{8} Rey_D \cdot Pr^{1/3} = \frac{0,663}{0,025} \frac{0,0263}{8} 6,1 \cdot 10^4 \cdot 2,69^{1/3} = 7391,7 \text{ W/m°C}$$

O cálculo do coeficiente de película ilustrou a aplicação da analogia de Reynolds com a correção de Colburn para escoamento interno a dutos. O resultado é considerado uma primeira aproximação, em razão do desconhecimento da temperatura da parede. O refinamento do cálculo será apresentado em exemplos posteriores.

8.1.5 Fórmulas empíricas para convecção do calor

Convecção forçada: As expressões aqui apresentadas são equacionamentos clássicos, presentes na maioria dos textos sobre o assunto, sendo utilizadas para ilustrar os processos de cálculo em convecção forçada. Elas foram escolhidas, em detrimento de fórmulas mais atuais, por sua simplicidade, que colabora com o efeito didático adotado neste texto. Elas foram obtidas para diferentes geometrias e em diferentes regimes de escoamento e são restritas às condições a elas impostas. As dimensões consideradas são indicadas pelo índice e a temperatura de avaliação das constantes adotada é indicada junto com a expressão. Quando o índice é a letra x, considera-se o número de Nusselt na posição x, denominado número de Nusselt local. Se o índice é L, considera-se o número de Nusselt médio sobre a dimensão L.

Placa plana com temperatura constante e escoamento laminar paralelo à placa:

$$Nu_x = 0,332 \ Rey_x^{1/2} \ Pr^{1/3} \tag{8.27}$$

$$Nu_L = 0,664 \ Rey_L^{1/2} \ Pr^{1/3} \tag{8.28}$$

Válidas para $Rey_x < 5 \cdot 10^5$ e $Pr > 0,1$.

em que L é o comprimento da placa. As expressões 8.27 e 8.28 são calculadas em função da temperatura de película T_f, segundo Bennett e Myers (1978).

Placa plana com temperatura constante e escoamento turbulento paralelo à placa:

$$Nu_x = 0,0288 \ Rey_x^{4/5} \ Pr^{1/3} \tag{8.29}$$

$$Nu_L = 0,036 \ Rey_L^{4/5} \ Pr^{1/3} \tag{8.30}$$

Válidas para $Rey_x > 5 \cdot 10^5$ e $60 > Pr > 0,5$.

As equações 8.29 e 8.30 são encontradas em Kreith (1977) e valem para as propriedades obtidas na temperatura de película.

Cilindro com temperatura constante em escoamento cruzado:

Segundo Kreith (1977), para cilindros em escoamento cruzado, o número de Nusselt médio é calculado com base no diâmetro do tubo e a temperatura de trabalho é a temperatura de película. As equações 8.31 e 8.32 são aplicadas e utilizam os valores de b e n fornecidos na Tabela 8.1.

$$\text{Para gases: } Nu_D = b \ Rey_D^n \tag{8.31}$$

Para líquidos: $Nu_D = 1{,}11\, b\, Rey_D^n\, Pr^{1/3}$ (8.32)

Tabela 8.1   Valores de b e n em função de Rey_D.

Rey_D	b	n
0,4 a 4	0,891	0,330
4 a 40	0,821	0,385
40 a 4.000	0,615	0,466
4.000 a 40.000	0,174	0,618
40.000 a 400.000	0,0239	0,805

Escoamento ao redor de esferas com temperatura constante:

Para esferas imersas em fluidos, o número de Nusselt médio é calculado utilizando o diâmetro como dimensão característica. Kreith (1977) menciona a equação 8.33, válida para as propriedades físicas avaliadas na temperatura média do escoamento, exceto para μ_s, avaliada na temperatura da parede.

$$Nu_D = 2 + \left(0{,}4\, Rey_D^{0,5} + 0{,}06\, Rey_D^{0,67}\right) Pr^{0,4} \left(\frac{\mu_s}{\mu_\infty}\right)^{0,25}$$ (8.33)

$$3{,}5 < Rey_D < 7{,}6\,.\,10^4, \quad 0{,}71 < Pr < 380$$

Convecção natural: Da mesma forma que no caso da convecção forçada, também na convecção natural o comprimento característico considerado é indicado pelo índice dos parâmetros adimensionais e a temperatura adotada para a avaliação das variáveis é apresentada juntamente com a equação. O índice x indica o número de Nusselt local, enquanto outros índices indicam o número de Nusselt médio sobre a dimensão indicada. As equações a seguir foram obtidas de Kreith (1977).

Placa plana vertical e cilindro vertical com temperatura constante:
Escoamento laminar:

$$Nu_L = 0{,}555(Gr_L\, Pr)^{1/4} \qquad Gr < 10^9$$ (8.34)

Escoamento turbulento:

$$Nu_L = 0{,}0210(Gr_L\, Pr)^{2/5} \qquad Gr > 10^9$$ (8.35)

A temperatura adotada para cálculo das propriedades físicas é a temperatura de película e a dimensão L é o comprimento do cilindro ou da placa vertical.

Cilindro horizontal com temperatura constante:
A equação 8.36 é válida para as propriedades avaliadas à temperatura de película.

$$Nu_D = 0,53(Gr_D Pr)^{1/4} \qquad Pr > 0,5 \qquad 10^3 < Gr < 10^9 \tag{8.36}$$

Esfera com temperatura constante:

A equação (8.37) também é utilizada com as variáveis obtidas na temperatura de película:

$$Nu_D = 2 + 0,45(Gr_D Pr)^{1/4} \tag{8.37}$$

Placas planas horizontais com temperatura constante:

A convecção natural de placas horizontais é fortemente dependente da posição da placa aquecida, então, para placas quadradas de lado L pode-se ter duas situações distintas:

1. Superfície quente voltada para cima ou superfície fria voltada para baixo.

   Regime laminar:

$$Nu_L = 0,54 Ra_L^{1/4} \qquad 10^5 < Gr < 2 \cdot 10^7 \tag{8.38}$$

   Regime turbulento:

$$Nu_L = 0,14 Ra_L^{1/4} \qquad 2 \cdot 10^7 < Gr < 3 \cdot 10^{10} \tag{8.39}$$

2. Superfície fria voltada para cima ou superfície quente voltada para baixo.

   Regime laminar:

$$Nu_L = 0,27 Ra_L^{1/4} \qquad 3 \cdot 10^5 < Gr < 3 \cdot 10^{10} \tag{8.40}$$

As equações 8.38, 8.39 e 8.40 podem ser utilizadas para placas retangulares, com boa aproximação, adotando como comprimento característico, L, a média aritmética dos lados. Uma aproximação razoável é também obtida para placas circulares, adotando a dimensão característica igual a 90% do diâmetro da placa. Em todos os casos, as propriedades devem ser avaliadas à temperatura de película.

Exemplo 8.2

O sistema de aquecimento, citado no exemplo anterior, transfere calor do tubo horizontal para o ambiente por intemédio de convecção natural. Se a temperatura do ambiente é mantida a 20°C, avalie o coeficiente de película por convecção natural que ocorre entre o tubo e o ar, sendo que a parede do tubo mede 2 mm de espessura.

Solução:

Adotando a hipótese anterior, que afirmava que a temperatura da parede do tubo é próxima à da temperatura da água, pode-se calcular a temperatura de película:

$$T_f = 45°C$$

e avaliar as propriedades do ar, por interpolação na Tabela A.2, Anexo A, para essa temperatura:

$\rho\ = 1{,}075\ \text{kg/m}^3$

$\mu\ = 1{,}94 \ .\ 10^{-5}\ \text{kg/m.s}$

$\beta\ = 0{,}003145^{\circ}\text{C}^{-1}$

$Pr = 0{,}71$

$k\ = 0{,}0276\ \text{W/m}^{\circ}\text{C}$

Calculando o número de Grashof:

$$Gr_D = \frac{\rho^2 g\beta}{\mu^2}(T_s - T_\infty)D^3 = 1{,}16\ .\ 10^5$$

$$Nu_D = 0{,}53\left(Gr_D Pr\right)^{1/4} = 0{,}53\ .\ (1{,}16\ .\ 10^5\ .\ 0{,}71) = 8{,}97$$

$$\overline{h}_E = 8{,}5\ \text{W/m}^{\circ}\text{C}$$

O valor obtido para o coeficiente de película externo é também uma primeira aproximação, pois a temperatura de parede ainda é desconhecida.

EXEMPLO 8.3

Considerando o sistema de aquecimento apresentado nos exemplos anteriores e os coeficientes de película determinados em primeira aproximação, calcule o fluxo de calor transmitido da água para o ar e avalie a temperatura das paredes interna e externa do tubo (Figura 8.4).

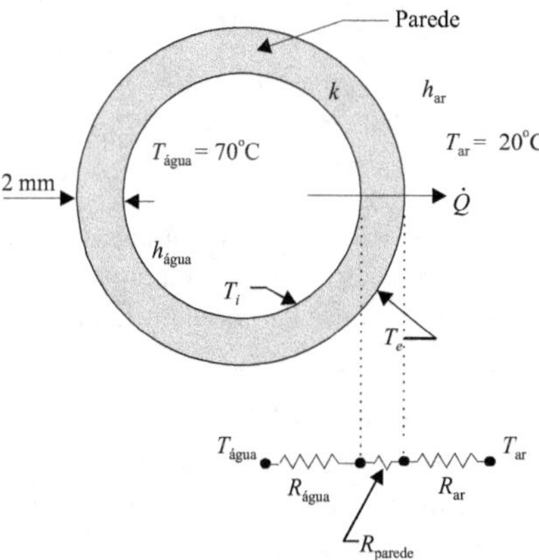

Figura 8.4 Esquema para auxiliar o cálculo de fluxo de calor.

Solução:

A figura contém um esquema que representa a situação do sistema de aquecimento, representado por um corte perpendicular ao tubo. O problema é semelhante ao problema das paredes compostas visto na condução do calor, no Capítulo 4. Aqui a convecção forçada no interior do tubo representa uma resistência térmica, a parede do tubo é outra resistência térmica em série com a primeira e a convecção natural entre o tubo e o ar representa a terceira resistência térmica. Pelo conceito de resistência térmica, a descarga de calor pode ser calculada dividindo a diferença de temperaturas, entre a água e o ar, pela soma das resistências térmicas. Então, vem:

$$\dot{Q} = \frac{T_{\text{água}} - T_{\text{ar}}}{R_{\text{água}} + R_{\text{parede}} + R_{\text{ar}}}$$

As resistências térmicas são calculadas por unidade de comprimento do tubo, portanto, para cada metro de tubo:

$$R_{\text{água}} = \frac{1}{h_{\text{água}} \cdot A_i} = \frac{1}{7391,7 \cdot \pi \cdot 0,025 \cdot 1} = 1,723 \cdot 10^{-3} \text{ m}^{\circ}\text{C/W}$$

$$R_{\text{parede}} = \frac{ln(R_2/R_1)}{2 \cdot \pi \cdot L \cdot k} = \frac{ln((25+2)/25)}{2 \cdot \pi \cdot 1 \cdot 386} = 3,17 \cdot 10^{-5} \text{m}^{\circ}\text{C/W}$$

$$R_{\text{ar}} = \frac{1}{h_{\text{ar}} \cdot A_e} = \frac{1}{8,5 \cdot \pi \cdot 0,029 \cdot 1} = 1,29 \text{ m}^{\circ}\text{C/W}$$

Verifica-se que a resistência térmica do ar é muito maior do que a da parede e a da água, as quais podem ser desprezadas, assim:

$$\dot{Q} = \frac{70 - 20}{1,29} = 38,76 \text{ W/m}$$

Determinada a carga térmica pode-se calcular a temperatura da parede:

$$T_p = T_{\text{água}} - Q \cdot R_{\text{água}} = 70 - 38,76 \cdot 1,723 \cdot 10^{-3} = 69,93^{\circ}\text{C}$$

Verifica-se uma temperatura muito próxima da temperatura da água, validando assim a hipótese adotada no Exemplo 8.1. Como a resistência térmica da parede é menor que a da água, a temperatura no lado externo da parede é igual à do lado interno.

Troca de calor de superfícies estendidas (aletas):

Em razão da baixa eficiência de troca de calor de uma superfície com o ar, principalmente em convecção natural, uma técnica para aumentar a troca de calor é aumentar a superfície em contato com o ar. Esse aumento da superfície é feito por extensões do mesmo material, de diferentes formatos, desde pinos circulares até barras de área constante ou não. A Figura 8.5 é utilizada para ilustrar algumas formas de aletas comuns. Constituem bons exemplos de superfícies aletadas os radiadores utilizados para resfriar os microprocessadores e as aletas presentes nos motores a combustão interna de motocicletas e nos motores elétricos em geral.

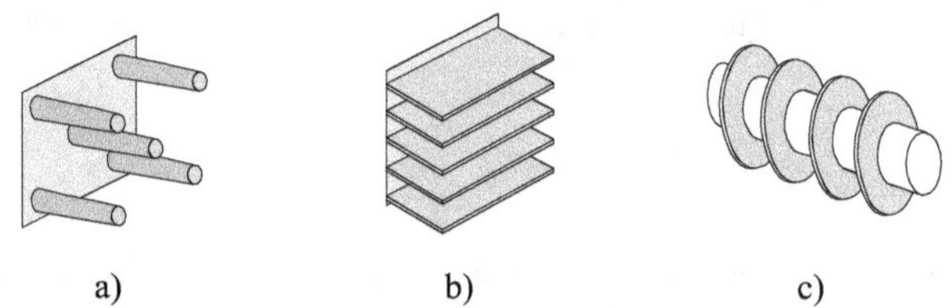

Figura 8.5   Alguns tipos de aletas: a) cilíndricas; b) retangulares; e c) em anel.

A aleta cilíndrica é indicada como bom exemplo para o desenvovimento de um modelo matemático para cálculo do aumento da troca de calor provocado pela aleta, pois fornece condições para a obtenção de um equacionamento que apresenta solução teórica exata. A Figura 8.6 contém um esquema da aleta cilíndrica, com a nomenclatura utilizada na dedução da equação teórica.

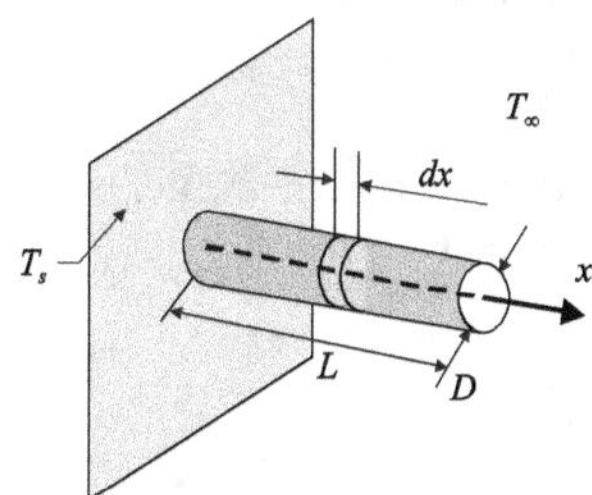

Figura 8.6   Nomenclatura para dedução do modelo matemático de uma aleta.

Considerando o elemento de volume cilíndrico de espessura dx representado na Figura 8.6, as parcelas de troca de calor que ocorrem são o calor que nele entra por condução, o qual também sai por condução, e o calor trocado com o ambiente por convecção, como apresentado no elemento de volume isolado e mostrado na Figura 8.7.

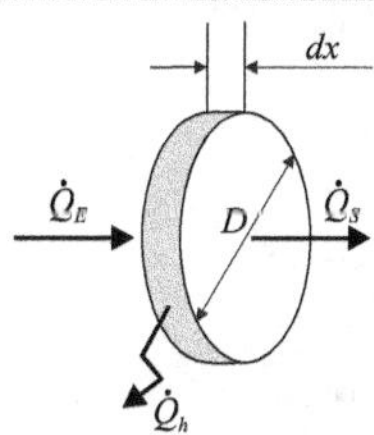

Figura 8.7   Troca de calor no elemento de volume.

O calor que entra no volume elementar $\dot{Q}_E$ pode ser calculado pela equação de Fourier, fornecendo:

$$\dot{Q}_E = -kA_E \frac{dT}{dx} \tag{8.41}$$

O calor que sai do elemento de volume $\dot{Q}_S$ é igual ao calor de entrada acrescido de um incremento de calor em razão do incremento da distância dx, portanto:

$$\dot{Q}_S = \dot{Q}_E + \frac{\partial \dot{Q}_E}{\partial x} dx \tag{8.42}$$

ou

$$\dot{Q}_S = -kA_S \frac{\partial T}{\partial x} + \frac{\partial}{\partial x}\left(-kA_S \frac{\partial T}{\partial x}\right) dx \tag{8.43}$$

O calor trocado por convecção com o ambiente é dado por:

$$\dot{Q}_h = \overline{h} A_L \left(T - T_\infty\right) \tag{8.44}$$

Como interessa a situação de regime permanente, o calor introduzido no elemento é igual ao calor retirado, portanto, pode-se afirmar que:

$$\dot{Q}_E - \dot{Q}_S = \dot{Q}_h \tag{8.45}$$

ou

$$-kA_E \frac{\partial T}{\partial x} + kA_S \frac{\partial T}{\partial x} + \frac{\partial}{\partial x}\left(kA_S \frac{\partial T}{\partial x}\right) dx = \overline{h} A_L \left(T - T_\infty\right) \tag{8.46}$$

Como a aleta é cilíndrica, a área é constante, então a área de entrada é igual à de saída e ambas são iguais à área transversal do cilindro. Já a área lateral é calculada por meio do produto do perímetro p da seção transversal do cilindro pelo incremento de distância dx. Então, a equação 8.46 pode ser simplificada para:

$$kA \frac{\partial^2 T}{\partial x^2} = \overline{h} p \left(T - T_\infty\right) \tag{8.47}$$

ou

$$\frac{\partial^2 T}{\partial x^2} = \frac{\overline{h} p}{kA} \left(T - T_\infty\right) \tag{8.48}$$

Denominando de m^2 o agrupamento de variáveis que multiplica a diferença de temperaturas no segundo membro da equação 8.46 e substituindo a temperatura que aparece no primeiro membro pela diferença de temperaturas $(T - T_\infty)$, operação possível pois T_∞ é constante, obtém-se:

$$\frac{d^2(T - T_\infty)}{dx^2} = m^2(T - T_\infty)$$ (8.49)

Essa equação diferencial é um modelo para a aleta cilíndrica, e sua solução representa o perfil de temperaturas que se desenvolve na aleta. A solução indefinida de uma equação diferencial desse tipo é dada por:

$$(T - T_\infty) = C_1 e^{mx} + C_2 e^{-mx}$$ (8.50)

em que C_1 e C_2 são constantes a determinar.

A determinação das constantes C_1 e C_2 é conseguida pelas condições de contorno. A condição de contorno para $x = 0$ é imediata, pois a temperatura na base da aleta é igual à temperatura da placa T_s, então:

$$\text{para } x = 0 \rightarrow C_1 + C_2 = (T_s - T_\infty)$$ (8.51)

Como aparecem duas constantes a determinar, é necessária outra equação, que pode ser obtida da condição de contorno na extremidade da aleta. Como a ponta da aleta é submetida à troca de calor com o fluido, há troca de calor por convecção através da área transversal da aleta, fornecendo:

$$\text{para } x = L \rightarrow (T_L - T_\infty)\overline{h}\pi R^2 = -k\pi R^2\left(mC_1 e^{mL} - mC_2 e^{-mL}\right)$$ (8.52)

ou

$$-C_1 e^{mL} + C_2 e^{-mL} = \frac{\overline{h}}{mk}(T_L - T_\infty) = \frac{\overline{h}}{mk}\left(C_1 e^{mL} + C_2 e^{-mL}\right)$$ (8.53)

ou

$$\left(\frac{\overline{h}}{mk} + 1\right)e^{mL}C_1 + \left(\frac{\overline{h}}{mk} - 1\right)e^{-mL}C_2 = 0$$ (8.54)

Fornecendo o sistema de duas equações e duas incógnitas, C_1 e C_2:

$$\begin{cases} C_1 + C_2 = (T_S - T_\infty) \\ \left(\dfrac{\overline{h}}{mk} + 1\right)e^{mL}C_1 + \left(\dfrac{\overline{h}}{mk} - 1\right)e^{-mL}C_2 = 0 \end{cases}$$ (8.55)

Resolvendo o sistema de equações, obtém-se:

$$C_1 = \frac{\left(\dfrac{\overline{h}}{mk} - 1\right)e^{-mL}}{\left(\dfrac{\overline{h}}{mk} - 1\right)e^{-mL} - \left(\dfrac{\overline{h}}{mk} + 1\right)e^{mL}}(T_S - T_\infty)$$ (8.56)

$$C_2 = \frac{\left(\dfrac{\overline{h}}{mk}+1\right)e^{mL}}{\left(\dfrac{\overline{h}}{mk}+1\right)e^{mL}-\left(\dfrac{\overline{h}}{mk}-1\right)e^{-mL}}(T_S-T_\infty)$$

(8.57)

Substituindo na solução da equação diferencial (equação 8.50), e após algumas operações algébricas, obtém-se a equação do perfil de temperaturas na aleta:

$$\frac{T-T_\infty}{T_S-T_\infty}=\frac{\left(\dfrac{\overline{h}}{mk}\right)\operatorname{senh}\,m(L-x)+\cosh\,m(L-x)}{\left(\dfrac{\overline{h}}{mk}\right)\operatorname{senh}\,mL+\cosh\,mL}$$

(8.58)

A quantidade de calor que a aleta dissipa para o ambiente é igual à quantidade de calor que retira da placa por condução. Nessas condições, a troca de calor da aleta pode ser calculada por:

$$\dot{Q}=-kA\frac{dT}{dx}\bigg|_{x=0}$$

(8.59)

Portanto, substituindo a temperatura pela equação da aleta:

$$\dot{Q}=-kA\frac{d}{dt}\left(\frac{\left(\dfrac{\overline{h}}{mk}\right)\operatorname{senh}\,m(L-x)+\cosh\,m(L-x)}{\left(\dfrac{\overline{h}}{mk}\right)\operatorname{senh}\,mL+\cosh\,mL}\right)\cdot(T_S-T_\infty)\bigg|_{x=0}$$

(8.60)

Calculando a derivada no ponto $x=0$ obtém-se:

$$\dot{Q}=m\cdot kA\cdot\left(\frac{\left(\dfrac{\overline{h}}{mk}\right)\cosh\,mL+\operatorname{senh}\,mL}{\left(\dfrac{\overline{h}}{mk}\right)\operatorname{senh}\,mL+\cosh\,mL}\right)(T_S-T_\infty)$$

(8.61)

Exemplo 8.4

Considere uma aleta cilíndrica, de diâmetro $D=10$ mm e comprimento $L=25$ mm, estendida de uma placa plana a 80°C e imersa no ar à temperatura não perturbada $T_\infty=20$°C. A aleta de alumínio tem condutividade térmica $k=204$ W/m².°C e o ar em torno da aleta é movimentado por meio externo, apresentando um coeficiente de película $\overline{h}=58$ W/m.°C. Calcule o perfil de temperaturas ao longo da aleta e apresente um gráfico das temperaturas, calcule a temperatura na extremidade da aleta e o calor por ela dissipado. Compare com o calor dissipado pela mesma área da placa plana sem a aleta, considerando o mesmo coeficiente de película (Figura 8.8).

Solução:

A aleta cilíndrica tem o valor m calculado por:

$$m = \sqrt{\frac{\overline{h} \cdot p}{k \cdot A}} = \sqrt{\frac{\overline{h} \cdot \pi \cdot D}{k \cdot \pi \cdot R^2}} = 10{,}66 \text{ m}^{-1}$$

Com auxílio da equação 8.58 determina-se o perfil de velocidades:

$$T - T_\infty = \frac{\left(\dfrac{\overline{h}}{mk}\right) \operatorname{senh} m(L-x) + \cosh m(L-x)}{\left(\dfrac{\overline{h}}{mk}\right) \operatorname{senh} mL + \cosh mL}(T_S - T_\infty)$$

$$T - T_\infty = \frac{\left(\dfrac{58}{10{,}66 \cdot 204}\right) \operatorname{senh} 10{,}66(0{,}025 - x) + \cosh 10{,}66(0{,}025 - x)}{\left(\dfrac{58}{10{,}66 \cdot 204}\right) \operatorname{senh} 10{,}66 \cdot 0{,}025 + \cosh 10{,}66 \cdot 0{,}025}(80 - 20)$$

Calculando T para valores de x entre 0 e 0,025 m, obtêm-se os dados para construir o gráfico do perfil de temperaturas ao longo da aleta.

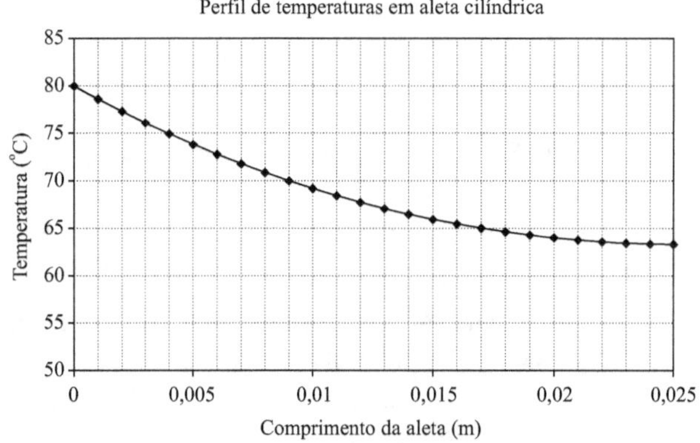

Figura 8.8 Perfil de temperaturas na aleta. Note a temperatura bem menor na extremidade, mas ainda alta em relação à do ar.

Para x igual ao comprimento L obtém-se a temperatura na extremidade da aleta:

$$T_L = 63{,}32\text{ºC}$$

O calor dissipado pela aleta pode ser calculado pela condução do calor em sua base, por meio da equação de Fourier, como explicitado na equação 8.61:

$$\dot{Q} = m \cdot kA \cdot \left(\frac{\left(\bar{h}/mk \right) \cosh mL + \operatorname{senh} mL}{\left(\bar{h}/mk \right) \operatorname{senh} mL + \cosh mL} \right) (T_s - T_\infty) = 0{,}0037 \text{ W}$$

Para comparar com o fluxo da placa sem a aleta, basta calcular o fluxo de calor dissipado pela área da placa igual à área da base da aleta, isto é:

$$\dot{Q}_{\text{placa}} = \bar{h} A (T_s - T_\infty) = 58 \cdot \pi \cdot 0{,}01^2/4(80 - 20) = 0{,}0027 \text{ W}$$

As aletas retangulares seguem o modelo desenvolvido para as aletas cilíndricas, apenas alterando o cálculo do parâmetro m. As aletas retangulares seguem a nomenclatura apresentada na Figura 8.9, e o parâmetro m é calculado por:

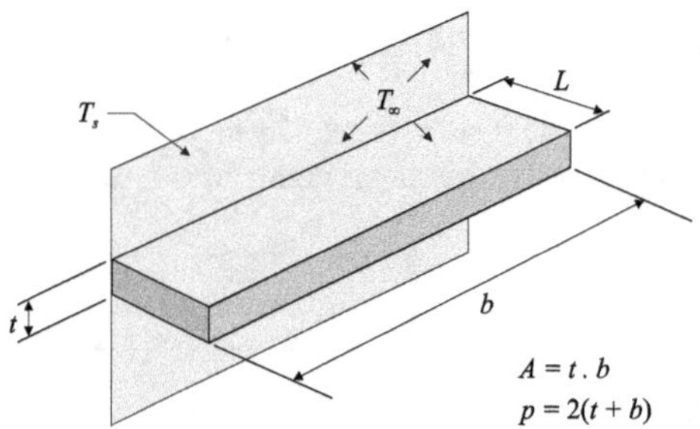

Figura 8.9   Representação de aleta retangular.

$$m^2 = \frac{\bar{h} p}{kA} = \frac{\bar{h} \cdot 2 \cdot (t + b)}{k \cdot t \cdot b} \tag{8.62}$$

Como a espessura t é muito menor que a largura b, pode ser desprezada na soma que aparece no numerador da equação 8.62, resultando em:

$$m = \sqrt{\frac{2 \cdot \bar{h}}{k \cdot t}} \tag{8.63}$$

As aletas em anel e outros tipos de área variável apresentam equação diferencial muito complexa e geralmente são tratadas por aproximações numéricas. Ao leitor interessado em aprofundar o estudo das aletas, sugere-se a leitura de um texto específico de transmissão do calor.

EXEMPLO 8.5

Considerando o resultado obtido no Exemplo 8.3, verifique a alteração conseguida no fluxo de calor se o tubo é dotado externamente de seis aletas retangulares, ao longo do tubo, de espessura $t = 2$ mm e comprimento $L = 6$ mm. Considere as temperaturas da água e do ar e o coeficiente de película iguais aos do Exemplo 8.3.

Solução:

A aleta retangular tem o coeficiente m dado por:

$$m = \sqrt{\frac{2 \cdot \bar{h}}{k \cdot t}} = \sqrt{\frac{2.58}{204 \cdot 0,002}} = 16,86 \text{ m}^{-1}$$

Portanto, o fluxo de calor de uma aleta é dado por:

$$\dot{Q}_{\text{aleta}} = m \cdot kA \cdot \left(\frac{\left(\bar{h}/mk \right) \cosh mL + \operatorname{senh} mL}{\left(\bar{h}/mk \right) \operatorname{senh} mL + \cosh mL} \right) (T_S - T_\infty)$$

$$\dot{Q}_{\text{aleta}} = 16,86 \cdot 204 \cdot 0,002 \cdot$$

$$\cdot \left[\frac{(8,5/16,86 \cdot 204)\cosh 16,86 \cdot 0,006 + \operatorname{senh} 16,86 \cdot 0,006}{(8,5/16,86 \cdot 204)\operatorname{senh} 16,86 \cdot 0,006 + \cosh 16,86 \cdot 0,006} \right] (70 - 20) = 35,52 \text{ W}$$

Portanto, o fluxo total é dado pela soma das seis aletas mais o fluxo de calor dissipado pela área do tubo sem aleta, isto é:

$$Q = 6 * Q_{\text{aleta}} + h \cdot (p - 6 * t) \cdot (T_s - T_\infty) = 6 \cdot 35,52 + (\pi \cdot 0,025 - 6 \cdot 0,002) \cdot (50) = 217,65 \text{ W}$$

resultado muito superior aos 38,6 W do tubo sem aleta.

8.2 Transferência de Massa

8.2.1 Camada-limite de concentração

A camada-limite de concentração se estabelece em um fluido em escoamento ao redor de um contorno quando há diferença de concentração de um componente, o qual é solúvel no fluido em escoamento, entre o contorno e o escoamento. O componente presente no fluido é denominado *soluto* e o fluido em escoamento é um solvente para tal componente. O contorno pode ser uma fonte de soluto ou um sumidouro, dependendo de o fluxo ser *de* ou *para* o contorno. Dessa forma, o fluido pode apresentar concentração pequena distante do contorno e alta, junto ao contorno, no caso deste agir como fonte; ou o inverso com pequena concentração junto ao contorno e maior concentração longe, no caso de agir como um sumidouro. Portanto, a camada-limite de concentração se estabelece quando há diferença de concentração de um soluto entre a vizinhança do sólido e o seio do fluido.

Para utilizar, neste caso, o exemplo da placa plana semi-infinita, considera-se a placa como porosa e fonte de soluto, portanto, a concentração do componente na proximidade da placa, denotada por C_s, é maior que a concentração no fluido longe da placa, denominado C_∞.

Como ocorre para a transmissão de calor, na transferência de massa a camada-limite inicia-se no bordo de ataque da placa com a transferência de massa da placa para o fluido.

Em razão do escoamento, a massa transferida é arrastada pelo escoamento para uma nova região, acumulando-se à massa ali transferida da placa e gerando aumento da espessura da região do escoamento com maior concentração de soluto. O desenvolvimento da camada-limite de concentração ocorre de forma semelhante à camada hidrodinâmica e à térmica. A concentração varia de C_s, junto à superfície da placa, tendendo assintoticamente a C_∞, até a concentração de soluto no seio do fluido não perturbado pela presença da placa. Na Figura 8.10 é apresentado um esquema da camada-limite de concentração ou mássica.

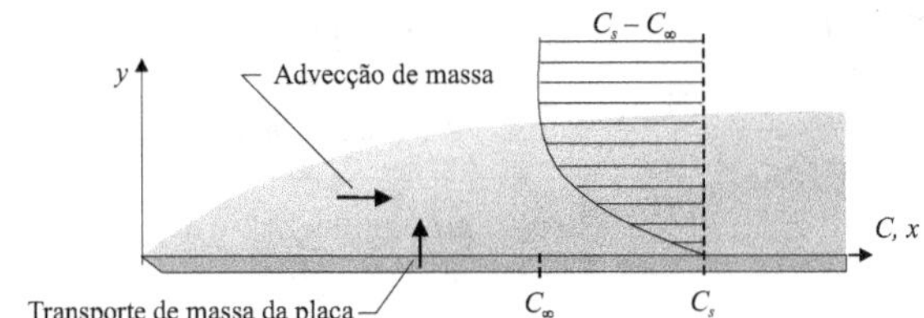

Figura 8.10   Desenvolvimento da camada-limite de concentração.

A espessura da camada-limite mássica segue a mesma definição das empregadas para as camadas-limite já vistas. Assim, a fronteira da camada-limite mássica é definida pela relação:

$$C - C_s = 0{,}99\left(C_\infty - C_s\right) \tag{8.64}$$

8.2.2 Utilização da analogia de Reynolds

A analogia de Reynolds tem aplicação no transporte convectivo de massa. Na Figura 8.11 é apresentado um esquema das camadas-limite de concentração e hidrodinâmica, com as condições para sua aplicação. V_m representa a velocidade média característica do escoamento turbulento central, C_m representa a concentração média de soluto nessa região do escoamento, C_s é a concentração existente junto à parede do tubo e δ e δ_c são as espessuras das camadas-limite de velocidade e de concentração, consideradas iguais. Considera-se $\dot{m}$ o fluxo de massa na parede do tubo, e o sistema de coordenadas é tomado com a ordenada y orientada a partir da parede do tubo.

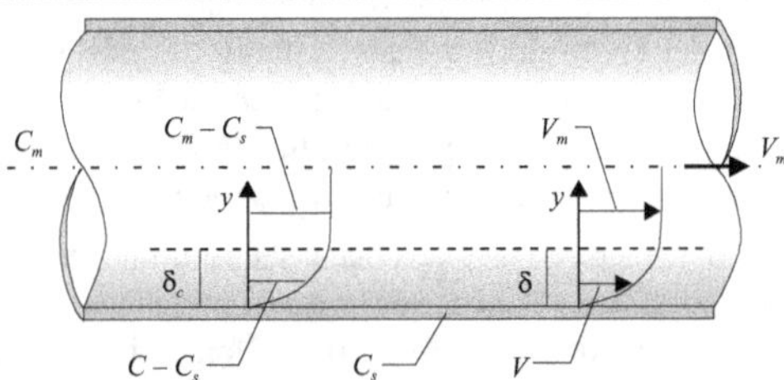

Figura 8.11   Analogia de Reynolds da camada-limite de concentração para um tubo cilíndrico.

Uma análise semelhante à feita para a camada-limite térmica, e considerando o regime turbulento, $D_t \gg D$, permite escrever:

$$\frac{h_m}{V_m} \frac{(v_t)}{(D_t)} = \frac{f}{8}$$

(8.65)

Define-se aqui um adimensional para o transporte de massa convectivo, análogo ao número de Stanton, não caracterizado por um nome específico, mas que também pode ser expresso como produto de três grupos adimensionais, definidos pela análise dimensional.

Como o fenômeno depende das grandezas hidrodinâmicas, o número de Reynolds (Rey_L) para a dimensão característica L continua sendo importante. A caracterização do fluido, com a substituição da variável K_f (condutividade térmica) pelo coeficiente de difusão D, define o segundo fator como v/D, conhecido como número de Schmidt (Sc). O terceiro fator $h_m L/D$ é o número de Sherwood (Sh), muito importante na transferência de massa, com semelhança formal ao número de Nusselt. Portanto, tem-se:

$$Sh = \frac{f}{8} Rey\, Sc$$

(8.66)

A equação 8.66 resultante da analogia de Reynolds só é válida para número de Schmidt igual a um. Para valores diferentes da unidade deve ser usada a analogia de Colburn, que introduz um fator $Sc^{-2/3}$, multiplicando a analogia de Reynolds. A anolgia de Colburn resulta na equação 8.67, válida para qualquer número de Schmidt superior a 1.

$$Sh = \frac{f}{8} Rey\, Sc^{1/3}$$

(8.67)

8.2.3 O PROBLEMA DA TRANSFERÊNCIA DE MASSA POR CONVECÇÃO

A transferência de massa por convecção ocorre sempre que um contorno sólido solúvel, o soluto, está em contato com um fluido que tem a capacidade de dissolver o sólido – este fluido é o solvente. O solvente, antes de entrar em contato com o sólido solúvel, apresenta uma concentração do sólido nele dissolvida, C_∞. A camada de fluido imediatamente em volta do contorno apresenta-se saturada e essa concentração do sólido dissolvido é indicada por C_s. É evidente que a concentração de saturação é maior que a concentração do fluido longe do contorno, isto é $C_s > C_\infty$. Se a área de troca de massa entre o contorno e o meio fluido é A, o problema reduz-se à determinação da descarga de massa que ali ocorre.

Seguindo a formulação feita para a análise térmica, é possível escrever, para o caso do transporte convectivo de massa entre um contorno sólido e um fluido, a definição de um coeficiente convectivo $\overline{h}_m$ como a relação entre o fluxo de massa $\dot{m}$ e a diferença de concentração na vizinhança do sólido e no seio do fluido. Ou, simbolicamente:

$$\overline{h}_m = \frac{\dot{m}}{C_s - C_m}$$

(8.68)

A unidade do coeficiente convectivo de transporte de massa é m/s.

O conhecimento do coeficiente convectivo, ou coeficiente de película, permite quantificar a descarga de massa por meio da equação 8.69.

$$\dot{M} = h_m A(C_s - C_m) \tag{8.69}$$

em que A é a área de contato e C_s e C_m, as concentrações envolvidas no contorno e no seio do fluido.

Dando prosseguimento à semelhança com a convecção do calor, também é possível definir a troca de massa forçada e natural, dependendo da causa motora do escoamento, no entanto, o aprofundamento desse fenômeno não faz parte do escopo deste livro. Serão comentados apenas alguns aspectos da troca de massa por convecção forçada, apresentando algumas equações obtidas empiricamente ou usando analogias com outros fenômenos.

Exemplo 8.6

Uma das formas utilizadas pelos pesquisadores para avaliar os coeficientes de transporte de massa ou de calor é o uso de analogias. Uma substância muito utilizada para essas experiências é o naftaleno, pela facilidade de sublimação, passando diretamente da fase sólida para a fase gasosa. Considere um escoamento de ar, à temperatura de 10°C e à pressão de 101.325 Pa, atravessando um tubo de naftaleno com velocidade $V = 15$ m/s. O ar inicialmente livre de naftaleno promoverá uma troca de massa com a parede do tubo e terá a concentração de naftaleno aumentada ao longo do tubo. Sabendo que o tubo de naftaleno tem diâmetro interno $d = 0,025$ m e comprimento $L = 1,83$ m, calcule a concentração de naftaleno na saída do tubo.

Dados: pressão de vapor do naftaleno a 10°C; $p_v = 2,788$ Pa; coeficiente de difusão do naftaleno em ar, $D_{\text{nafta-ar}} = 5,16 . 10^{-6}$ m²/s; massa molecular do naftaleno, $Mol_N = 128,2$.

Solução:

A transferência de massa no escoamento interno a um tubo pode ser calculada pela analogia de Reynolds, definida na equação 8.66, ou pela analogia de Colburn, equação 8.67, se o número de Schmidt for diferente de um.

Para cálculo das grandezas envolvidas são necessárias algumas propriedades do ar a 10°C: massa específica do ar, $\rho_{ar} = 1,25$ kg/m³; viscosidade absoluta do ar, $\mu = 1,79.10^{-5}$ kg/ms.

Então:

$$Rey = \frac{\rho . V . d}{\mu} = \frac{1,25 . 15 . 0,025}{1,79 . 10^{-5}} = 26187$$

$$Sc = \frac{\mu}{\rho . D_{\text{nafta-ar}}} = \frac{1,79 . 10^{-5}}{1,25 . 5,16 . 10^{-6}} = 2,77$$

Como $Sc > 1$, deve ser utilizada a analogia de Colburn:

$$Sh = \frac{f}{8} Rey\, Sc^{1/3}$$

$$Sh = \frac{0,024}{8} \cdot 26187 \cdot 2,77^{1/3} = 110$$

$$\bar{h}_m = Sh \cdot \frac{D_{\text{nafta-ar}}}{d} = 110 \cdot \frac{5,16 \cdot 10^{-6}}{0,025} = 0,0227 \text{ m/s}$$

Como a concentração varia ao longo do comprimento do tubo, é necessário calcular a variação da grandeza para um elemento de volume e proceder a uma integração ao longo do comprimento do tubo. Tomando um volume infinitesimal de comprimento dx, e procedendo ao balanço de massa, vem:

$$V \cdot A_{\text{tubo}} \cdot \frac{d}{dx} C_x dx = \bar{h}_m \cdot p \cdot dx (C_s - C_x)$$

ou:

$$\int_0^{\text{Cfinal}} \frac{dC_x}{(C_s - C_x)} = \frac{\bar{h}_m \cdot 4}{V \cdot d} \cdot \int_0^{1,83} dx$$

integrando, vem:

$$-ln(C_s - C_x)\Big|_0^{C_L} = \frac{4 \cdot \bar{h}_m}{V \cdot d} \cdot x\Big|_0^{1,83}$$

ou:

$$\frac{C_s}{C_s - C_L} = ln^{-1}\left(\frac{4 \cdot 0,0227}{15 \cdot 0,025} \cdot 1,83\right) = 1,56$$

A concentração de saturação junto à parede C_s é função da pressão de vapor da substância e, para misturas diluídas, pode ser aproximada pela equação:

$$C_s = \frac{p_{vN} \cdot Mol_N \cdot \rho_{ar}}{p_{\text{atm}} \cdot Mol_{ar}} = \frac{2,788 \cdot 128,2 \cdot 1,25}{101325 \cdot 28,9} = 1,52 \cdot 10^{-4} \text{ kg/m}^3$$

Calculando:

$$C_L = 0,554 \cdot 10^{-4} \text{ kg/m}^3$$

A concentração na saída atingiu 35,8% da concentração de saturação. Esse exemplo mostra a aplicação da analogia de Reynolds, modificada por Colburn, para cálculos de transferência de massa em tubos. A mesma metodologia vale para tubos de parede molhada.

Convecção forçada: O fenômeno é dependente das condições hidrodinâmicas forçadas por agente externo, da geometria do sistema, do soluto e do solvente. Podem ser definidas as grandezas físicas L, comprimento característico; V_∞, velocidade; ΔC, diferença de concentração; D_{A-B}, coeficiente de difusão; ν, viscosidade cinemática; e h_m, coeficiente de película mássico como pertinentes ao problema, gerando os seguintes grupos adimensionais:

$$Sh = \frac{h_m L}{D_{A-B}}$$, número de Sherwood, em que L é um comprimento característico do

fenômeno.

$$Rey_L = \frac{\rho VL}{\mu}$$, o número de Reynolds, com base no mesmo comprimento característico L.

$$Sc = \frac{\nu}{D_{A-B}}$$, o número de Schmidt, que caracteriza o binário soluto/solvente em escoamento.

Vale, portanto, a relação funcional:

$$Sh = \phi(Rey, Sc) \tag{8.70}$$

A relação sugerida pela equação 8.70 pode ser obtida por procedimentos experimentais, fornecendo relações empíricas que podem ser utilizadas para o cálculo do número de Sherwood e, conseqüentemente, do coeficiente de película mássico para aplicação aos problemas de engenharia.

8.2.4 Equações experimentais para o transporte de massa convectivo

As equações aqui apresentadas são desenvolvidas experimentalmente e só valem nos limites para os quais foram testadas. A seqüência das equações é praticamente a mesma apresentada para os sistemas térmicos e, também aqui, devem ser observadas as condições em que foram produzidas para obter maior confiança nos cálculos.

Placa plana com escoamento laminar paralelo à placa:

A analogia com a transferência de calor, equações 8.27 e 8.28, fornece o equacionamento para o problema do transporte de massa a partir de uma placa plana. As equações 8.71 e 8.72 são obtidas apenas pela adaptação dos parâmetros adimensionais.

$$Sh_x = 0{,}332\ Rey_x^{1/2}\ Sc^{1/3} \tag{8.71}$$

$$Sh_L = 0{,}664\ Rey_L^{1/2}\ Sc^{1/3} \tag{8.72}$$

$$Rey_x < 5 \cdot 10^5 \quad e \quad Sc > 0{,}6$$

L é o comprimento da placa. A equação 8.71 fornece o número de Sherwood local, com valor em função da posição x sobre a placa. A equação 8.72 é resultado da integração da equação 8.71 sobre todo o comprimento L da placa, fornecendo, portanto, um valor médio válido para o sistema como um todo.

Placa plana com temperatura constante e escoamento turbulento paralelo à placa:

As equações 8.73 e 8.74 são adaptadas das equações 8.29 e 8.30 por intermédio da analogia entre os dois fenômenos. Similarmente ao comentário feito para o regime laminar, a equação 8.73 fornece o valor local do coeficiente de película mássico, enquanto a equação 8.74 fornece o valor médio sobre toda a placa.

$$Sh_x = 0{,}0288\ Rey_x^{4/5}\ Pr^{1/3} \tag{8.73}$$

$$Sh_L = 0{,}036\ Rey_L^{4/5}\ Sc^{1/3} \tag{8.74}$$

$$Rey_x > 5 \cdot 10^5$$

Transferência de massa a partir de esferas:

Segundo Bennett e Myers (1978), a transferência de massa a partir de esferas foi estudada a partir de esferas líquidas evaporando no ar ou esferas sólidas sublimando em líquidos ou gases, em adição aos experimentos com calor. Para transporte de massa é sugerida a equação:

$$Sh_D = 2 + 0{,}6\, Rey_D^{1/2}\, Sc^{1/3} \tag{8.75}$$

Transferência de massa a partir de cilindros:

Diversos autores apresentaram dados de troca de massa entre cilindros sólidos e fluidos. O uso de cilindros de naftaleno em túnel de vento foi um dos métodos mais utilizados na obtenção dessas fórmulas. Os resultados confirmam valores obtidos a partir de estudos térmicos. Valores médios de transporte de massa são bem correlacionados por equações adaptadas das equações de troca de calor por troca de parâmetros adimensionais. Por exemplo, as equações 8.31 e 8.32 podem ser transformadas nas equações 8.76 e 8.77 apenas trocando os adimensionais. Os valores de *b e n* são os mesmos valores apresentados na Tabela 8.1.

Para gases:
$$Sh_D = b\, Rey_D^{n} \tag{8.76}$$

Para líquidos:
$$Sh_D = 1{,}11\, b\, Rey_D^{n} Sc^{1/3} \tag{8.77}$$

Transferência de massa no interior de tubos:

A equação básica para troca de massa no interior de tubos é obtida a partir da analogia de Reynolds. O valor do coeficiente de perda de carga *f* é obtido a partir da equação para tubos lisos, que fornece boa aproximação para níveis altos de turbulência, $Rey_D > 10^4$.

A dimensão característica adotada é o diâmetro do tubo e a equação para o coeficiente de perda de carga é:

$$f = 0{,}184\, Rey_D^{-0{,}2} \tag{8.78}$$

que, substituída na analogia de Reynolds, fornece:

$$Sh_D = 0{,}023\, Rey_D^{0{,}8}\, Sc \tag{8.79}$$

As equações com base na analogia de Reynolds vêm sendo substituídas por expressões mais elaboradas e com maior campo de validade. A equação 8.78 vale para altos números de Reynolds e para números de Schmidt próximos da unidade. A alteração para diferentes números de Schmidt foi introduzida por Colburn, e a equação transforma-se em:

$$Sh_D = 0{,}023\, Rey_D^{0{,}8}\, Sc^{1/3} \tag{8.80}$$

As equações aqui apresentadas são básicas e têm intuito didático. Apesar de fornecerem resultados práticos dentro de seu campo de validade, há inúmeras equações de desenvolvimento mais recentes e qualquer trabalho nessa área deve ser precedido de pesquisa bibliográfica para obter as melhores condições de cálculo.

EXEMPLO 8.7

Na antiguidade, nos países de clima seco, era usual a colocação de vasos de cerâmica porosa cheios de água junto às entradas das casas para obter humidificação do ambiente. Considerando o vaso como um cilindro de 0,5 m de diâmetro e 2 m de altura, e que o ar seco passa pelo vaso com uma velocidade de 2,5 m/s, em razão do vento natural, estime a quantidade de vapor d'água transferida para o ar. Considere o ar junto ao vaso como saturado de vapor, com concentração $C_s = 2,95 \cdot 10^{-2}$ kg/m³; a temperatura ambiente igual a 30°C; e a pressão atmosférica local igual a 100 kPa.

Solução:

Como a velocidade do ar é provocada por meio externo (velocidade do vento), tem-se convecção forçada ao redor de um cilindro. Então, pode ser utilizada a equação 8.76 para calcular o coeficiente de transporte de massa convectivo.

$$Sh_D = b \; Rey_D^n$$

Os valores de b e n são dependentes do número de Reynolds. Para cálculo do número de Reynolds são necessárias a massa específica e a viscosidade do ar a 30°C, obtidas da Tabela A1 (Anexo A).

$\rho_{ar} = 1,13$ kg/m³

$\mu_{ar} = 18,69 \cdot 10^{-6}$ kg/ms

$Rey = 1,13 \cdot 2,5 \cdot 0,5/(18,69 \cdot 10^{-6}) = 7,56 \cdot 10^4$

Da Tabela 8.1 obtém-se:

$b = 0,0239$

$n = 0,805$

Portanto, é possível calcular o número de Sherwood:

$$Sh_D = 0,0239 \cdot (7,56 \cdot 10^4)^{0,805} = 202$$

Então, da Tabela A10 obtém-se a difusividade do vapor d'água no ar:

$$D_{\text{água-ar}} = 0,256 \cdot 10^{-4} \text{ m}^2/\text{s}$$

Assim:

$$h_m = 202 \cdot 0,256 \cdot 10^{-4}/0,5 = 0,0103 \text{ m/s}$$

A massa de vapor d'água transferida é dada por:

$$\dot{m}_{\text{vapor}} = \overline{h}_m A \cdot \left(C_s - C_{ar} \right) = 0,0103 \cdot \pi \cdot 0,5 \cdot 2 \cdot (C_s - C_{ar})$$

A concentração de saturação junto à parede do vaso é $C_s = 2,95 \cdot 10^{-2}$ kg/m³, então:

$$\dot{m}_{\text{vapor}} = 0,0103 \cdot \pi \cdot 0,5 \cdot 2 \cdot (0,0295 - 0) = 0,00095 \text{ kg/s}$$

Esse exemplo mostra o uso das equações empíricas para cálculo do transporte de massa. A diferença de geometria apenas altera a equação a ser usada, mas a solução dos diversos problemas respeita a mesma seqüência.

8.2.5 Aplicações do transporte simultâneo de calor e massa

Em muitos sistemas, os fenômenos de transferência de calor e de massa ocorrem simultaneamente, trazendo aplicações importantes na Engenharia, com grande concentração de uso na Engenharia Química, envolvendo processos de separação, lavagem de gases etc. Na Engenharia Mecânica, as principais aplicações prendem-se às operações de resfriamento de gases e líquidos. São bons exemplos as torres de resfriamento utilizadas na climatização de ambientes ou na reciclagem de água em processos industriais. Esses fenômenos também são importantes nas operações de secagem, nas quais o transporte de massa de um corpo líquido para o ar atmosférico provoca a retirada de umidade de outros corpos, como ocorre nas operações de secagem de grãos.

Um fenômeno importante nesse campo é a troca de massa entre uma superfície livre e o ar por intermédio da evaporação do líquido, com ênfase particular no fenômeno entre a água e o ar.

Como já apresentado, o fluxo de massa $\dot{m}$ retirado pelo ar atmosférico de uma superfície líquida pode ser quantificado por:

$$\dot{m} = \bar{h}_m A \cdot \left(C_s - C_{ar} \right) \tag{8.81}$$

O valor da concentração C_s de moléculas de água no ar junto à superfície livre pode ser estimado a partir da equação dos gases perfeitos e da lei das pressões parciais. Para o ar, a equação dos gases perfeitos traz:

$$p_{atm} \cdot V_{ar} = \frac{m_{ar}}{Mol_{ar}} \cdot R \cdot T_{ar} \tag{8.82}$$

que pode ser escrita como:

$$\frac{p_{atm} \cdot Mol_{ar}}{\rho_{ar}} = R \cdot T_{ar} \tag{8.83}$$

Para o vapor d'água que está junto à superfície líquida, portanto evaporando à temperatura ambiente, a pressão parcial é a pressão de vapor da água p_v. Para essa condição a equação dos gases perfeitos traz:

$$p_v \cdot V_v = \frac{m_v}{Mol_v} \cdot R \cdot T_v \tag{8.84}$$

ou

$$\frac{p_v \cdot Mol_v}{\rho_v} = R \cdot T_v \tag{8.85}$$

Como o vapor d'água ocupa todo o volume de ar, a massa específica ρ_v confunde-se com a concentração C_s. Como ambos estão à mesma temperatura, isto é, $T_v = T_{ar}$, vem:

$$\frac{p_v \cdot Mol_v}{C_s} = \frac{P_{atm} \cdot Mol_{ar}}{\rho_{ar}} \qquad (8.86)$$

isolando a concentração junto à superfície C_s:

$$C_s = \frac{p_v \cdot Mol_v}{p_{atm} \cdot Mol_{ar}} \rho_{ar\ úmido} \qquad (8.87)$$

Essa equação é uma aproximação utilizada para cálculo da concentração de saturação, pois foi obtida a partir da equação dos gases perfeitos para o vapor em condições próximas da condição de evaporação, no entanto, fornece resultados adequados para soluções muito diluídas, como neste caso.

A pressão de vapor é função da temperatura e pode ser encontrada em tabelas ou aproximada pela equação empírica 8.88, que fornece a pressão de vapor em função da temperatura em °C.

$$p_v = 611 \cdot \exp\left(\frac{17,27 \cdot T}{237,3 + T}\right) \qquad (8.88)$$

Uma aplicação prática muito difundida, com base na transferência de massa por evaporação, é a medida da umidade relativa do ar utilizando dois termômetros. Um termômetro mede diretamente a temperatura do ar e o outro tem seu bulbo recoberto por um tecido de algodão embebido em água, fornecendo uma temperatura que é denominada *temperatura de bulbo úmido*. Por uniformidade de nomenclatura, a temperatura do outro termômetro é denominada *temperatura de bulbo seco*. O ar é forçado a escoar sobre os termômetros para que o escoamento seja turbulento, garantindo alto coeficiente de troca de massa, o qual provocará alta taxa de evaporação da água que embebe o algodão sobre o bulbo do termômetro. A evaporação retira calor do sistema para a mudança de fase, diminuindo a temperatura em torno do termômetro. A temperatura medida é a temperatura de bulbo úmido e é a temperatura de evaporação da água naquela pressão, também conhecida como *temperatura de orvalho*.

A partir das temperaturas medidas calculam-se as pressões parciais em ambas as temperaturas, e a umidade relativa é calculada pela relação entre a pressão do ponto de orvalho e a pressão parcial na temperatura do ar.

$$HR = \frac{p_v}{p_p} \cdot 100\%$$

A medida da umidade relativa pelo método das temperaturas de bulbo seco e bulbo úmido utiliza um pequeno ventilador para forçar o escoamento sobre os termômetros (Figura 8.13) ou utiliza uma peça-suporte dos termômetros, que pode ser rotacionada manualmente (Figura 8.12), para obter alto coeficiente de troca de massa entre o tecido de algodão umidecido e o ar. O acionamento de um desses instrumentos no ar à pressão atmosférica de 99,5 kPa forneceu a temperatura de bulbo seco igual a 30°C e a temperatura de bulbo úmido igual a 26,5°C. Calcule a umidade relativa e a concentração de vapor no ar atmosférico.

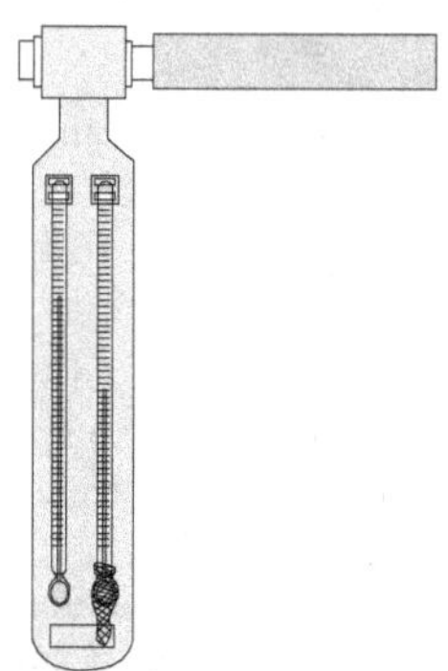

Figura 8.12   O *sling* deve ser rotacionado manualmente para realizar a medida.

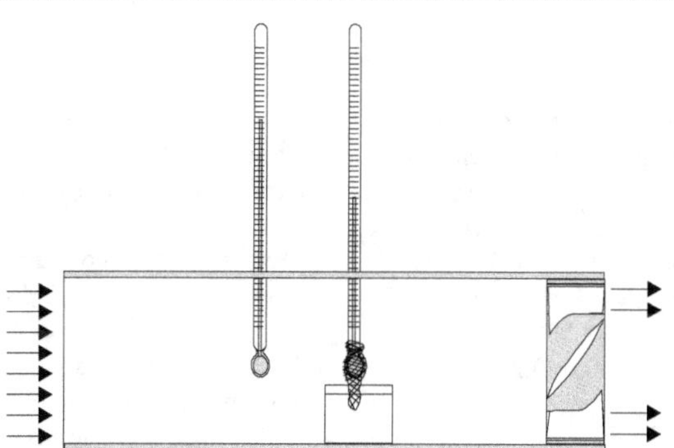

Figura 8.13   A velocidade do ar é forçada pelo ventilador durante a medida.

Solução:

Obtidas as leituras de temperatura de bulbo seco e úmido calculam-se as pressões parciais do vapor no ar ambiente, p, e na condição de saturação, p_s.

$$p_s = 611 \cdot exp\left(\frac{17,27 \cdot 26,5}{237,3 + 26,5}\right) = 3463 \text{ Pa}$$

$$p = 611 \cdot exp\left(\frac{17,27 \cdot 30}{237,3 + 30}\right) = 4244 \text{ Pa}$$

A umidade relativa é, portanto:

$$Hr = 100 \cdot \frac{3463}{4244} = 81,6\%$$

A concentração de vapor no ar atmosférico é calculada por:

$$C_s = \frac{p_v \cdot Mol_v}{p_{atm} \cdot Mol_{ar}} \rho_{ar} = \frac{4244 \cdot 18}{99500 \cdot 28,9} \cdot 1,13 = 0,0300 \text{ kg/m}^3$$

A massa específica do ar foi obtida da Tabela A1 (Anexo A) e é válida para ar seco, introduzindo um erro menor que 2% em relação ao ar úmido. Considerando a incerteza nos cálculos de transporte de massa, esse erro é aceitável.

A medida de umidade relativa por meio das temperaturas de bulbo seco e úmido é muito utilizada nas estações meteorológicas, e os resultados utilizados são compatíveis com esse exemplo.

Os cálculos para especificação de torres de resfriamento estão incluídos nessa categoria, mas fogem do escopo deste livro. Recomenda-se a leitura de textos mais específicos da Engenharia Química ou sobre condicionamento de ar e trocadores de calor.

Exercícios

1. Uma tubulação atravessa perpendicularmente um duto de seção retangular com dimensões $L = 1,0$ m e $B = 0,50$ m que transporta ar. Se é necessário retirar uma descarga térmica de 2000 W da tubulação, qual deve ser a velocidade do ar no duto retangular? A temperatura do ar é 27°C, a temperatura superficial da tubulação é $T_s = 95$°C e seu diâmetro externo é $D_e = 0,25$ m.

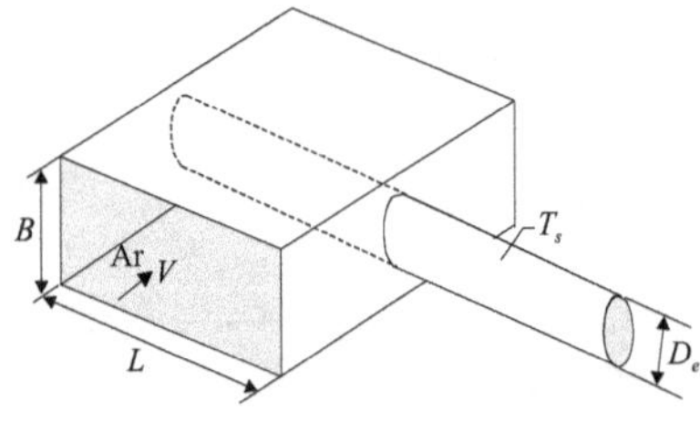

2. Considerando que a temperatura externa da tubulação do exercício anterior é mantida fora

do duto quadrado e que a temperatura do ar externo é 27°C, calcule a descarga térmica por metro de tubo para o ambiente.

3. Tem-se um tubo com temperatura superficial interna de 90°C escoando água, com vazão $Q = 5,03 \cdot 10^{-4}$ m³/s, cuja temperatura de entrada é 20°C. O diâmetro do tubo é de 20 mm e seu comprimento é de 1 m. Calcule a temperatura de saída da água. Adote o diâmetro como comprimento característico e as propriedades à temperatura média $T_b = (T_{entrada} + T_{saída})/2$.

4. A figura a seguir representa esquematicamente uma torneira elétrica, aproximada por uma esfera de diâmetro $D = 0,13$ m, funcionando em um ambiente com temperatura do ar $T_\infty = 15$°C. Se a potência da torneira é $\dot{Q} = 4.500$ W e a água entra com temperatura $T_e = 15$°C e vazão $Q = 0,1$ L/s, determine:

a) Qual a temperatura de saída T_s da água se esta absorver toda descarga térmica $\dot{Q}$, isto é, se não houver perda de calor para o meio?

b) Qual a temperatura de saída da água admitindo transmissão de calor para o meio externo?

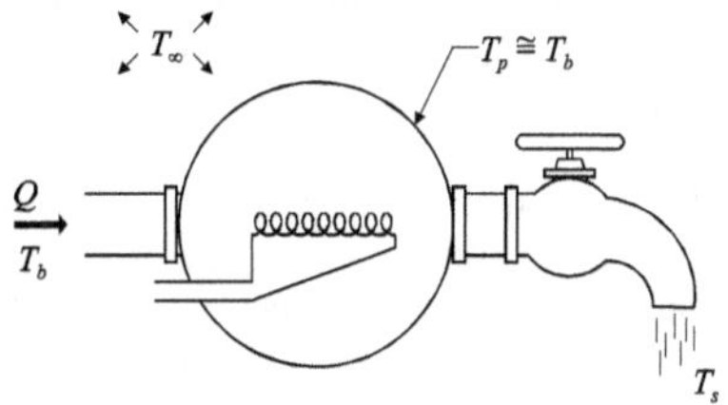

5. Considerando que o ar interno a uma tubulação de aço esteja a uma temperatura de 80°C, avalie a descarga térmica por unidade de comprimento que ocorre através de parede do tubo que o conduz, sabendo que a temperatura ambiente é de 27°C. O duto é cilíndrico com diâmetro interno $D_i = 0,15$ m e diâmetro externo $D_e = 0,165$ m, o escoamento no interior do tubo é turbulento e os valores que determinam o perfil de velocidade para o ar a 80°C são: $\nu = 0,0857$ m/s, $\nu = 20,76 \cdot 10^{-6}$ m²/s, $\rho_{ar} = 0,998$ kg/m³, $V_{max} = 1,79$ m/s.

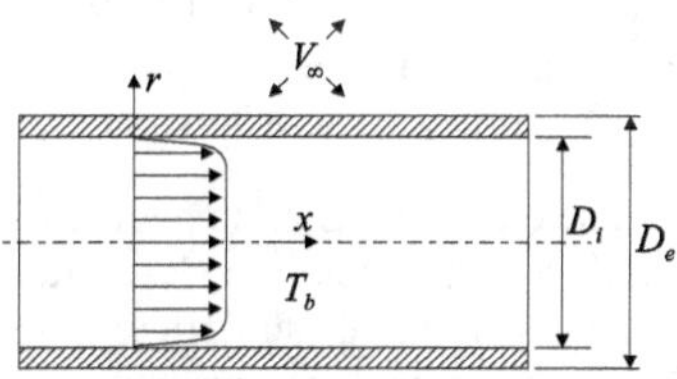

6. Um resistor cilíndrico de 2 cm de comprimento e 0,6 cm de diâmetro dissipa 5 W de potência e precisa ser resfriado por convecção forçada. Dispõe-se de um pequeno ventilador capaz de produzir vento de até 10 m/s. Qual temperatura superficial mínima do resistor possível de ser obtida? A temperatura do ar distante do resistor é 27°C. Despreze as trocas

que ocorrem no topo e na base do resistor. Se a temperatura superficial máxima admissível for 110°C, o ventilador poderá ser utilizado?

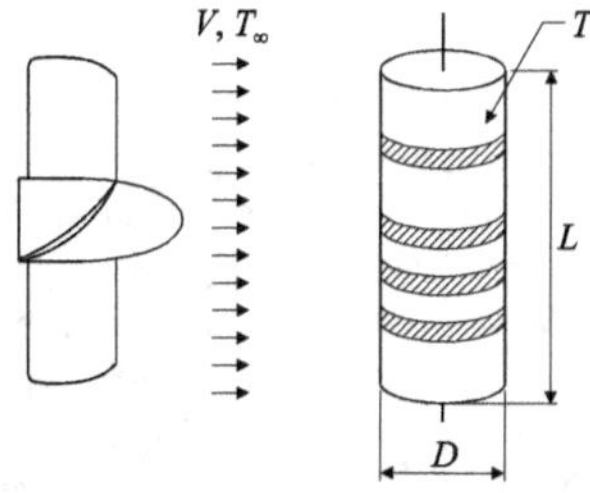

7. Em um experimento foram realizados testes em um cilindro horizontal com as dimensões: $L = 1,0$ m e $D = 2,5$ cm. No interior do cilindro há uma resistência que dissipa uniformemente 250 W. Sendo $T_\infty = 27$°C, qual a temperatura superficial do cilindro?

8. Uma máquina tem dissipador de calor na forma de placa plana vertical. Sabendo que a temperatura da superfície e do ambiente são, respectivamente, de 134°C e 20°C, qual a potência que está sendo dissipada uma vez que a placa mede 0,5 m x 0,5 m e está em contato com ar em repouso?

9. Aproximando o corpo humano por um cilindro com diâmetro de 53 cm e altura igual a 1,7 m, determine, para uma temperatura ambiente igual a 24°C, a perda de calor quando não há movimento em relação ao ar, sabendo-se que a temperatura superficial é aproximadamente igual a 36°C.

10. Um edifício cilíndrico de 15 m de diâmetro tem área lateral igual a 4.500 m² e está exposto a um vento com temperatura igual a 5°C e velocidade de 1,0 m/s. A temperatura interna da parede do prédio é mantida a 25°C por um sistema de aquecimento. A espessura da parede é igual a 20 cm e a condutividade térmica do material é 0,7 W/m°C.

a) Adote uma temperatura de película conveniente e determine o coeficiente de película. Justifique sua escolha.

b) Determine a temperatura da superfície externa.

c) Determine a quantidade de calor perdida pelo edifício.

11. Tem-se um ventilador que produz uma velocidade máxima de vento igual a 20 m/s. Uma junção de transistor em seu encapsulamento (conforme esquematizado na figura a seguir) deve dissipar 5 W para o ar a 25°C. As dimensões desse componente são 8,0 x 8,0 x 1,0 mm e a temperatura máxima admissível para seu funcionamento é 115°C. Desprezando as trocas que ocorrem nas superfícies anterior e posterior do componente, verifique se o ventilador poderá ser usado e calcule a temperatura superficial T_a.

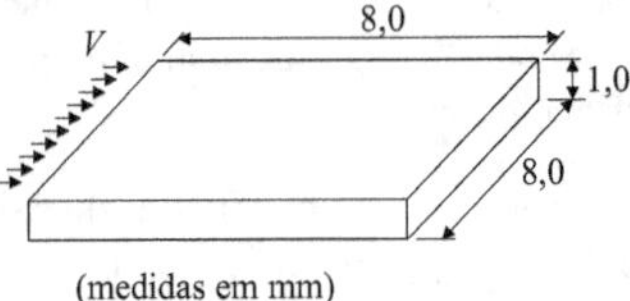

12. Um edifício que pode ser aproximado por um paralelepípedo de 3 m de altura e base de 10 x 8 m² dissipa, em determinado instante do dia, pelas quatro paredes laterais, um total de $\dot{Q} = 12.000\ W$. Sabendo que a temperatura do ar, naquele instante, é $T_\infty = 27°C$, forneça a temperatura média da superfície externa das paredes desse prédio considerando o dia calmo (sem vento).

13. Para a mesma geometria do problema anterior, qual a descarga térmica no caso de um vento cruzado ao edifício de 0,13 m/s, se a temperatura superficial for de 33°C?

14. Calcule a descarga térmica total de uma placa vertical para o ar calmo, conhecendo a temperatura da superfície $T_s = 200°C$, igual em ambos os lados da placa. A placa tem a altura $L = 0,78$ m, a largura $B = 1,28$ m e a temperatura do ar $T_\infty = 20°C$.

15. Um cilindro de 2,0 m de comprimento, 0,20 m de diâmetro e temperatura superficial média

de 70°C está mergulhado em um ambiente a 30°C. Qual será a posição mais eficiente para dissipar calor: com eixo vertical ou com eixo horizontal? Qual a razão $\dot{Q}_{vertical}/\dot{Q}_{horizontal}$?

16. Determinada, no exercício anterior, a posição mais eficiente, qual velocidade do vento, cruzado ao eixo, é necessária impor sobre a posição menos eficiente para que a relação $\dot{Q}_{vertical}/\dot{Q}_{horizontal}$ seja unitária?

17. Um termômetro de mercúrio com diâmetro $De = 10$ mm, a 40°C, é inserido através da parede de um tubo em uma corrente de ar a 30 m/s e 65°C. Estime o coeficiente de transmissão de calor por convecção entre o termômetro e o ar.

18. Um transformador é imerso em óleo dentro de um recipiente de forma cilíndrica com 0,80 m de diâmetro e 1,00 m de altura. Determine a temperatura superficial do recipiente sabendo que a dissipação interna é de 750 W. Suponha que toda a carga térmica é retirada por convecção natural para o ar à temperatura de 20°C.

19. Uma linha de vapor isolada, de 27 mm de diâmetro externo, passa através de uma sala de 2,74 m de altura onde o ar se encontra a 15°C. Qual a perda de calor por metro de tubo se a sua superfície se encontra a 40°C. Resolva o exercício para as situações em que o tubo está na posição: a) vertical e b) horizontal.

20. Estime o calor transferido por convecção natural de uma lâmpada incandescente de 40 W, cuja temperatura da superfície externa é 123°C, para o ar parado, à temperatura de 27°C. Considere o bulbo da lâmpada como uma esfera de 90 mm de diâmetro, aproximadamente. Qual a porcentagem da potência que é perdida por convecção natural?

21. Com base no esquema da figura a seguir, calcule o valor da condutividade térmica K do material da parede. O regime é permanente e o ar está parado. São dados: $T_1 = 30°C$, $T_2 = 15°C$ e $T_\infty = 5°C$.

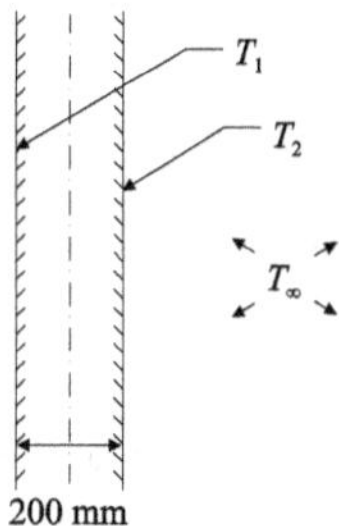

22. Um fio fino, com diâmetro de 0,4 mm, é colocado em uma corrente de ar a 25°C, com velocidade de 50 m/s, perpendicular ao fio. Uma corrente elétrica passa através do fio, elevando sua temperatura. Sabendo que ele está perdendo 11 W/m, determine a temperatura da superfície do fio.

23. Uma coluna de parede molhada é utilizada para humidificação do ar a ser utilizado em uma fase industrial. A coluna molhada é constituída por um tubo de 0,025 m de diâmetro e 2,5 m de comprimento e a parede é mantida recoberta por uma fina camada de água. A velocidade do ar é de 10 m/s e ele entra na coluna com uma concentração inicial de 0,002 kg/m³. Se na temperatura e na pressão reinantes a concentração de saturação da água no ar é de 0,018 kg/m³, qual é a concentração de vapor d'água na saída do tubo?

24. Uma grande placa de sal com 10 m de comprimento está exposta a um escoamento de água de 10 m/s paralelo a ela. Se a concentração de sal na água junto à placa é mantida em 0,05 kg/

m³ e a concentração longe da placa é desprezível, calcule o fluxo de massa transferida para o escoamento.

25. Uma bandeja quadrada de 0,20 m de lado e 0,010 m de profundidade encontra-se cheia de água a 20°C. Ar a 20°C escoa sobre a superfície da água com velocidade de 10 m/s. Calcule o coeficiente convectivo de transporte de massa para o sistema ar/água e estime a taxa de evaporação de água da bandeja. Suponha que o ar não perturbado esteja com umidade relativa de 30%, que equivale a uma concentração igual a 0,006 kg/m³ naquela temperatura.

26. Uma estação meteorológica está equipada com um medidor de umidade relativa de bulbo seco e bulbo úmido. Uma medida relizada forneceu a temperatura de bulbo úmido igual a 17°C e a de bulbo seco igual a 25°C. Se a pressão atmosférica é 99,9 kPa, calcule a umidade relativa do ar.

27. Nas medidas meteorológicas um dado importante é a umidade específica, expressa em quilograma de vapor por quilograma de ar úmido. A equação para calcular a umidade específica é a seguinte:

$$He = \frac{p_v \cdot Mol_v}{p_{atm} \cdot Mol_{ar}}$$

Calcule a umidade específica do ar nas condições do Exercício 26.

Referências

BENNET, C. O.; MYERS, J. E. *Fenômenos de transporte:* quantidade de movimento, calor e massa. São Paulo: McGraw-Hill do Brasil. 1978.

KREITH, F. *Princípios da transmissão do calor*. São Paulo: Edgard Blucher. 1977.

SHAMES, I. H. *Mechanics of fluids*. Singapore: McGraw-Hill. 1992.

STREETER, V. L. *Fluid mechanics*. New York: McGraw-Hill. 1966.

VIEIRA, R. C. C. *Atlas de mecânica dos fluidos*. Hidrodinâmica. São Paulo: Edgard Blucher. 1975.

Referências

BENNET, C. O.; MYERS, J. E. *Fenômenos de transporte:* quantidade de movimento, calor e massa. São Paulo: McGraw-Hill do Brasil. 1978.

KREITH, F. *Princípios da transmissão do calor*. São Paulo: Edgard Blucher. 1977.

SHAMES, I. H. *Mechanics of fluids*. Singapore: McGraw-Hill. 1992.

STREETER, V. L. *Fluid mechanics*. New York: McGraw-Hill. 1966.

VIEIRA, R. C. C. *Atlas de mecânica dos fluidos*. Hidrodinâmica. São Paulo: Edgard Blucher. 1975.

RESPOSTAS DOS EXERCÍCIOS

Capítulo 1

1. a) W   b) N/m^2 c) N/m^3 d) s^{-1} e) J   f) N.m   g) $\dfrac{Nm}{kg.K}$ h) 1   i) N/m   j) $Cal/(s.m^2)$ k) m^2/s l) N/m^2 m) N/m^2 n) Cal/s   o) kg/s   p) $Cal/(s.m^2)$ q) m/s   r) m/s^2
2. $[t] = m$
3. 103 MPa
4. $'v = 1/800\ m^3/kg$
5. $\rho = 1051,23\ kg/m^3$
6. $\varepsilon = 2,25 \cdot 10^8\ N/m^2$
7. 0,0114 N
8. $\gamma = 11,493\ N/m^3$
9. $R = 288,70\ N.m/kg.K$
10. $144,05\ m^3$

Capítulo 2

1. $\alpha = 5,74°$
2. $p_1 - p_2 = -(\gamma_M - \gamma_A).(\Delta H_1 + \Delta H_2 + \Delta H_3)$
3. $F = 14165,64\ N$ ponto de aplicação $y_p = 0,303\ m$; $x_p = 0,463\ m$
4. $h = 2,785\ m$
5. $H = 4002,5\ N$, $C_{Hor} = 10123,92\ N$ e $C_{Vert} = 2354,4\ N$
6. $h = 2\sqrt{3}\ m$
7. $F_h = 706320\ N$ $F_v = 206010\ N$
    Não haverá tombamento. Coeficiente de segurança = 365%
    Não haverá deslizamento. Coeficiente de segurança = 18,2%

8   $p = \gamma.\ h + \frac{2}{3}k.\ h^{3/2}$; $F = \gamma\dfrac{L^2.\ b}{2} + \dfrac{4}{15}k.L^{5/2}.\ b$

9. $W = 882,9\ N$

10. $|\vec{F}| = 94712,45\ N$. A força passa pelo centro porque é normal à superfície esférica.

11. Empuxo = 214,18 N.
     Para madeira Empuxo = 156,92 N
     Volume submerso = $0,0155\ m^3$
12. $Vol = 90,610\ m^3$
13. $Vol = 0,1\ m^3$,   Tração = 981 N
14. Vol = 5,1 litros; $d = 1,6$
15. $2,818\ g/cm^3$

16. $d = \dfrac{V}{V - s \cdot \Delta h}$

17. $p_A - p_B = \left(\gamma_{Hg} - \gamma_{H2O}\right)\Delta H - \gamma_{H2O} \cdot D_2$

18. $p_A - p_B = \gamma_{Hg}\left(D_3 + D_4 sen45\right) - \gamma_{H2O} \cdot D_1$

19. $x = 0{,}0179$ m

20. $x = \dfrac{4 \cdot vol_0}{\pi d^2}\left[1 + \dfrac{\gamma}{p_{atm}}\left(L - \dfrac{4 \cdot vol_0}{\pi d^2}\right)\right]$

CAPÍTULO 3

1. Teórico
2. Teórico
3. Demonstração
4. a) Sim   b) $y = C_1 \cdot x$

5. a) $x \cdot y = C_1$ b) $\begin{aligned} x &= \exp\left(2t + t^3/3\right) \\ y &= \exp\left(-2t - t^2/2\right) \end{aligned}$

6. Demonstração
7. a) não b) não c) não
8. $a = 4;\ a = -3$
   $y = -1/120$
   $y = -1/90$
9. a) $a_{local} = 0;\ a_{conv} \neq 0$ b) $a_{local} = 0;\ a_{conv} = 0$ c) $a_{local} \neq 0;\ a_{conv} = 0$
   d) $a_{local} \neq 0;\ a_{conv} \neq 0$
10. a) $V_{medio} = 2\,V_{max}/3$ b) $V_{medio} = V_{max}/2$
11. $V_{medio} = V_{max}/2;\ V_{medio} = 2V_{max}/3$

12. $\vec{a} = \dfrac{4V^{0^2}}{a}\, sen\theta\, cos\theta\, \varepsilon_\theta$

13. Demonstração

14. $t = \dfrac{A\sqrt{H}}{\alpha}$

15. $t = 72{,}74$ s
16. $V_1 = 1$ m/s
17. $V_2 = 2{,}1$ m/s
18. $V_3 = 50/3 + 20/3\, cos(\pi t)$
19. $V_r = 1{,}125/r$
20. $V = 5$ m/s

21. a) $V_{med} = V_{max}/2$ b) $U = V_{med}$

22. $V_{med} = V_{max} \dfrac{98}{120}$

23. $\bar{Q} = \dfrac{D^2}{4}\, \omega . x_0$

24. $\rho = \dfrac{\rho_o x_o A + G . t}{A(x_o + V_o . t)}$

25. $V = 0,057$ m/s

26. Sugestão: use a equação da continuidade.

Capítulo 4

1. $\tau = -\mu \dfrac{V_o}{h}$

2. $M = \dfrac{\pi\mu\omega}{2h}.R^4$

3. $\nu = 4,7 . 10^{-5}$ m²/s

4. $V_{lim} = 390,6$ m/s

5. $\tau|_{y=0} = 2\,\mu \dfrac{V_o}{h}$

6. $M = \dfrac{\pi\mu\omega}{2h} . R^4 + \dfrac{\pi\mu\omega}{2h} . R^3 . \sqrt{H^2 + R^2}$

7. $G = \dfrac{2\,\pi\mu\omega}{D_e - D} . D^2 . L$

8. $F = 3,0 . 10^{-6}$ N

9. a) $\tau = -\mu \dfrac{V_a - V_b}{h}$ b) $\dfrac{\tau_a}{\tau_b} = -1$

10. a) plástico   b) não newtoniano   c) não newtoniano   d) newtoniano

11. $\omega_1 - \omega_2 = \dfrac{32 h M_t}{\pi\mu D^4}$

12. a) $V_B = \dfrac{V_A \frac{\mu_1}{h_1} + V_C \frac{\mu_2}{h_2}}{\frac{\mu_1}{h_1} + \frac{\mu_2}{h_2}}$ b) $\dfrac{V_A}{V_C} = -\dfrac{h_1}{h_2}\dfrac{\mu_2}{\mu_1}$

13. a) $\tau = \dfrac{4 . \mu_0 . V}{h}$ b) $h_1 = \dfrac{h}{2}\left(1 - \sqrt{1 - \dfrac{\mu_1}{\mu_0}}\right)$, $\mu_1 > \mu_0 = h_1 . h_2 = \dfrac{h^2 \mu_1}{4\mu_0}$

14. $M = \dfrac{\sqrt{2}}{2}\dfrac{\pi\mu\omega}{h}\left((R_1 + H)^4 - R_1^4\right)$

15. a) $\tau = \dfrac{\beta D}{4}$ b) $\tau\big|_{r=\frac{D}{4}} = \dfrac{\beta D}{8}$ c) $F = \dfrac{\pi}{4}\beta D^2 L$

16. $h_1 = \dfrac{h}{\sqrt{k}+1}$ $h_2 = \dfrac{\sqrt{k}\,h}{\sqrt{k}+1}$ $\dfrac{h_2}{h_1} = \sqrt{k}$

17. $F = 2{,}693 \cdot 10^{-4}\,\text{N}$

18. $\dfrac{\dot{q}}{h} = 11{,}61\dfrac{W}{m^2\,^\circ C}$

19. $k = 0{,}192\dfrac{W}{m\,^\circ C}$

20. $k = 353{,}1\dfrac{kcal}{h.m.^\circ C}$

21. Demonstração

22. $L_1 = 28$ cm (22 cm + 6 cm); $L_2 = 60$ cm (10 x 6 cm)

23. $k = 1{,}225\dfrac{W}{m^o C}$

24. $\dfrac{q_{seco}}{q_{úmido}} = 0{,}74$

25. $k = 5{,}615 \cdot T^{-0{,}306}$; $R^2 = 0{,}979$

26.
$$\dfrac{D_2}{D_1} = 1{,}5 \Rightarrow \dfrac{\dot{q}_{logarítmico}}{\dot{q}_{aritmético}} = 0{,}987\,(1{,}3\%);$$

$$\dfrac{D_2}{D_1} = 2 \Rightarrow \dfrac{\dot{q}_{logarítmico}}{\dot{q}_{aritmético}} = 0{,}962\,(3{,}8\%);$$

$$\dfrac{D_2}{D_1} = 3 \Rightarrow \dfrac{\dot{q}_{logarítmico}}{\dot{q}_{aritmético}} = 0{,}91\,(9\%)$$

27. Demonstração

28. a) $\dfrac{\dot{Q}}{L} = 1408{,}7$ W/m   b) $T_\infty = 49{,}3^\circ C$

29. a) $\dfrac{\dot{Q}}{A} = 253{,}8$ W   b) $\dfrac{\dot{Q}}{A} = 285{,}8$ W

30. $L = 3{,}45$ cm

31. $R = 3{,}66\ m^2 \cdot {}^\circ C/W$

Capítulo 5

1. $V = 1,98\sqrt{\Delta h}$

2. $Q = 0,972$ L/s

3. $V_C = \sqrt{2g(L-a)}$, $P_B = P_{atm} - \rho g L$, $P_A = P_{atm} - \rho g(L-a)$

4. a) $V_T = 7,75$ m/s   b) $Q = 0,00975$ m³/s   c) $P = 8.118$ N/m²

5. $y_1 = 0,643$ m ou $y_1 = 4,713$ m

6. $L_{max} = 10$ m

7. $z = (9,6 - a)$ m

8. $H_V = 0,37$ m$_{H2O}$

9. $Q = \dfrac{\pi D_1^2}{4} \dfrac{1}{\sqrt{\dfrac{D_1^4}{D_2^4 C_C^2} - 1}} \sqrt{\dfrac{2(\rho_m - \rho_f)}{\rho_f} g\Delta H}$

10. $Q = \dfrac{\pi D_1^2}{4} \dfrac{1}{\sqrt{\dfrac{D_1^4}{D_2^4 C_C^2} - 1}} \sqrt{\dfrac{2(\rho_m - \rho_f)}{\rho_f} g\Delta H}$

11. $P_1 = 13.035$ N/m², $H_{crit} = 3,443$ m

12. a) $Q = 1,96.10^{-5}\sqrt{90,84 - 19,62.h}$ b) $h_{max} = 4,63$ m

13. $H_{max} = 7,042$ m

14. $Q = 4,5$ L/s

15. $H_M = 1,59$ m$_{H2O}$

16. $H = a + \dfrac{P\!/\!\rho g - a}{1 - (d\!/\!D)^4} - \dfrac{V^2}{2g}$

17. $Q = 0,0141$ m³/s

18. $\dfrac{h_2}{h_1} = 1 - m^2$

19. $Q = 3,092.10^{-2}$ m³/s, $P = 118.607$ N/m²

20. $h = 0,0354$ m$_{Hg}$

21. $\dfrac{Q}{L} = 3,55$ m²/s $h = 1,786$ m$_{H2O}$

22. $Q = 0,0912$ m³/s

23. $Q = 0,0156$ m³/s

24. $\dfrac{Q}{L} = 3{,}86$ m²/s

25. $P = 17.668$ N/m²

26. $H = 15.R$

27. $Q = 0{,}020$ m³/s

28. $Q = 3{,}93\,\pi D^2\,\sqrt{\Delta H}$

29. $Q = 0{,}017$ m³/s

30. $h_1 = h_0 + \dfrac{1}{2g}\left(\dfrac{Q}{A_1}\right)^2$, $h_2 = h_1$

31. Gráfico

32. $T = T_0 + \dfrac{\dot{w}}{4k}\left(R_2^2 - r^2\right) + \dfrac{\dot{w}}{4k}\dfrac{\left(R_1^2 - R_2^2\right)}{ln\,{}^{R_1}\!\big/\!{}_{R_2}}\,ln\,{}^{r}\!\big/\!{}_{R_2}$

33. $T_2 = 9{,}78^\circ$C

34. $T = 50 + \dfrac{\dot{q}R_1^2}{4k}\left[1 - \dfrac{r^2}{R_1^2} + 2\left(ln\,\dfrac{r}{R_1}\right)\right]$

35. $T_{max} = T_e + \dfrac{R\,.\,i^2}{4k\,.\,\pi}$

36. $T_2 = 52{,}8^\circ$C

37.

$$T = T_1 + \left(T_2 - T_1\right)\dfrac{\ln\,{}^{r}\!\big/\!{}_{R_1}}{\ln\,{}^{R_2}\!\big/\!{}_{R_1}}$$

$$T = T_2 + \left(T_3 - T_2\right)\dfrac{\ln\,{}^{r}\!\big/\!{}_{R_2}}{\ln\,{}^{R_3}\!\big/\!{}_{R_2}}$$

$$\dot{Q} = \left|\dot{Q}_1\right| + \left|\dot{Q}_2\right| = \dfrac{2k_1\pi L(T_2 - T_1)}{\ln\,{}^{R_2}\!\big/\!{}_{R_1}} + \dfrac{2k_2\pi L(T_2 - T_3)}{\ln\,{}^{R_3}\!\big/\!{}_{R_2}}$$

38. $\sqrt{h} + 0{,}542.\ln(\sqrt{h} - 0{,}542) = 0{,}627 - 1{,}384.10^{-3}.t$ (*Obs.*: como h não é explicitável, traçar o gráfico de t em função de h.)

39. $\dot{q}_1 = 9.10^4$ W/m³; $\quad T_{S2} = 50^\circ$C

40. $T = T_{int} + \dfrac{\dot{w}R^2}{4k_1}\left[1 - \left(\dfrac{r}{R}\right)^2\right]$, $\qquad T = T_e + \dfrac{\dot{w}R^2}{2k_2}\,ln((R_1 + e)/r)$

41. $\dot{Q} = \frac{4}{3}\dot{q}\pi R^3; \quad T_{max} = T_S + \frac{\dot{q}.R^2}{6.\pi}$

42.
$$\dot{M} = -\frac{2\pi.D.L.\rho}{\ln(R_i/R_e)}(C_i - C_e)$$

$$C = C_e - (C_e - C_i)\frac{\ln(r/R_e)}{\ln(R_i/R_e)}$$

43. $\dot{M} = 12{,}8.\pi.R_e C_e$

$$C = C_i - 16.R_e.C_e\left(\frac{1}{R_i} - \frac{1}{r}\right)$$

Capítulo 6

1. $F_x = \rho V_m^2.A$

2. $F = \rho.Q.V_m \, sen\theta, \quad Q1 = \frac{1}{2}Q(1 + cos\theta); \quad Q2 = \frac{1}{2}Q(1 - cos\theta)$

3. a) $F_x = \rho.Q.V_m(1 + cos\beta); \quad F_y = \rho.Q.V_m \, sen\theta$ b) $F_x = \rho.(V_m.U)^2(Q/V_m)(1 + cos\beta)$

6. a) $V = V_2$ b) $Pot = 0$

5. $V = \sqrt{\dfrac{P.sen\,\alpha}{\rho A(1 - cos\,\theta)}}$

6. $P = 2.\rho.V^2.A.(1 - cos\beta)$

7. a) $\vec{F} = -\rho\dfrac{Q^2}{A_j}(1 + cos\beta)\vec{e}_x + \rho\dfrac{Q^2}{A_j}(sen\beta)\vec{e}_y$

b) $\vec{F} = -\rho(V_j - V_o)^2 A(1 + cos\beta)\vec{e}_x + \rho(V_j - V_o)^2 A(sen\beta)\vec{e}y$

c) $Pot = \rho(V_j - V_o)^2 A(1 + cos\beta)V_o$

d) $V_j = 3.V_0$

8. Sugestão: utilize a equação integral da Conservação da Quantidade de Movimento.

$$\frac{A_0}{A_j} = 2$$

9. $F = 8\rho\dfrac{Q^2}{\pi D^2}$; Força de compressão

10. $Pot = \frac{1}{2}\sqrt{\dfrac{(m.g)^3}{\rho.A}}$

11. Demonstração. Sugestão: utilize a equação da Conservação da Quantidade de Movimento.

12. $Pot = \rho(V_j - V)^2 A(1 + cos\beta)V; \quad \dot{m} = \rho(V_j - V)A$

13. $V_1 = 3.V$

14. $V_1 = 2.V$

15. $F_x = \rho V_j^2 A cos\beta$

16. $F_x = \rho(V_j - V)^2 A(1 - cos\beta)$

17.
$$\Delta y = \frac{V^2}{g} \quad \text{(quantidade de movimento)}$$
$$\Delta y = \frac{V^2}{2g} \quad \text{(Bernoulli)}$$

18. $tg\beta = tg\alpha - \dfrac{mg}{\rho V_1^2 A cos\alpha}; \quad V_2 = V_1 \dfrac{cos\alpha}{cos\beta}$

19. $Pot = \rho g \Delta h.q$

20. $Pot = 7980$ W

21. $Pot = 2334,7$ kW

22. $Q = \sqrt{\dfrac{K.A}{2.\rho}}\, x$

23. $\Delta T = 1,95°C$

24. a) $Q = 1,68.10^{-3} m^3/s$ b) $\Delta T = 20,6°C$ c) $\dot{W} = 84370$ W   d) $\eta = 58,2\%$

25. a) $F = \frac{2}{3}\rho V_0^2 A_0$ b) $\beta = 60°$

26. $T_s = 25,75°C$

27.
$$Q = \frac{\pi D_1^2}{4} \sqrt{\frac{2(\rho_M - \rho).g.\Delta H}{\rho}} \sqrt{\frac{1}{\dfrac{D_1^4}{\left(D_1^2 - D_2^2\right)^2} - 1}}$$

Capítulo 7

1. $\pi_1 = \mu/(\rho VD); \quad \pi_2 = fD/V$

2. $\pi_1 = \alpha; \quad \pi_2 = \beta; \quad \pi_3 = M/(\rho R^3); \quad \pi_4 = L/R; \quad \pi_5 = g.R/V^2; \quad \pi_6 = C_{max}/(\rho V^2 R^3)$

3. Um adimensional: $\pi_1 = \gamma.h^2/\sigma, \quad h = k\sqrt{\sigma/\gamma}$, em que k é uma constante.

4. $T = \mu\omega D^3 \cdot f\left(\dfrac{e}{D}\right)$

5. $Q = k\sqrt{\dfrac{\Delta P.D^4}{\rho}}$

6. Demonstração.

7. Demonstração.

8. $Pot = k.\rho.\omega^3.D^5 f\left(\dfrac{Q}{\omega D^3}, \dfrac{\varepsilon}{D}, \dfrac{\rho.\omega D^2}{\mu}\right)$

9. $\Delta P = k.\dfrac{\rho Q^2}{D^4}.f\left(\dfrac{x}{D}, \dfrac{\mu D}{\rho Q}\right)$

10. $V_{lim} = k.\sqrt{g.D}.f\left(\dfrac{\rho_e}{\rho}, \dfrac{\mu}{\rho\sqrt{gD^3}}\right)$

11. $V = k.\sqrt{g.h}$

12. $\pi_1 = \dfrac{P}{\gamma.H.Q}$, $\pi_2 = \theta$ Dos dados da tabela, π_1 é constante em relação a π_2 e é igual

a 0,075. Então: $P = 0{,}075.\gamma.H.Q$

13. $Q = f(h, L, b, a, \mu, g)$, $\pi_1 = h/b$; $\pi_2 = L/b$; $\pi_3 = a/b$; $\pi_4 = \rho Q/(b.\mu)$; $\pi_5 = \dfrac{Q}{b^{5/2}\sqrt{g}}$

14. $P = f(\rho, V, L, h, \mu)$, $\pi_1 = P/(\rho.V^2)$; $\pi_2 = h/L$; $\pi_3 = \rho.V.L/\mu$ – Semelhança depende da igualdade dos adimensionais: $P_{ar}/(\rho_{ar}.V^2_{ar}) = P_{agua}/(\rho_{agua}.V^2_{agua})$, $\rho_{ar}.V_{ar}.L/\mu_{ar} = \rho_{agua}.V_{agua}.L/\mu_{agua}$, $V_{agua} = V_{ar}.v_{agua}/v_{ar}$ – $V_m = 32{,}3$ km/h; *a similaridade cinemática é dada pela igualdade dos números de Reynolds.*

15. $Q = 3{,}48$ L/s

16. $\Delta Hp = 574{,}693 \cdot Q^2$

17. $\Delta Hp = 433{,}93 \cdot Q^2$

18. $D = 0{,}141$ m

19. $Pot = 2{,}29$ cv

20. $H = 9{,}75$ m

21. $F_D = 3361{,}5$ N

22. $F_D = 37{,}69$ N

23. $F_D = 12{,}97$ N – A força é reduzida para 34,4% da anterior.

24. V limite é 0,478 m/s

25. $A_{tubo} = 1{,}7553.10^{-4}$ m² $= 175{,}53$ mm²

26. N = 12 pára-quedas

27. A relação sustentação/arrasto é 36.

28. F_D = 2876 N; F_L = 41591,3 N; Pot = 173,7 cv

Capítulo 8

1. V = 11 m/s;

2. $\dot{Q}$ = 283 W

3. T_s = 30,25°C

4. a) 25,75°C   b) 25,75°C

5. $\dot{Q}$ = 82,24 W

6. T_s = 133,7°C. O ventilador não pode ser usado.

7. T_s = 268,8°C

8. $\dot{Q}$ = 155,48 W

9. $\dot{Q}$ = 78,45 W

10. a) T_f = 10°C => $\bar{h}$ = 2,71 W/m²°C   b) T_s = 10,6°C   c) $\dot{Q}$ = 68,77 kW

11. a) T_s = 224°C   b) O ventilador não poderá ser usado.

12. T_s = 68,2°C

13. $\dot{Q}$ = 517 W

14. $\dot{Q}$ = 1970 W

15. A posição mais eficiente é a horizontal; Q_d/Q_L = 1,70

16. V = 0,625 m/s

17. $\bar{h}$ = 194,4 W/m²°C

18. T_s = 88,75°C, desprezando as trocas pela base

19. a) $\dot{Q}$ = 7,84 W   b) $\dot{Q}$ = 16,58 W

20. $\dot{Q}$ = 17,43 W; %perda = 43,6%

21. K = 0,294 W/m°C

22. T_s = 32,9°C

23. C_S = 0,0089 kg/m³

24. $\dot{m}$ = 5,5.10⁻⁶ kg/s.m²

25. $\dot{h}_m$ = 0,0256 m/s; $\dot{M}$ = 1,1.10⁻⁵ kg/s

26. HR = 61,2%

27. He = 0,38 kg de vapor/kg de ar

ANEXO A

TABELAS DE PROPRIEDADES FÍSICAS

ADAPTADO DE KREITH (1977) E BENNET & MYERS (1978)

Tabela A.1 Propriedades físicas de gases (SI) à pressão de 101.325 N/m² (1 atm).

Material	$^{\circ}$C	ρ kg/m³	c_p J/kg$^{\circ}$C	μ kg/m.s	ν m²/s	k W/m$^{\circ}$C	α m²/h	Pr
				$\times 10^{-6}$	$\times 10^{-4}$			
Ar	−100	1,984	1009,02	11,87	0,06	0,0157	0,0281	0,77
	−50	1,533	1004,83	14,62	0,095	0,0200	0,0468	0,73
	−20	1,348	1004,83	16,19	0,12	0,0224	0,0597	0,73
	0	1,251	1004,83	17,27	0,138	0,0241	0,0689	0,72
	20	1,166	1004,83	18,25	0,156	0,0257	0,0789	0,71
	40	1,091	1009,02	19,13	0,175	0,0272	0,0892	0,71
	60	1,026	1009,02	20,11	0,196	0,0287	0,1	0,71
	80	0,968	1009,02	20,99	0,217	0,0302	0,111	0,7
	100	0,916	1013,21	21,88	0,239	0,0316	0,123	0,7
	120	0,869	1013,21	22,76	0,262	0,0331	0,135	0,7
	140	0,827	1017,39	23,54	0,285	0,0345	0,148	0,69
	160	0,789	1017,39	24,33	0,308	0,0359	0,161	0,69
	180	0,754	1021,58	25,11	0,333	0,0372	0,174	0,69
	200	0,722	1025,77	25,90	0,358	0,0386	0,188	0,69
	250	0,652	1034,14	27,76	0,426	0,0418	0,223	0,69
	300	0,596	1046,70	29,53	0,495	0,0449	0,259	0,69
	350	0,548	1059,26	31,20	0,569	0,0479	0,298	0,69
	400	0,508	1067,63	32,77	0,645	0,0508	0,337	0,69
	500	0,442	1092,75	35,81	0,81	0,0562	0,419	0,7
	600	0,391	1117,88	38,65	0,989	0,0613	0,506	0,7
	800	0,319	1155,56	43,85	1,37	0,0709	0,693	0,71
	1000	0,265	1193,24	48,46	1,83	0,0802	0,913	0,72
	1200	0,232	1226,73	52,78	2,28	0,0891	1,13	0,73
	1400	0,204	1264,41	56,80	2,78	0,0970	1,35	0,74
	1600	0,183	1306,28	60,53	3,31	0,1047	1,58	0,75
				$\times 10^{-6}$	$\times 10^{-4}$			
Vapor d'água	100	0,578	2097,59	12,56	0,217	0,0241	0,0715	1,09
	120	0,547	2034,78	13,34	0,246	0,0255	0,0824	1,08
	140	0,519	2001,29	14,03	0,27	0,0270	0,0935	1,04
	160	0,494	1984,54	14,72	0,298	0,0286	0,105	1,02
	180	0,472	1976,17	15,50	0,328	0,0301	0,116	1,02
	200	0,451	1976,17	16,28	0,361	0,0317	0,128	1,01
	220	0,433	1980,36	16,97	0,392	0,0334	0,14	1,01
	240	0,416	1988,73	13,83	0,426	0,0350	0,152	1,01
	260	0,4	1992,92	18,54	0,463	0,0366	0,165	1,01
	300	0,372	2013,85	20,01	0,537	0,0399	0,192	1,01
				$\times 10^{-6}$	$\times 10^{-4}$			
Vapor d'água saturado	100	0,598	2097,59	12,56	0,21	0,0241	0,0691	1,09
	120	1,121	2181,32	12,95	0,118	0,0259	0,0382	1,11
	140	1,966	2256,69	14,03	0,0713	0,0281	0,0228	1,14
	160	3,258	2415,78	14,81	0,0454	0,0305	0,0139	1,18
	180	5,16	2591,63	15,60	0,0302	0,0330	0,0089	1,22
	200	7,86	2788,41	16,48	0,021	0,0361	0,00592	1,26
	220	11,61	3052,18	17,36	0,0149	0,0394	0,004	1,34
	240	16,75	3412,24	18,25	0,0109	0,0435	0,00274	1,43
	260	23,7	4082,13	19,13	0,00806	0,0483	0,0018	1,61
	300	46,2	5987,12	21,19	0,00458	0,0615	0,0008	2,06

Tabela A.1   (*Continuação.*)

Material		ρ	c_p	μ	ν	k	α	Pr
	°C	kg/m³	J/kg°C	kg/m.s	m²/s	W/m°C	m²/h	
				$x10^{-6}$	$x10^{-4}$			
Dióxido de carbono (CO₂)	−50	2,373	766,18	11,28	0,048	0,0110	0,022	0,78
	0	1,912	828,99	13,83	0,072	0,0145	0,033	0,78
	50	1,616	875,04	16,19	0,1	0,0183	0,047	0,77
	100	1,4	921,10	18,34	0,131	0,0222	0,062	0,76
	150	1,235	958,78	20,40	0,165	0,0263	0,08	0,74
	200	1,103	996,46	22,37	0,203	0,0306	0,101	0,72
	250	0,996	1029,95	24,23	0,243	0,0351	0,123	0,71
	300	0,911	1063,45	26,00	0,285	0,0399	0,148	0,69
				$x10^{-6}$	$x10^{-4}$			
Monóxido de carbono (CO)	−100	1,92	1046,70	10,40	0,054	0,0152	0,027	0,72
	−50	1,482	1042,51	13,24	0,089	0,0193	0,045	0,71
	0	1,21	1042,51	15,60	0,129	0,0233	0,066	0,7
	50	1,022	1042,51	18,34	0,179	0,0272	0,092	0,7
	100	0,886	1046,70	20,70	0,234	0,0305	0,118	0,71
				$x10^{-6}$	$x10^{-4}$			
Hidrogênio (H₂)	−50	0,1064	13816,44	7,36	0,691	0,1407	0,344	0,72
	0	0,0869	14193,25	8,42	0,968	0,1675	0,486	0,72
	50	0,0734	14402,59	9,39	1,28	0,1919	0,653	0,71
	100	10,0636	14486,33	10,28	1,62	0,2140	0,84	0,69
	150	0,056	14486,33	11,12	1,99	0,2361	1,05	0,68
	200	0,0502	14528,20	11,92	2,37	0,2570	1,28	0,66
	250	0,0453	14528,20	12,65	2,79	0,2756	1,52	0,66
	300	0,0415	14360,72	13,64	3,21	0,2954	1,78	0,65
				$x10^{-6}$	$x10^{-4}$			
Nitrogênio (N₂)	−50	1,485	1042,51	14,13	0,095	0,0200	0,0465	0,74
	0	1,211	1042,51	16,68	0,138	0,0241	0,0687	0,72
	50	1,023	1042,51	18,93	0,185	0,0279	0,0942	0,71
	100	0,887	1042,51	21,09	0,238	0,0313	0,122	0,7
	150	0,782	1046,70	23,05	0,295	0,0348	0,153	0,69
	200	0,699	1055,07	24,82	0,355	0,0381	0,186	0,69
	250	0,631	1059,26	26,68	0,423	0,0413	0,221	0,69
	300	0,577	1071,82	28,35	0,491	0,0442	0,257	0,69
				$x10^{-6}$	$x10^{-4}$			
Oxigênio (O₂)	−100	2,192	916,91	12,95	0,059	0,0147	0,027	0,8
	−50	1,694	916,91	16,19	0,096	0,0188	0,044	0,79
	O	1,382	916,91	19,13	0,139	0,0229	0,065	0,77
	50	1,168	925,28	12,16	0,188	0,0269	0,089	0,76
	100	1,012	975,52	24,62	0,243	0,0304	0,116	0,76
				$x10^{-6}$	$x10^{-4}$			
Hélio (He)	0	0,179	5191,63	18,54	1,02	0,1442	0,559	0,66
	100	0,172	5191,63	22,66	1,34	0,1663	0,67	0,72

Tabela A.2 Propriedades físicas dos líquidos à pressão de 101,3 kPa.

Substância	Temp.	Massa específica ρ	Cal. esp. c_p	Viscos. dinâm. μ	Viscos. cinem. ν	Condut. térm. k	Difus. térm. α	Nº de Prandtl Pr	Coef. exp. vol. β	Tens. sup.
	°C	kg/m³	kcal/kg°C	N.s/m²	m²/s	kcal/mh°C	m²/h		1°C	kgf/m
				$\times 10^{-4}$	$\times 10^{-6}$		$\times 10^{-4}$		$\times 10^{-3}$	$\times 10^{-3}$
Água	0	999,9	1,008	17,942	1,79	0,476	4,72	13,6	-0,06	7,72
	10	999,7	1,002	13,106	1,31	0,494	4,93	9,57	+0,09	7,56
	20	998,2	0,999	10,094	1,01	0,511	5,12	7,11	0,20	7,39
	30	995,7	0,998	8,005	0,803	0,526	5,29	5,55	0,29	7,24
	40	992,3	0,998	6,632	0,668	1t540	5,45	4,41	0,8	7,08
	50	988,1	0,999	5,582	0,564	0,552	5,59	3,63	0,45	6,90
	60	983,2	1,000	4,728	0,480	0,562	5,72	3,02	0,54	6,74
	70	977,8	1,001	4,081	0,417	0,571	5,58	2,69	0,59	6,55
	80	971,8	1,003	3,581	0,368	0,578	5,93	2,23	0,65	6,37
	90	965,3	1,005	3,169	0,328	0,583	6,01	1,97	0,72	6,19
	100	958,4	1,007	2,845	0,297	0,586	6,08	1,76	0,78	6,00
	120	943,1	1,014	2,335	0,247	0,589	6,16	1,44	0,91	
	140	926,1	1,023	1,991	0,215	0,588	6,21	1,25	1,05	
	160	907,3	1,037	1,746	0,192	0,585	6,22	1,11	1,20	
	180	886,9	1,054	1,550	0,175	0,578	6,25	1,01	1,37	
	200	864,7	1,073	1,393	0,161	0,568	6,11	0,95	1,55	
	220	840,3	1,102	1,265	0,150	0,554	5,98	0,90	1,80	
	240	814	1,136	1,158	0,142	0,537	5,81	0,88		
	260	784	1,183	1,059	0,135	0,517	5,57	0,87		
	280	751	1,250	0,991	0,130	0,493	5,25	0,89		
	300	712	1,36	0,922	0,13	0,462	4,77	0,98		
	320	667	1,54	0,863	0,13	0,423	4,12	1,13		
Água pesada	5	1105,6		19,885						
	10	1106,0	1,009	16,844						
	15	1105,9	1,008	14,509						
	20	1105,4	1,006	12,606						
	25	1104,5	1,005	11,026						
	30	1103,3	1,005	9,722						
	35	1101,8	1,004	8,633						
	40	1100,0								
Amônia	-50	704	1,066	3,061	0,434	0,471	6,27	2,60		
	-30	679	1,069	2,629	0,387	0,472	6,48	2,15	4,2	
	0	648	1,107	2,384	0,373	0,465	6,55	2,05		
	20	612	1,146	2,197	0,359	0,448	6,39	2,02 2,45		
	40	581	1,194	1,972	0,540	0,425	6,12	2,00		
Freon 12	-50	1547	0,209	4,797	0,310	0,0581	1,80	6,20		
	-30	1490	0,214	3,767	0,253	0,0596	1,90	4,79		
	0	1397	0,223	2,982	0,214	0,0626	2,01	3,83		
	20	1330	0,231	2,649	0,198	0,0626	2,02	3,53		
	40	1257	0,239	2,492	0,191	0,0596	2,00	3,44		

Tabela A.2   (*Continuação.*)

Substância	Temp. °C	Massa específica ρ kg/m³	Cal. esp. c_p kcal/kg°C	Viscos. dinâm. μ kgf.s/m² x10⁻⁴	Viscos. cinem. ν m²/s x10⁻⁶	Condut. térm. k kcal/mh°C	Difus. térm. α m²/h x10⁻⁴	Nº de Prandtl Pr	Coef. exp. vol. β 1°C x10⁻³	Tens. sup. kgf/m x10⁻³
Óleo lubrificante	20	871	0,442	13,31	15,0	0,124	3,22	168	0,74	3,17
	40	858	0,462	6,94	7,93	0,123	3,10	92,0	0,75	
	60	845	0,482	4,26	4,95	0,122	3,00	59,4	0,75	
	813	832	0,502	2,89	3,40	0,121	2,90	42,1	0,76	
	100	820	0,522	2,04	2,44	0,120	2,80	31,4	0,77	
	120	807	0,542	1,57	1,91	0,119	2,70	25,3	0,78	
Glicerina	0	1276	0,540	10800	8310	0,243	3,54	84700		
	20	1264	0,570	1520	1180	0,245	3,40	12500	0,505	6,37
	40	1252	0,600	285	223	0,246	3,29	2450		
Álcool etílico	20	790	0,577	1,22	1,51	0,157	3,44	15,8	1,12	2,18
Álcool metílico	20	790	0,59	0,586	0,727	0,182	3,90	6,71	1,20	

Tabela A.3   Propriedades do vapor saturado (função da temperatura).

Temp. °C t	Pressão Abs. (kPa) p	Volume específico (m³/kg) Líquido v_L	Volume específico (m³/kg) Vapor v_g	Massa específica vapor saturado (kg/m³) ρ	Entalpia (kcal/kg) Líquido h_L	Entalpia (kcal/kg) Vapor h_g	Calor latente vap. (kcal/kg) L	Entropia kcal/(kg) (°C) Líquido s_L	Entropia kcal/(kg) (°C) Vapor s_g
0	0,6108	0,0010002	206,3	0,004847	0	597,2	597,2	0	2,1863
5	0,8718	0,0010000	147,2	0,006793	5,03	599,4	594,4	0,0182	2,1551
10	1,2271	0,0010001	106,4	0,009399	10,04	601,6	591,6	0,0361	2,1253
15	1,7041	0,0010010	77,99	0,01282	15,04	603,8	588,8	0,0536	2,0970
20	2,3370	0,0010018	57,84	0,01729	20,03	606,0	586,0	0,0708	2,0697
25	3,1666	0,0010030	43,41	0,02304	25,02	608,2	583,2	0,0876	2,0136
30	4,2415	0,0010044	32,93	0,03036	30,00	610,4	580,4	0,1042	2,0187
35	5,6223	0,0010061	25,25	0,03960	34,99	612,5	577,5	0,1205	1,9947
40	7,3748	0,0010079	19,55	0,05114	39,38	614,7	574,7	0,1366	1,9718
45	9,5824	0,0010099	15,28	0,06544	44,96	616,8	571,8	0,1524	1,9498
50	12,3351	0,0010121	12,05	0,08298	49,95	619,0	569,0	0,1679	1,9287
55	15,7410	0,0010145	9,584	0,1043	54,94	621,0	566,1	0,1833	1,9085
60	19,9178	0,0010171	7,682	0,1302	59,94	623,2	563,3	0,1984	1,8891
65	25,0076	0,0010199	6,206	0,1611	64,93	625,2	560,3	0,2133	1,8702
70	31,1566	0,0010228	5,049	0,1981	69,93	627,3	557,4	0,2280	1,8522
75	38,5510	0,0010258	4,136	0,2418	74,94	629,3	554,4	0,2425	1,8349
80	47,3576	0,0010290	3,410	0,2933	79,95	631,3	551,3	0,2567	1,8178
85	57,8019	0,0010323	2,830	0,3534	84,96	633,2	548,2	0,2708	1,8014
90	70,1096	0,0010359	2,361	0,4235	89,98	635,1	545,1	0,2848	1,7858
95	84,5258	0,0010396	1,981	0,5045	95,01	637,0	542,0	0,2985	1,7708
100	101,325	0,0010435	1,673	0,5977	100,04	638,9	538,9	0,3121	1,7561
105	120,802	0,0010474	1,419	0,7045	105,08	640,7	535,6	0,3255	1,7419
110	143,269	0,0010515	1,210	0,8265	110,12	642,5	532,4	0,2287	1,7282

Tabela A.3   (*Continuação.*)

Temp. °C	Pressão Abs. (kPa)	Volume específico (m³/kg)		Massa específica vapor saturado (kg/m³)	Entalpia (kcal/kg)		Calor latente vap. (kcal/kg)	Entropia kcal/(kg) (°C)	
		Líquido	Vapor		Líquido	Vapor		Líquido	Vapor
t	p	v_L	v_g	ρ	h_L	h_g	L	s_L	s_g
115	169,061	0,0010558	1,036	0,9650	115,18	644,3	529,1	0,3519	1,7150
120	198,541	0,0010603	0,8914	1,122	120,3	646,0	525,7	0,3647	1,7018
125	222,225	0,0010650	0,7701	1,299	125,3	647,7	522,4	0,3775	1,6895
130	270,122	0,0010697	0,6680	1,496	130,4	649,3	518,9	0,3901	1,6772
135	313,037	0,0010746	0,5817	1,719	135,5	650,8	515,3	0,4026	1,6652
140	361,385	0,0010798	0,5084	1,967	140,6	652,5	511,9	0,4150	1,6539
145	415,519	0,0010850	0,4459	2,243	145,8	654,0	508,2	0,4272	1,6428
150	476,027	0,0010906	0,3924	2,548	150,9	655,5	504,6	0,4395	1,6320
155	543,303	0,0010963	0,3464	2,887	156,1	656,9	500,8	0,4516	1,6214
160	618,032	0,0011021	0,3068	3,260	161,2	658,3	497,0	0,4637	1,6112
165	700,802	0,0011082	0,2724	3,671	166,5	659,6	493,1	0,4756	1,6012
170	792,006	0,0011144	0,2426	4,122	171,7	660,9	489,2	0,4874	1,5914
175	892,527	0,0011210	0,2166	4,617	176,9	662,1	485,2	0,4991	1,5818
180	1002,76	0,0011275	0,1939	5,157	182,2	663,2	481,0	0,5107	1,5721
185	1123,48	0,0011345	0,1739	5,749	187,5	664,3	476,8	0,5222	1,5629
190	1255,28	0,0011415	0,1564	6,392	192,8	665,3	472,5	0,5336	1,5538
195	1434,26	0,0011490	0,1410	7,094	198,1	666,2	468,1	0,5449	1,5548
200	1555,08	0,0011565	0,1273	7,857	203,5	667,0	463,5	0,5562	1,5358
205	1724,55	0,0011645	0,1151	8,687	208,9	667,7	458,8	0,5675	1,5270
210	1908,03	0,0011726	0,1043	9,585	214,3	668,3	545,0	0,5788	1,5184
215	2106,23	0,0011812	0,09472	10,56	219,8	668,8	449,0	0,5899	1,5099
220	2320,22	0,0011900	0,08614	11,61	225,3	669,2	443,9	0,6010	1,5012
225	2550,48	0,0011991	0,07845	12,75	230,8	669,5	438,7	0,6120	1,4926
230	2798,01	0,0012088	0,07153	13,98	236,4	669,7	433,3	0,6229	1,4840
235	3063,58	0,0012186	0,06530	15,31	242,1	669,7	427,6	0,6339	1,4755
240	3348,08	0,0012291	0,05970	16,75	247,7	669,6	421,9	0,6448	1,4669
245	3652,49	0,0012400	0,05465	18,30	253,5	669,4	415,9	0,6558	1,4584
250	3977,68	0,0012512	0,05000	19,98	259,2	669,0	409,8	0,6667	1,4499
255	4324,85	0,0012629	0,04591	21,78	265,0	668,4	403,4	0,6776	1,4413
260	4694,57	0,0012755	0,04213	23,74	271,0	667,8	396,8	0,6886	1,4327
265	5087,83	0,0012888	0,03870	25,84	277,0	666,9	389,9	0,699	1,4240
270	5505,60	0,0013023	0,03557	28,11	283,0	665,9	382,9	0,7103	1,4153
275	5948,87	0,0013169	0,03272	30,57	289,2	664,8	375,6	0,7212	1,4066
280	6419,61	0,0013321	0,03010	33,22	295,3	663,5	368,2	0,7321	1,3978
285	6917,79	0,0013484	0,02771	36,09	301,6	661,9	360,3	0,7431	1,3888
290	7445,40	0,0013655	0,02552	39,18	308,0	660,2	352,2	0,7542	1,3797
295	8002,44	0,0013837	0,02350	42,56	314,4	658,3	343,9	0,7653	1,3706
300	8591,83	0,0014036	0,02163	46,24	321,0	656,1	335,1	0,7767	1,3613
305	9213,60	0,001425	0,01991	50,22	327,7	653,6	325,9	0,7880	1,3516
310	9869,67	0,001448	0,01830	54,64	334,6	650,8	316,2	0,7994	1,3415
315	10561,07	0,001472	0,01682	59,46	341,7	647,8	306,1	0,8110	1,3312
320	11290,69	0,001499	0,01544	64,79	349,0	644,2	295,2	0,8229	1,3206
325	12057,60	0,001529	0,01415	70,68	356,5	640,4	283,9	0,8351	1,3097
330	12864,71	0,001562	0,01295	77,20	364,2	636,0	271,8	0,8476	1,2982
335	13714,97	0,001598	0,01183	84,55	372,3	631,1	258,8	0,8604	1,2860
340	14608,38	0,001641	0,01076	92,9	380,7	625,6	244,9	0,8734	1,2728
345	15547,87	0,001692	0,009759	102,4	389,6	619,3	229,7	0,8871	1,2586
350	16537,39	0,001747	0,008803	113,6	398,9	611,9	213,0	0,9015	1,2433
355	17577,90	0,001814	0,007875	127,0	409,5	603,2	193,7	0,9173	1,2263
360	18674,32	0,001907	0,006963	143,6	420,9	592,8	171,9	0,9353	1,2072
365	19830,55	0,00203	0,00606	165,0	434,2	579,6	145,4	0,9553	1,1833
370	21053,48	0,00223	0,00500	200	452,3	559,3	107,0	0,9842	1,1506

Tabela A.4 Condutividade térmica de metais.

Substância	T °C	K W/(m°C)	K kcal/(h.m°C)
METAIS			
Aço (%C)	18	45,5	39,1
Aço (1%)	100	44.9	38,6
Antimônio	100	16,9	14,5
Antimônio	0	18,4	15,8
Bismuto	18	8,1	7,0
Bismuto	100	6,7	5,8
Cádmio	18	93,0	80
Ferro comum	18	60,5	52
Ferro comum	100	59,9	51,5
Ferro fundido	54	47,9	41,2
Ferro fundido	102	46,5	40
Ferro puro	18	67,6	58,1
Ferro puro	100	63,4	54,5
Magnésio	0-100	159,3	137
Mercúrio	0	8,3	7,1
Níquel (liga 62 Ni, 12 Cr, 26 Fe)	20	13,5	11,6
Ouro	18	293,0	252
Ouro	100	294,8	253,5
Platina	18	69,8	60
LIGAS			
Constatam (60 Cu, 40 Ni)	18	22,7	19,5
Constatam (60 Cu, 40 Ni)	100	26,7	23
Manganina $\begin{cases} 84\,Cu \\ 4\,Ni \quad {}_{84\,Cu} \\ 12\,Mn \end{cases}$	18	22,2	19,1
	100	26,4	22,7
Níquel–Prata	0	29,3	25,2
Níquel–Prata	100	37,2	32
Platinóide (54 Cu, 25 Ni, 20 Zn)	18	25,0	21,5

Tabela A.5 Condutividades térmicas de líquidos, $[K] = W/(m°C)$. Pode-se supor uma variação linear com a temperatura. Os valores extremos das temperaturas representam os limites no interior dos quais os valores de K são praticamente utilizáveis.

Líquidos	°C	K	Líquidos	°C	K
Acético, ácido 100%	20	0,1715	Heptano (n)	30	0,141
ácido 50%	20	0,347		60	0,137
Acetona	30	0,177	Hexano (n)	30	0,138
	75	0,165		60	0,135
Água	0	0,570	Heptílico, álcool (n)	30	0,163
	30	0,616		75	0,158
	60	0,658	Hexílico, álcool (n)	30	0,160
	80	0,690		75	0,156
Amílico, álcool	25-30	0,180	Mercúrio	27,7	8,374
Amila, acetato de	10	0,144	Metila Cloreto de	−15	0,192
álcool n-amílico	30	0,163		30	0,155
álcool iso-amílico	30	0,152	Álcool metílico, 100%	20	0,215
Amônia	15-30	0,050	80%	20	0,267
Amoníaco, sol. aquoso 26%	20	0,452	60%	20	0,329
	60	0,502	40%	20	0,406
Anilina	0-20	0,173	20%	20	0,492
Benzeno	30	0,159	100%	50	0,198
Bromobenzeno	30	0,127	Nitrobenzeno	30	0,165
	100	0,121		100	0,152
Butila, acetato de (n)	25-30	0,148	Nitrometano	30	0,216
álcool n-abutílico	30	0,169		60	0,208
álcool iso-butílico	10	0,157	Nonano (n)	30	0,145
Cálcio, salmoura de cloreto de, 30%	30	0,552	Octano (n)	30	0,144
salmoura de cloreto de, 15%	30	0,581	Óleos, castor	30	0,137
Carbono, sulfeto de	30	0,162	castor	20	0,180
	75	0,152		100	0,173
Tetracloreto de	0	0,186	oliva	20	0,169
	67,7	0,163		100	0,165
Clorobenzeno	10	0,144	Paraldecídio	30	0,145
Clorofórmio	30	0,138		100	0,135
CY meno (para)	30	0,135	Pentano (n)	30	0,135
	60	0,137		75	0,128
Derano (n)	30	0,147	Perclor etileno	50	0,159
	60	0,144	Petróleo, éter de	30	0,130
Dicloro difluor metano	−6,5	0,099		75	0,127
	15,5	0,092	Propílico, álcool (n)	30	0,172
	37,5	0,084		75	0,165
	60	0,074	Álcool (iso)	30	0,158
	82	0,066		60	0,156
Dicloroctano	50	0,142	Querosene	20	0,149
Dicloro metano	−1,5	0,192		75	0,141
	30	0,166	Sódio	100	84,9
Etila, acetato de	20	0,174		210	79,7
Etílico, álcool 100%	20	0,181	Sódio, salmoura de NaCl, 25%	30	0,570
80%	20	0,237	12%	30	0,593
60%	20	0,304	Sulfúrico, ácido 90%	30	0,360
40%	20	0,388	60%	30	0,430
20%	20	0,486	30%	30	0,523
100%	50	0,151	anidrido	−1,5	0,222
etibenzeno	30	0,149		30	0,192
	60	0,152	Terebentina	15	0,128
brometo de etila	20	0,121	Tolueno	30	0,149
éter etílico	30	0,138		75	0,145
	75	0,135	β Tricloroctano	50	0,134
Iodeto de etila	40	0,110	Tricloctano	50	0,138

Tabela A.5 (*Continuação.*)

Líquidos	°C	K	Líquidos	°C	K
Etileno Glicol[7]	0	0,265	Xileno, orto[7]	20	0,156
Gasolina[6,12]	30	0,135	Meta[7]	20	0,156
Glicerol, 100%[1]	20	0,284			
80%	20	0,327			
60%	20	0,381			
40%	20	0,448			
20%	20	0,483			
100%	100	0,284			

Tabela A.6 Condutividade térmica de gases e vapores, $[K] = W/(m°C)$. As temperaturas extremas de cada grupo representam os valores-limite obtidos experimentalmente. Para extrapolação para outras temperaturas sugere-se que se represente os valores da tabela em um gráfico de k em função de T ou seja feito uso da hipótese de que $c_p/\mu\ k$ é praticamente independente da temperatura (ou da pressão com limites moderados).

Substância	T, °C	K	Substância	T, °C	K
Acetileno[3]	−7,5	0,0117	Hexano (n)[9]	20	0,0138
	0	0,0187	Hexano[11]	0	0,0106
	50	0,0242		100	0,0189
	100	0,0298	Hidrogênio	−100	0,1128
Acetona[11]	0	0,0099		−50	0,1441
	46,2	0,0128		100	0,1732
	100	0,0172		300	0,1988
	183,8	0,0256	Hidrogênio e gás carbônico[7]		0,2244
Ar[1,11]	−100	0,0165	O, H_2	0	0,3092
	0	0,0242	20%.	0	
	100	0,0317	40%	0	0,0144
	200	0,0392	60%	0	0,0286
	300	0,0459	80%	0	0,0468
Amônia[3]	−60	0,0165	100%	0	0,0711
	0	0,0222	Hidrogênio e gás nitrogênio[7]		0,1075
	50	0,0272	O, H_2	0	0,1732
	100	0,0321	20%	0	

Tabela A.6 (*Continuação.*)

Substância	T, °C	K	Substância	T, °C	K
Benzeno	0	0,0090	40%	0	0,0230
	46,2	0,0127	60%	0	0,0600
	100	0,0179	80%	0	0,0543
	183,8	0,0263	Hidrogênio e óxido nitroso		0,0766
	211,7	0,0305	O, H_2	0	0,1101
Butano, (n)	0	0,0135	20%	0	
	100	0,0234	40%	0	0,0159
(iso)	0	0,0138	60%	0	0,0295
	100	0,0241	80%	0	0,0468
Carbônico, gás	−50	0,0117	Hidrogênio, sulfeto de	0	0,0710
	0	0,0148	Mercúrio	200	0,1128
	100	0,0230	Metano	−100	0,0131
	200	0,0314		−50	0,0342
	300	0,0395		0	0,0173
Sulfeto de carbono	0	0,0069		50	0,0251
Óxido de carbono	7,2	0,0072	Metílico, álcool	0	0,0303
	−191,1	0,0071		100	0,0373
	−181,1	0,0080	Acetato de metila	0	0,0144
	0	0,0234	Acetato de metila	20	0,0222
Tetracloreto de carbono	46,2	0,0071	Cloreto de metila	0	0,0102
Tetracloreto de carbono	100	0,0091		46,2	0,0117
	183,8	0,0113		100	0,0092
Ciclohexano	102,2	0,0165		193,8	0,0124
Cloro	0	0,0074		211,7	0,0163
Clorofórmio	0	0,0066	Metileno, cloreto de	0	0,0226
	46,2	0,0080		46,2	0,0257
	100	0,0112		100	0,0067
	183,8	0,0134		211,7	0,0085
Dicloro dilúor metano	0	0,0084	Nítrico, óxido	−70	0,0109
	50	0,0110		0	0,0165
	100	0,0138	Nitrosos, óxido	−72,3	0,0179
	130	0,0169		0	0,0242
Etano	−70	0,0114		100	0,0116
	−34	0,0149	Nitrogênio	−100	0,0151
	0	0,0184		0	0,0222
	100	0,0303		50	0,0165
Etila acetato de	46,2	0,0124		100	0,0242
	100	0,0166	Oxigênio	−100	0,0277
	183,8	0,0244		−50	0,0312
álcool etílico	20	0,0155		0	0,0165
	100	0,0215		50	0,0207
cloreto de etila	0	0,0095		100	0,0246
	100	0,0165	Pentano (n)	0	0,0285
	183,8	0,0234		20	0,0321
	211,7	0,0264	(iso)	0	0,0128
éter etílico	0	0,0134		100	0,0144
	46,2	0,0172	Propano	0	0,0124
	100	0,0227		100	0,0220
	183,8	0,0328	Sulfuroso, anidrido	0	0,0151
	211,7	0,0362		100	0,0262
Etileno	−71,1	0,0115	Vapor de água	46,2	0,0086
	0	0,0174		100	0,0120
	50	0,0227		200	0,0208
	100	0,0279		300	0,0237
Heptano (n)	200	0,0194		400	0,0324
	100	0,0179			
Hexano (n)	0	0,0124			

Tabela A.7   Condutibilidade térmica, calor especifico, densidade e difusividade térmica de metais e ligas.

| | Propriedades a 20°C (a menos que seja especificado) | | | | | | | | | | | | | |
| Material | Massa especí-fica | calor especí-fico | Difusi-vidade térmica | Conduti-bilidade térmica | Condutibilidade térmica (W/m°C) | | | | | | | | | |
	kg/m³	kcal/g°C	m²/h	W/m°C	−100°C	0°C	100°C	200°C	300°C	400°C	600°C	800°C	1000°C	1200°C
Alumínio	2710	0,214	0,341	204,0	214,5	202,3	205,8	214,5	228,4	248,8				
Chumbo	1370	0,031	0,0858	34,5	36,9	35,1	33,4	31,5	29,8					
Cobre	8960	0,0915	0,404	386,0	406,9	386,0	379,0	373,2	368,5	362,7	352,2			
Estanho	7310	0,0541	0,140	63,9	74,4	65,9	58,8	57,1						
Ferro	7870	0,108	0,0729	72,7	86,5	72,7	67,4	62,3	55,3	48,5	39,8	36,3	34,6	36,3
Magnésio	1746	0,242	0,3490	171,5	177,9	171,5	168,0	162,8	157,5					
Molibdênio		0,060	0,1925	123,2	138,3	124,4	119,7	114,2	110,7	109,0	105,7	102,1	98,6	91,6
Níquel	8910	0,1065	0,0820	90,0	103,8	93,5	83,0	72,7	63,9	50,6				
Ouro	19290	0,0309	0,448	310,4										
Prata	10520	0,0559	0,6140	418,5	418,5	416,2	415,0	411,5						
Tungstênio	19350	0,0321	0,2260	16,3		16,6	150,5	141,8	133,2	126,2	112,5	76,0		
Urânio	18700	0,028	0,048	29,1										
Zinco	7140	0,0918	0,148	112,1	114,2	112,4	114,7	105,4	100,2	93,3				
Ligas														
Bronze, 75% Cu, 25% 5n	8670	0,082	0,0309	26,0										
Constantan 60% Cu, 40% Ni	8920	0,098	0,0220	22,7	20,8		22,2	25,9						
Latão 70% Cu, 30% Zn	8520	0,092	0,1230	110,7	88,1		12,8	143,6	147,1	147,1				
Aço-carbono 0,5% C	7840	0,111	0,0529	53,6		55,3	51,8	48,4	45,0	41,5	34,5	31,2	29,4	31,2
Aço-carbono 1,0% C	7800	0,113	0,0420	43,2		43,2	43,2	41,5	39,8	36,3	32,9	29,4	27,7	29,4
Aço-carbono 1,5% C	7750	0,116	0,0349	36,3		36,3	36,3	36,3	34,5	32,9	31,2	27,7	27,7	29,4
Aço inoxidável	7820	0,11	0,0160	16,3		16,3	17,3	17,3	19,1	19,1	22,4	25,9	31,2	

Tabela A.8   Calores Específicos de vários materiais.

Material	Calor específico cal/g°C
Aço	0,12
Alcatrão de hulha	0,35 (40°C); 0,45 (200°C)
Alcatrão, óleos	0,34 (15°C a 90°C)
Alumina	0,2 (100°C); 0,274 (1.500°C)
Amianto	0,25
Areia	0,191
Argila	0,224
Asfalto	0,22
Baquelite	0,3 a 0,4
Carbono	0,168 (26°C a 76°C)
	0,314 (40°C a 892°C)
	0,387 (56°C a 1.450°C)
Carvão	0,26 a 0,37
Carvão madeira)	0,242
Celulose	0,32
Cimento Portland, Clíquer	0,186
Concreto	0,156 (21,1°C a 155,6°C)
	0,219 (22,2°C a 800°C)
Corindon	0,186 (100°C)
Criolita	0,253 (16°C a 55°C)
Coque	0,265 (21°C a 400°C)
	0,359 (21°C a 800°C)
	0,403 (21°C a 1.300°C)
Diamante	0,147
Fluorita	0,21 (30°C)
Gasolina	0,53
Gesso	0,259 (16°C a 46°C)
Grafite	0,165 (26°C a 76°C); 0,390 (56°C a 1.450°C)
Granito	0,20 (20°C a 100°C)
Litargírio	0,055
Magnésia	0,234 (100°C); 0,188 (1.500°C)
Magnesita, tijolos	0,222 (100°C); 0,195 (1.500°C)
Mármore	0,21 (18°C)
Pedra calcárea	0,217
Piritas (cobre)	0,131 (19°C a 50°C)
(ferro)	0,136 (15°C a 98°C)
Quartzo	0,17 (0°C); 0,28 (350°C)
Querosene	0,47
Silica	0,12
Terebentina	0,42 (18°C)
Vidro (crown)	0,16 a 0,20
(flint)	0,117
(pirex)	0,20
(silicato)	0,188 a 0,204 (0 a 100°C)
(lã de)	0,24 a 0,26 (0 a 700°C)
	0,157
Tijolos comuns	Cerca de 0,2
Maioria das madeiras	0,45 a 0,65
Pedras	Cerca de 0,2

Tabela A.9 Viscosidade da água.

Temperatura °C	Viscosidade N.s/m²	Temperatura °C	Viscosidade N.s/m²	Temperatura °C	Viscosidade N.s/m²
0	$1{,}7921.10^{-3}$	33	$0{,}7523.10^{-3}$	67	$0{,}4233.10^{-3}$
1	$1{,}7313.10^{-3}$	34	$0{,}7371.10^{-3}$	68	$0{,}4174.10^{-3}$
2	$1{,}6728.10^{-3}$	35	$0{,}7225.10^{-3}$	69	$0{,}4117.10^{-3}$
3	$1{,}6191.10^{-3}$	36	$0{,}7085.10^{-3}$	70	$0{,}4061.10^{-3}$
4	$1{,}5674.10^{-3}$	37	$0{,}6947.10^{-3}$	71	$0{,}4006.10^{-3}$
5	$1{,}5188.10^{-3}$	38	$0{,}6814.10^{-3}$	72	$0{,}3952.10^{-3}$
6	$1{,}4728.10^{-3}$	39	$0{,}6685.10^{-3}$	73	$0{,}3900.10^{-3}$
7	$1{,}4284.10^{-3}$	40	$0{,}6560.10^{-3}$	74	$0{,}3849.10^{-3}$
8	$1{,}3860.10^{-3}$	41	$0{,}6439.10^{-3}$	75	$0{,}3799.10^{-3}$
9	$1{,}3462.10^{-3}$	42	$0{,}6321.10^{-3}$	76	$0{,}3750.10^{-3}$
10	$1{,}3077.10^{-3}$	43	$0{,}6207.10^{-3}$	77	$0{,}3702.10^{-3}$
11	$1{,}2713.10^{-3}$	44	$0{,}6097.10^{-3}$	78	$0{,}3655.10^{-3}$
12	$1{,}2363.10^{-3}$	45	$0{,}5988.10^{-3}$	79	$0{,}3610.10^{-3}$
13	$1{,}2028.10^{-3}$	46	$0{,}5883.10^{-3}$	80	$0{,}3565.10^{-3}$
14	$1{,}1709.10^{-3}$	47	$0{,}5782.10^{-3}$	81	$0{,}3521.10^{-3}$
15	$1{,}1404.10^{-3}$	48	$0{,}5683.10^{-3}$	82	$0{,}3478.10^{-3}$
16	$1{,}1111.10^{-3}$	49	$0{,}5588.10^{-3}$	83	$0{,}3436.10^{-3}$
17	$1{,}0828.10^{-3}$	50	$0{,}5494.10^{-3}$	84	$0{,}3395.10^{-3}$
18	$1{,}0559.10^{-3}$	51	$0{,}5404.10^{-3}$	85	$0{,}3355.10^{-3}$
19	$1{,}0299.10^{-3}$	52	$0{,}5315.10^{-3}$	86	$0{,}3315.10^{-3}$
20	$1{,}0050.10^{-3}$	53	$0{,}5229.10^{-3}$	87	$0{,}3276.10^{-3}$
20,20	$1{,}0000.10^{-3}$	54	$0{,}5146.10^{-3}$	88	$0{,}3239.10^{-3}$
21	$0{,}9810.10^{-3}$	55	$0{,}5064.10v^{-3}$	89	$0{,}3202.10^{-3}$
22	$0{,}9579.10^{-3}$	56	$0{,}4985.10^{-3}$	90	$0{,}3165.10^{-3}$
23	$0{,}9358.10^{-3}$	57	$0{,}4907.10^{-3}$	91	$0{,}3130.10^{-3}$
24	$0{,}9142.10V^{-3}$	58	$0{,}4832.10^{-3}$	92	$0{,}3095.10^{-3}$
25	$0{,}8937.10^{-3}$	59	$0{,}4759.10^{-3}$	93	$0{,}3060.10^{-3}$
26	$0{,}8737.10^{-3}$	60	$0{,}4688.10^{-3}$	94	$0{,}3027.10^{-3}$
27	$0{,}8545.10^{-3}$	61	$0{,}4618.10^{-3}$	95	$0{,}2994.10^{-3}$
28	$0{,}8360.10^{-3}$	62	$0{,}4550.10^{-3}$	96	$0{,}2962.10^{-3}$
29	$0{,}8180.10^{-3}$	63	$0{,}4483.10^{-3}$	97	$0{,}2930.10^{-3}$
30	$0{,}8007.10^{-3}$	64	$0{,}4418.10^{-3}$	98	$0{,}2899.10^{-3}$
31	$0{,}7840.10^{-3}$	65	$0{,}4355.10^{-3}$	99	$0{,}2868.10^{-3}$
32	$0{,}7679.10^{-3}$	66	$0{,}4293.10^{-3}$	100	$0{,}2838$

*Calculada pela fórmula $1/\mu = 2{,}1482\left[(t-8{,}435)+\sqrt{8078{,}4+(t-8435)^2}-120\right]$.

Extraído de Bingham, Fluidity and Plasticity, p. 340, Nova York, McGraw-Hill Book Company, 1922.

Tabela A.10   Coeficientes de difusão de gases e vapores em ar a 25°C e 1 atm.

Substância	D (m²/s)	$(\mu/\rho D)$
Amônia	$0{,}280.10^{-4}$	0,780
Carbono, dióxido de	$0{,}164.10^{-4}$	0,94
Hidrogênio	$0{,}410.10^{-4}$	0,22
Oxigênio	$0{,}206.10^{-4}$	0,75
Água	$0{,}256.10^{-4}$	0,60
Carbono, dissulfeto de	$0{,}107.10^{-4}$	1,45
Etílico, éter	$0{,}093.10^{-4}$	1,66
Metanol	$0{,}159.10^{-4}$	0,97
Etílico, álcool	$0{,}119.10^{-4}$	1,30
Propílico, álcool	$0{,}100.10^{-4}$	1,55
Butílico, álcool	$0{,}090.10^{-4}$	1,72
Amílico, álcool	$0{,}070.10^{-4}$	2,21
Hexílico, álcool	$0{,}059.10^{-4}$	2,60
Fórmico, ácido	$0{,}159.10^{-4}$	0,97
Acético, ácido	$0{,}133.10^{-4}$	1,16
Propiônico, ácido	$0{,}099.10^{-4}$	1,56
i-Butírico, ácido	$0{,}081.10^{-4}$	1,91
Valérico, ácido	$0{,}067.10^{-4}$	2,31
i-Capróico, ácido	$0{,}060.10^{-4}$	2,58
Dietilamina	$0{,}105.10^{-4}$	1,47
Butilamina	$0{,}101.10^{-4}$	1,53
Amilina	$0{,}072.10^{-4}$	2,14
Cloro benzeno	$0{,}073.10^{-4}$	2,12
Cloro tolueno	$0{,}065.10^{-4}$	2,38
Propila, brometo de	$0{,}105.10^{-4}$	1,47
Propila, iodeto de	$0{,}096.10^{-4}$	1,61
Benzeno	$0{,}088.10^{-4}$	1,76
Tolueno	$0{,}084.10^{-4}$	1,84
Xileno	$0{,}071.10^{-4}$	2,18
Etil benzeno	$0{,}077.10^{-4}$	2,01
Propil benzeno	$0{,}059.10^{-4}$	2,62
Difenilo	$0{,}068.10^{-4}$	2,28
n-Octano	$0{,}060.10^{-4}$	2,58
Mesetileno	$0{,}067.10^{-4}$	2,31

Referências: International Critical Tables, vol. 5, 1928; Landolt – Börnstein, *Physikalische – chemische Tabellen*, 1935. *Nota*: O grupo $(\mu/\rho D)$ é avaliado para misturas com grande porcentagem de ar.

Tabela A.11 Coeficientes de difusão em líquidos a 20°C.

Soluto	Solvente	$\rho \times 10^5$ (cm²/s $\times 10^5$)	$\left(\dfrac{\mu}{\rho D}\right)^*$
O_2	Água	1,80	558
CO_2	Água	1,77	559
N_2O	Água	1,51	665
NH_3	Água	1,76	570
CL_2	Água	1,22	824
Br_2	Água	1,2	840
H_2	Água	5,13	196
N_2	Água	1,64	613
HCl	Água	2,64 +	381
H_2S	Água	1,41	712
H_2SO_4	Água	1,73	580
HNO_3	Água	2,6	390
Acetileno	Água	1,56	645
Acético, ácido	Água	0,88	1.140
Metanol	Água	1,28	785
Etanol	Água	1,00	1.005
Propanol	Água	0,87	1.150
Butanol	Água	0,77	1.310
Atílico, álcool	Água	0,93	1.080
Fenol	Água	0,84	1.200
Glicerol	Água	0,72	1.400
Pirogalol	Água	0,70	1.440
Hidroquinoma	Água	0,77	1.300
Uréia	Água	1,06	946
Resorcinol	Água	0,80	1.260
Uretana	Água	0,92	1.090
Lactose	Água	0,43	2.340
Maltose	Água	0,43	2.340
Glucose	Água	0,60	-.-.-
Manitol	Água	0,58	1.730
Rafinose	Água	0,37	2720
Sucrose	Água	0,45	2.230
Sódio, Cloreto	Água	1,35	745
Sódio, hidróxido	Água	1,51	665
CO_2	Etanol	3,4	445
Fenol	Etanol	0,8	1.900
Clorofórmico	Etanol	1,23	1.230
Fenol	Benzeno	1,54	479
Clorofórmio	Benzeno	2,11	350
Acético, ácido	Benzeno	1,92	394
Etileno, bicloreto	Benzeno	2,45	301

Tabela A.12 Propriedades de tubulações de aço normalizadas.

Diâmetro nominal	Diâmetro externo	Schedule number ou número de lista	Espessura da parede	Diâmetro interno	Área da seção transversal		Circunferência, cm ou superfície, cm^2/cm de comprimento		Vazão correspondente à velocidade de 1,00 m/s		Peso da tubulação
Polegadas	cm		cm	cm	Metal cm^2	Escoamento cm^2	Externa	Interna	L/min	kg/h de água	kg/m
1/8	1,029	10S	0,124	0,78	0,355	0,474	3,231	2,451	2,84	170,64	0,283
		40ST, 40S	0,173	0,683	0,465	0,372	3,231	2,149	2,23	133,92	0,357
		80XS, 80S	0,241	0,546	0,6	0,232	3,231	1,716	1,39	83,52	0,462
1/4	1,372	10S	0,165	1,041	0,626	0,855	4,293	3,261	5,13	307,80	0,492
		40ST, 40S	0,224	0,925	0,807	0,669	4,298	2,896	4,01	240,84	0,626
		80XS, 80S	0,302	0,767	1,013	0,465	4,298	2,408	2,79	167,40	0,804
3/8	1,715	10S	0,165	1,384	0,807	1,505	5,395	4,359	9,03	541,80	0,626
		40ST, 40S	0,231	1,252	1,077	1,236	5,395	3,932	7,42	444,96	0,849
		80XS, 80S	0,32	1,074	1,4	0,91	5,395	3,383	5,46	327,60	1,102
1/2	2,134	SS	0,165	1,803	1,019	2,555	6,706	5,669	15,33	919,80	0,804
		10S	0,211	1,712	1,271	2,304	6,706	5,364	13,82	829,44	0,998
		40ST, 40S	0,277	1,58	1,613	1,96	6,706	4,968	11,76	705,60	1,266
		80XS, 80S	0,373	1,387	2,065	1,514	6,706	4,359	9,08	545,04	1,624
		160	0,478	1,179	2,484	1,087	6,706	3,719	6,52	391,32	1,951
		XX	0,747	0,64	3,252	0,325	6,706	2,012	1,95	117,00	2,547
3/4	2,667	SS	0,165	2,337	1,297	4,283	8,382	7,346	25,70	1541,88	1,028
		10S	0,211	2,245	1,626	3,958	8,382	7,041	23,75	1424,88	1,281
		40ST, 40S	0,287	2,093	2,149	3,447	8,382	6,584	20,68	1240,92	1,683
		80XS, 80S	0,391	1,885	2,794	2,787	8,382	5,913	16,72	1003,32	2,19
		160	0,556	1,554	3,691	1,895	8,382	4,877	11,37	682,20	2,89
		XX	0,782	1,102	4,633	0,957	8,382	3,475	5,74	344,52	3,634
1	3,34	SS	0,165	3,01	1,645	7,135	10,485	9,449	42,81	2568,60	1,296
		10S	0,277	2,786	2,665	6,094	10,485	8,748	36,56	2193,84	2,085
		40ST, 40S	0,338	2,664	3,187	5,574	10,485	8,382	33,44	2006,64	2,502
		80XS, 80S	0,455	2,431	4,123	4,636	10,485	7,62	27,82	1668,96	3,232
		160	0,635	2,07	5,394	3,363	10,485	6,492	20,18	1210,68	4,23
		XX	0,909	1,521	6,942	1,821	10,485	4,785	10,93	655,56	5,452

Tabela A.12   (*Continuação.*)

Diâmetro nominal	Diâmetro externo	Schedule number ou número de lista	Espessura da parede	Diâmetro interno	Área da seção transversal		Circunferência, cm ou superfície, cm^2/cm de comprimento		Vazão correspondente à velocidade de 1,00 m/s		Peso da tubulação
Polegadas	cm		cm	cm	Metal cm^2	Escoamento cm^2	Externa	Interna	L/min	kg/h de água	kg/m
1 1/4	4,216	SS	0,165	3,886	2,103	11,863	13,259	12,222	71,18	4270,68	1,653
		10S	0,277	3,663	3,426	10,535	13,259	11,521	63,21	3792,60	2,696
		40ST, 40S	0,356	3,505	4,31	9,662	13,259	11,003	57,97	3478,32	3,381
		80XS, 80S	0,485	3,246	5,684	8,277	13,259	10,211	49,66	2979,72	4,469
		160	0,635	2,946	7,142	6,819	13,259	9,266	40,91	2454,84	5,601
		XX	0,97	2,276	9,897	4,069	13,259	7,163	24,41	1464,84	7,76
1 1/2	4,826	SS	0,165	4,496	2,42	15,877	15,149	14,112	95,26	5715,72	1,907
		10S	0,277	4,272	3,962	14,334	15,149	13,411	86,00	5160,24	3,113
		40ST, 40S	0,368	4,089	5,162	13,136	15,149	12,832	78,82	4728,96	4,051
		80XS, 80S	0,508	3,81	6,897	11,38	15,149	11,979	68,28	4096,80	5,407
		160	0,714	3,399	9,22	9,067	15,149	10,668	54,40	3264,12	7,239
		XX	1,016	2,794	12,162	6,131	15,149	8,778	36,79	2207,16	9,548
2	6,033	SS	0,165	5,702	3,045	25,538	18,959	17,922	153,23	9193,68	2,398
		10S	0,277	5,479	5,007	23,578	18,959	17,221	141,47	8488,08	3,932
		40ST, 40S	0,391	5,25	6,936	21,646	18,959	16,49	129,88	7792,56	5,437
		80ST, 80S	0,554	4,925	9,53	19,045	18,959	15,484	114,27	6856,20	7,477
		160	0,874	4,285	14,162	14,418	18,959	13,289	86,51	5190,48	11,112
		XX	1,104	3,818	17,137	11,445	18,959	11,979	68,67	4120,20	13,45
2 1/2	7,303	SS	0,211	6,881	4,697	37,188	22,951	21,61	223,13	13387,68	3.694
		10S	0,305	6,693	6,704	35,181	22,951	21,031	211,09	12665,16	5,258
		40ST, 40S	0,516	6,271	10,994	30,861	22,951	19,721	185,17	11109,96	8,624
		80XS, 80S	0,701	5,9	14,543	27,331	22,951	18,532	163,99	9839,16	11,41
		160	0,953	5,398	19,001	22,881	22,951	16,947	137,29	8237,16	14,91
		XX	1,402	4,498	25,989	15,895	22,951	14,143	95,37	5722,20	20,406
3	8,89	SS	0,211	8,468	5,749	56,325	27,92	26,609	337,95	20277,00	4,513
		10S	0,305	8,28	8,22	53,845	27,92	25,999	323,07	19384,20	6,45
		40ST, 40S	0,549	7,793	14,375	47,658	27,92	24,475	285,95	17156,88	11,29
		80XS, 80S	0,762	7,366	19,459	42,613	27,92	23,134	255,68	15340,68	15,267
		160	1,113	6,665	27,182	34,884	27,92	20,94	209,30	12558,24	21,315
		XX	1,524	5,842	35,267	26,802	27,92	18,349	160,81	9648,72	27,675

Tabela A.12   (*Continuação.*)

Diâmetro nominal	Diâmetro externo	Schedule number ou número de lista	Espessura da parede	Diâmetro interno	Área da seção transversal		Circunferência, cm ou superfície, cm^2/cm de comprimento		Vazão correspondente à velocidade de 1,00 m/s		Peso da tubulação
Polegadas	cm		cm	cm	Metal cm^2	Escoamento cm^2	Externa	Interna	L/min	kg/h de água	kg/m
3 1/2	101,16	SS	0,211	9,738	6,587	74,478	31,913	30,602	446,87	26812,08	5,183
		10S	0,305	9,55	9,439	71,635	31,913	29,992	429,81	25788,60	7,403
		40ST, 40S	0,574	9,012	17,291	63,822	31,913	28,316	382,93	22975,92	13,569
		80XS, 80S	0,808	8,545	23,73	57,319	31,913	26,853	343,91	20634,84	18,634
4	11,43	SS	0,211	11,008	7,433	95,176	35,905	34,595	571,06	34263,36	5,839
		10S	0,305	10,82	10,652	91,952	35,905	33,985	551,71	33102,72	8,356
		40ST, 40S	0,602	10,226	20,453	82,124	35,905	32,126	492,74	29564,64	16,072
		80XS, 80S	0,856	9,718	28,453	74,19	35,905	30,541	445,14	26708,40	22,313
		120	1,113	9,205	36,002	66,609	35,905	28,926	399,65	23979,24	28,315
		160	1,349	8,733	42,712	61,751	35,905	27,432	370,51	22230,36	33,544
		XX	1,712	8,006	52,261	50,343	35,905	25,146	302,06	18123,48	41,021
5	14,13	SS	0,277	13,576	12,065	144,738	44,379	42,642	868,43	52105,68	9,473
		10S	0,34	13,449	14,775	142,044	44,379	42,245	852,26	51135,84	11,573
		40ST, 40S	0,655	12,819	27,744	129,131	44,379	40,264	774,79	46487,16	21,777
		80XS, 80S	0,953	12,225	39,422	117,333	44,379	38,405	704,00	42239,88	30,952
		120	1,27	11,59	51,293	105,534	44,379	36,424	633,20	37992,24	40,276
		160	1,588	10,955	62,584	94,294	44,379	34,412	565,76	33945,84	49,094
		XX	1,905	10,32	73,166	83,61	44,379	32,431	501,66	30099,60	57,42

FÓRMULAS MATEMÁTICAS

GEOMETRIA PLANA

RELAÇÕES NOS TRIÂNGULOS

Triângulo qualquer, de lados a, b e c; e de ângulos opostos α, β e γ, respectivamente. As alturas h_a, h_b e h_c são relativas aos respectivos lados a, b e c.

perímetro => $p = a + b + c$

área => $A = \dfrac{1}{2}a.h_a = \dfrac{1}{2}b.h_b = \dfrac{1}{2}c.h_c = \dfrac{a.b}{2}sen(\gamma) = \dfrac{c.b}{2}sen(\alpha) = \dfrac{a.c}{2}sen(\beta)$

=> $A = \sqrt{\dfrac{p}{2}\left(\dfrac{p}{2}-a\right)\left(\dfrac{p}{2}-b\right)\left(\dfrac{p}{2}-c\right)}$ (Fórmula de Heron)

=> $a^2 = b^2 + c^2 - 2bc\,cos(\alpha)$ (Lei dos cossenos)

=> $\dfrac{a}{sen\,\alpha} = \dfrac{b}{sen\,\beta} = \dfrac{c}{sen\,\gamma}$ (Lei dos senos)

Triângulo equilátero de lado a

área => $A = \dfrac{a^2}{2}sen30° = \dfrac{a^2\sqrt{3}}{4}$

perímetro => $p = 3.a$

Triângulo retângulo, de hipotenusa a e catetos b e c.

perímetro => $p = a + b + c$

área => $A = \dfrac{b.c}{2}$

=> $a^2 = b^2 + c^2$ (Teorema de Pitágoras)

RELAÇÕES NO CÍRCULO

perímetro => $p = 2.\pi.R = \pi.D$

área => $A = \pi R^2 = \dfrac{\pi D^2}{4}$

área do semicírculo => $A = \dfrac{\pi R^2}{2} = \dfrac{\pi D^2}{8}$

Centróide do semicírculo => $CG = \dfrac{4}{3}\dfrac{R}{\pi}$

Comprimento de um arco subtendido por um ângulo α => $2\pi R \dfrac{\alpha}{360°}$

Comprimento da corda => $a = 2R.sen(\dfrac{\alpha}{2})$

Área do setor => $A = \pi R^2 \dfrac{\alpha}{360°}$

Geometria no Espaço

Volume, V, e área da superfície, S, dos poliedros regulares

Tetraedro $V = a^3 \dfrac{\sqrt{2}}{12}$, $S = a^2 \sqrt{3}$

Cubo $V = a^3$, $S = 6.a^2$

Octaedro $V = a^3 \dfrac{\sqrt{2}}{3}$, $S = 2a^2 \sqrt{3}$

Dodecaedro $V = a^3 \dfrac{(15 + 7\sqrt{5})}{4}$, $S = 3a^2 \sqrt{5(5 + 2\sqrt{5})}$

Icosaedro $V = 5a^3 \dfrac{(3 + \sqrt{5})}{4}$, $S = 5a^2 \sqrt{3}$

Cone – para um cone de raio da base R e altura H

Volume   => $V = \dfrac{1}{3}\pi R^2 H$

Área lateral => $S_{lat} = \pi R \sqrt{(R^2 + H^2)}$

Para um tronco de cone de raios das bases R_1 e R_2 e altura H:

Volume   => $V = \dfrac{1}{3}\pi H (R_1^2 + R_1 R_2 + R_2^2)$

Área lateral => $S_{lat} = \pi (R_1 + R_2)\sqrt{(R_1 - R_2)^2 + H^2}$

Esfera

Volume => $V = \dfrac{4}{3}\pi R^3$

Área da superfície => $S = 4\pi R^2$

Números Reais

Proporção

$$\text{Se } \frac{a}{b} = \frac{c}{d}, \text{ então: } \frac{a \pm b}{b} = \frac{c \pm d}{d} \; ; \quad \frac{a-b}{a+b} = \frac{c-d}{c+d}$$

Exponenciais e logaritmos

Para expoentes reais:

$$a^0 = 1; \quad a^x \cdot a^y = a^{x+y}; \quad (a^x)^y = a^{x.y}; \quad (a \cdot b)^x = a^x \cdot a^y; \quad \frac{a^x}{a^y} = a^{x-y}; \quad \left(\frac{a}{b}\right)^x = \frac{a^x}{b^x}$$

Para $\ a \neq 1$, e para números positivos:

$$\log_a a = 1; \quad \log_a (x.y) = \log_a x + \log_a y; \quad \log_a\left(\frac{x}{y}\right) = \log_a x - \log_a y; \quad \log_a\left(x^n\right) = n\log_a x$$

mudança de base: $\log_a c = \dfrac{\log_b c}{\log_b a}$

Álgebra

Fórmulas elementares

$$(x + c)^2 = x^2 + 2.x.c + c^2$$
$$(x - c)^2 = x^2 - 2.x.c + c^2$$
$$(x + c) \cdot (x - c) = x^2 - c^2$$
$$x^3 - c^3 = (x^2 + 2.x.c + c^2)\,(x - c)$$
$$x^3 + c^3 = (x^2 - 2.x.c + c^2)\,(x + c)$$

Equação do segundo grau

$$a x^2 + b x + c = 0; \quad \Delta = b^2 - 4.a.c$$

$$x = \frac{-b \pm \sqrt{b^2 - 4.a.c}}{2.a}$$; se $\Delta > 0 \ \Rightarrow 2$ raízes reais distintas, se $\Delta = 0 \Rightarrow 2$ raízes reais repetidas e se $\Delta < 0 \Rightarrow 2$ raízes complexas conjugadas.

Equação do terceiro grau

A equação cúbica reduzida do tipo:

$x^3 + p x + q = 0$ pode ser resolvida pela fórmula de Cardano:

$$x_1 = A + B; \qquad x_{2,3} = -\frac{A+B}{2} \pm i\frac{A-B}{2}\sqrt{3}, \quad \text{em que:}$$

$$A = \sqrt[3]{-\frac{q}{2} + \sqrt{\left(\frac{p}{3}\right)^3 + \left(\frac{q}{2}\right)^2}} \; ; \quad B = \sqrt[3]{-\frac{q}{2} - \sqrt{\left(\frac{p}{3}\right)^3 + \left(\frac{q}{2}\right)^2}}$$

A e B são valores quaisquer da raiz cúbica tal que $A.B = -p/3$

CÁLCULO VETORIAL

Propriedades da adição:

$$\vec{a} + 0 = \vec{a}$$

$$\vec{a} + \vec{b} = \vec{b} + \vec{a}$$

$$\left(\vec{a} + \vec{b}\right) + \vec{c} = \vec{a} + \left(\vec{b} + \vec{c}\right)$$

Dois vetores $\vec{a} = (a_1 + a_2 + a_3)$ e $\vec{b} = (b_1 + b_2 + b_3)$ são colineares se e somente se

$$\begin{vmatrix} a_1 & a_2 \\ b_1 & b_2 \end{vmatrix} = \begin{vmatrix} a_1 & a_3 \\ b_1 & b_3 \end{vmatrix} = \begin{vmatrix} a_2 & a_3 \\ b_2 & b_3 \end{vmatrix} = 0$$

Três vetores $\vec{a} = (a_1 + a_2 + a_3)$, $\vec{b} = (b_1 + b_2 + b_3)$ e $\vec{c} = (c_1 + c_2 + c_3)$ são coplanares se e somente se:

$$\begin{vmatrix} a_1 & a_2 & a_3 \\ b_1 & b_2 & b_3 \\ c_1 & c_2 & c_3 \end{vmatrix} = 0$$

O produto escalar $\vec{a} \cdot \vec{b}$ de dois vetores $\vec{a} = (a_1 + a_2 + a_3)$ e $\vec{b} = (b_1 + b_2 + b_3)$, não nulos, é um número calculado como:

$$\vec{a} \cdot \vec{b} = |\vec{a}|.|\vec{b}|.\cos\alpha, \quad \text{em que } \alpha \text{ é o ângulo entre os vetores e } |\vec{a}| = \sqrt{a_1^2 + a_2^2 + a_3^2}$$

Em termos de suas coordenadas, o produto escalar pode ser calculado por:

$$\vec{a} \cdot \vec{b} = a_1.b_1 + a_2.b_2 + a_3.b_3$$

Propriedades do produto escalar:

$$\vec{a} \cdot \vec{b} = \vec{b} \cdot \vec{a}$$

$$(k\vec{a}) \cdot \vec{b} = k\left(\vec{b} \cdot \vec{a}\right)$$

$$\vec{a} \cdot \left(\vec{b} + \vec{c}\right) = \vec{a} \cdot \vec{b} + \vec{a} \cdot \vec{c}$$

$$\left(\vec{a} \cdot \vec{b}\right)^2 \leq (\vec{a} \cdot \vec{a}) \cdot \left(\vec{b} \cdot \vec{b}\right)$$

O produto vetorial $\vec{a} \wedge \vec{b}$ de dois vetores $\vec{a} = \left(a_1.\vec{i} + a_2.\vec{j} + a_3.\vec{k}\right)$ e $\vec{b} = \left(b_1.\vec{i} + b_2.\vec{j} + b_3.\vec{k}\right)$, não nulos, é um vetor tal que:

$$1 - \left| \vec{a} \wedge \vec{b} \right| = \left| \vec{a} \right|.\left| \vec{b} \right|.sen\,\alpha$$

$2 - $ O vetor $\vec{a} \wedge \vec{b}$ é perpendicular a ambos os vetores $\vec{a}$ e $\vec{b}$.

Em termos de suas coordenadas o produto vetorial pode ser calculado por:

$$\vec{a} \wedge \vec{b} = \begin{vmatrix} \vec{i} & \vec{j} & \vec{k} \\ a_1 & a_2 & a_3 \\ b_1 & b_2 & b_3 \end{vmatrix}$$

Propriedades do produto vetorial:

$$\vec{a} \wedge \vec{b} = -\vec{b} \wedge \vec{a}$$
$$\left(k\vec{a}\right) \wedge \vec{b} = k\left(\vec{b} \wedge \vec{a}\right)$$
$$\vec{a} \wedge \left(\vec{b} + \vec{c}\right) = \vec{a} \wedge \vec{b} + \vec{a} \wedge \vec{c}$$

GRADIENTE DE UMA FUNÇÃO ESCALAR $F(X, Y, Z)$

Coordenadas cartesianas:

$$\overrightarrow{grad}\, f = \vec{\nabla}f = \frac{\partial f}{\partial x}.\vec{i} + \frac{\partial f}{\partial y}.\vec{j} + \frac{\partial f}{\partial z}.\vec{k}$$

Coordenadas cilíndricas:

$$\overrightarrow{grad}\, f = \vec{\nabla}f = \frac{\partial f}{\partial r}.\vec{e_r} + \frac{1}{r}\frac{\partial f}{\partial \theta}.\vec{e_\theta} + \frac{\partial f}{\partial z}.\vec{e_z}$$

Coordenadas esféricas:

$$\overrightarrow{grad}\, f = \vec{\nabla}f = \frac{\partial f}{\partial r}.\vec{e_r} + \frac{1}{r}\frac{\partial f}{\partial \theta}.\vec{e_\theta} + \frac{1}{r\,sen\,\theta}\frac{\partial f}{\partial \varphi}.\vec{e_\varphi}$$

DIVERGENTE DE UM VETOR $\vec{F}$

Coordenadas cartesianas:

$$Div\, F = \vec{\nabla} \cdot \vec{F} = \frac{\partial F_x}{\partial x} + \frac{\partial F_y}{\partial y} + \frac{\partial F_z}{\partial z}$$

Coordenadas cilíndricas:

$$Div\, F = \vec{\nabla} \cdot \vec{F} = \frac{1}{r}\frac{\partial (rF_r)}{\partial r} + \frac{1}{r}\frac{\partial F_\theta}{\partial \theta} + \frac{\partial F_z}{\partial z}$$

Coordenadas esféricas:

$$Div\, F = \vec{\nabla} \cdot \vec{F} = \frac{1}{r^2}\frac{\partial (r^2.F_r)}{\partial r} + \frac{1}{r\,sen\,\theta}\frac{\partial\, sen\,\theta.F_\theta}{\partial \theta} + \frac{1}{r\,sen\,\theta}\frac{\partial F_\varphi}{\partial \varphi}$$

ROTACIONAL DE UM VETOR

Coordenadas cartesianas:

$$Rot\ \vec{F} = \vec{\nabla} \wedge \vec{F} = \left(\frac{\partial F_z}{\partial y} - \frac{\partial F_y}{\partial z}\right)\vec{i} + \left(\frac{\partial F_x}{\partial z} - \frac{\partial F_z}{\partial x}\right)\vec{j} + \left(\frac{\partial F_y}{\partial x} - \frac{\partial F_x}{\partial y}\right)\vec{k}$$

Coordenadas cilíndricas: (r, θ, z)

$$Rot\ \vec{F} = \vec{\nabla} \wedge \vec{F} = \left(\frac{1}{r}\frac{\partial F_z}{\partial \theta} - \frac{\partial F_\theta}{\partial z}\right)\vec{e_r} + \left(\frac{\partial F_r}{\partial z} - \frac{\partial F_z}{\partial r}\right)\vec{e_\theta} + \frac{1}{r}\left(\frac{\partial (rF_\theta)}{\partial r} - \frac{\partial F_r}{\partial \theta}\right)\vec{e_z}$$

Coordenadas esféricas: (r, θ, φ)

$$Rot\ \vec{F} = \vec{\nabla} \wedge \vec{F} = \left(\frac{1}{r\,sen\,\theta}\left(\frac{\partial F_\varphi\, sen\,\theta}{\partial \theta} - \frac{\partial F_\theta}{\partial \varphi}\right)\right)\vec{e_r} + \frac{1}{r}\left(\frac{1}{sen\,\theta}\frac{\partial F_r}{\partial \varphi} - \frac{\partial rF_\varphi}{\partial r}\right)\vec{e_\theta} + \frac{1}{r}\left(\frac{\partial (rF_\theta)}{\partial r} - \frac{\partial F_r}{\partial \theta}\right)\vec{e_z}$$

LAPLACIANO DE UMA FUNÇÃO ESCALAR *F*

Coordenadas cartesianas:

$$\nabla^2 f = Div\ \overrightarrow{grad}\ f = \frac{\partial^2 f}{\partial x^2} + \frac{\partial^2 f}{\partial y^2} + \frac{\partial^2 f}{\partial z^2}$$

Coordenadas cilíndricas: (r, θ, z)

$$\nabla^2 f = Div\ \overrightarrow{grad}\ f = \frac{1}{r}\frac{\partial}{\partial r}\left(r\frac{\partial f}{\partial r}\right) + \frac{1}{r^2}\frac{\partial^2 f}{\partial \theta^2} + \frac{\partial^2 f}{\partial z^2}$$

Coordenadas esféricas: (r, θ, φ)

$$\nabla^2 f = Div\ \overrightarrow{grad}\ f = \frac{\partial^2 f}{\partial r^2} + \frac{2}{r}\frac{\partial f}{\partial r} + \frac{1}{r^2 sen^2\theta}\frac{\partial^2 f}{\partial \varphi^2} + \frac{1}{r^2}\frac{\partial^2 f}{\partial \theta^2} + \frac{1}{r^2}\cot\theta\frac{\partial f}{\partial \theta}$$

DERIVADA DE UMA FUNÇÃO *F(X)*

Definição: a derivada de uma função $y = f(x)$, no ponto x_0, é definida por:

$$f'(x) = \frac{df(x)}{dx}\bigg|_{x=x_0} = \lim_{\Delta x \to 0}\frac{f(x_0 + \Delta x) - f(x_0)}{\Delta x}$$

Propriedades: para c = constante

$$(c.f)' = c.f'$$

$$[f + g]' = f' + g'$$

$$[f.g]' = g.f' + f.g'$$

$$\left(\frac{f}{g}\right)' = \frac{g.f'-f.g'}{g^2}$$

Derivadas de funções elementares: para a = constante

$(x^a)' = a.x^{a-1}$ $\qquad$ $(a^x)' = a^x . \ln x$

$(sen\ x)' = cos\ x$ $\qquad$ $(cos\ x)' = -\ sen\ x$

$(tan\ x)' = 1/cos^2 x$ $\quad$ $(cot\ x)' = -\ 1/sen^2 x$

$$(arcsenx)' = \frac{1}{\sqrt{1-x^2}} \quad (arccos\ x)' = -\frac{1}{\sqrt{1-x^2}}$$

$$(arctan\ x)' = \frac{1}{1+x^2} \quad (arccot\ x)' = -\frac{1}{1+x^2}$$

$(x^x)' = x^x (\ln x + 1)$

$(senh\ x)' = cosh\ x$ $\quad$ $(cosh\ x)' = senh\ x$

$(tanh\ x)' = 1/cosh^2 x$ $\quad$ $(coth\ x)' = -\ 1/senh^2 x$

Integral de uma Função $F(x)$

Definição: a integral de uma função $y = \int f(x)dx$, em um intervalo X, é o inverso da derivada e representa a área sob a curva $f(x)$ naquele intervalo.

Propriedades: para C e k constantes,

$$\frac{d}{dx}\int f(x)dx = f(x)$$

$$\int df(x) = f(x) + C$$

$$\int k.f(x)dx = k.\int f(x)dx$$

$$\int [f(x) + g(x)]dx = \int f(x)dx + \int g(x)dx$$

Integração por partes: se $u = f(x)$ e $v = g(x)$, então

$$\int udv = uv + \int vdu$$

Integrais indefinidas de funções elementares: para a e C constantes,

$$\int x^a dx = \frac{x^{a+1}}{a+1} + C \quad \text{se } a \neq -1$$

$$\int x^a dx = \ln x + C \quad \text{se } a = -1 \text{ e o intervalo de integração não inclui } x = 0$$

$$\int a^x \, dx = \frac{a^x}{\ln a} + C$$

$$\int \operatorname{sen} x \, dx = -\cos x + C$$

$$\int \cos x \, dx = \operatorname{sen} x + C$$

$$\int \tan x \, dx = -\ln |\cos x| + C$$

$$\int \cot x \, dx = -\ln |\operatorname{sen} x| + C$$

$$\int \operatorname{senh} x \, dx = \cosh x + C$$

$$\int \cosh x \, dx = \operatorname{senh} x + C$$

$$\int \frac{dx}{\operatorname{sen}^2 x} \, dx = -\cot x + C$$

$$\int \frac{dx}{\cos^2 x} \, dx = \tan x + C$$

$$\int \frac{dx}{\operatorname{senh}^2 x} \, dx = -\coth x + C$$

$$\int \frac{dx}{\cosh^2 x} \, dx = \tanh x + C$$

$$\int \frac{dx}{x^2 + a^2} = \frac{1}{a} \arctan \frac{x}{a} + C \quad \text{se } a \neq 0$$

$$\int \frac{dx}{x^2 - a^2} = \frac{1}{2a} \ln \left| \frac{x-a}{x+a} \right| + C \quad \text{se } a \neq 0$$

$$\int \frac{dx}{\sqrt{a^2 - x^2}} = \operatorname{arcsen} \frac{x}{a} + C \quad \text{se } |x| < a$$

$$\int \frac{dx}{\sqrt{x^2 \pm a^2}} = \ln \left| x + \sqrt{x^2 \pm a^2} \right| + C \quad \text{se } a \neq 0$$

$$\int \frac{dx}{\operatorname{sen} x} \, dx = \ln \left| \tan \frac{x}{2} \right| + C$$

$$\int \frac{dx}{\cos x} \, dx = \ln \left| \tan \left(\frac{x}{2} + \frac{\pi}{4} \right) \right| + C$$